U0296622

汾河流域水文水资源研究

杨永刚　秦作栋　薛占金　著

科学出版社

北　京

内 容 简 介

  本书是多学科集成、理论联系实际的流域尺度科学著作，立足国内外流域水科学、生态水文学、恢复生态学和流域管理学等学科的前沿，依托野外工作站和试验示范区遴选的汾河流域典型矿区、产汇流区、上游区、中下游区设立试验区，综合应用同位素示踪技术、水物理化学信号、水文模拟等方法，分区、分方法、分层次系统阐释汾河流域水文系统破坏过程、污染过程，并从水资源调控思路、体系、水源、路径、对策等方面提出汾河流域水资源联合调控的总体框架，为实施汾河流域生态修复工程提供理论参考，极大地促进了流域社会经济、生态环境的持续发展。

  本书可为流域管理决策者提供实用技术和理论依据，同时可供水文学、生态学、地理学、环境科学、流域管理学等相关学科的科研人员、大专院校师生等参考使用。

图书在版编目（CIP）数据

汾河流域水文水资源研究/杨永刚，秦作栋，薛占金著. —北京：科学出版社，2016

  ISBN 978-7-03-048834-3

  Ⅰ. ①汾⋯ Ⅱ. ①杨⋯ ②秦⋯ ③薛⋯ Ⅲ. ①汾河-流域-水资源-研究 Ⅳ. ①TV21

中国版本图书馆 CIP 数据核字（2016）第 134268 号

责任编辑：孟美芩 韩 鹏/责任校对：何艳萍
责任印制：肖 兴/封面设计：北京图阅盛世

科 学 出 版 社 出版
北京东黄城根北街 16 号
邮政编码：100717
http://www.sciencep.com
中国科学院印刷厂 印刷

科学出版社发行 各地新华书店经销
*
2016 年 1 月第 一 版 开本：787×1092 1/16
2016 年 1 月第一次印刷 印张：17 3/4
字数：406 000

定价：228.00 元
（如有印装质量问题，我社负责调换）

前　言

　　水是生命之源、生产之要、生态之基，解决好水资源问题是关系国计民生和社会发展的长远大计。随着社会经济快速发展和全球气候变化影响加大，水资源污染及短缺问题、发展需求与水资源条件之间的矛盾等更加突出。水资源已从自然资源上升为国家基础性和关键性战略资源，成为生态环境演变与经济发展的关键条件。水资源短缺所引发的生产、生活和生态等问题引起国际社会的高度重视。各国政府和科学界积极开展区域水文水资源的相关研究工作，旨在为流域综合管理奠定更为坚实的科学基础。

　　山西作为煤炭大省，一直以来饱受水资源短缺困扰，属于严重缺水地区。山西具有独特的"水煤共存系统"，煤层、含水层和隔水层共同赋存于一个地质体中，三者相互作用。胡锦涛与温家宝在山西视察时指出："山西最大的制约在水，要把水利建设摆在经济社会发展十分重要的地位，促进水资源合理开发、高效利用和有效保护。"指示均切中了山西要害，水资源短缺成为制约山西经济社会发展的"瓶颈"。加强流域水文规律与水资源安全利用等关键技术研究开发，大幅度提高水资源对社会经济发展的保障能力，势在必行。

　　国家国际科技合作专项项目"山西汾河流域水资源联合调控技术合作研究"进展顺利，取得了丰硕成果，产生了重要影响，为稳定和培养流域水文水资源与管理方面人才起到了实质性作用。该研究成果可为汾河流域实施水资源综合调控、实现区域水资源的协调管理提供决策依据，对促进汾河流域水资源永续利用与经济社会可持续发展具有重要的现实意义。

　　本书集成了汾河流域水文水资源研究的系列成果，秦作栋提出总体思路和基本框架，并组织撰稿和定稿，杨永刚负责全书统稿和整体审编，薛占金负责书稿修订等工作。

　　第 1 章由秦作栋执笔；第 2 章由薛占金执笔；第 3 章由秦作栋和薛占金执笔；第 4 章由秦作栋、张凯和陆志祥执笔；第 5 章由杨永刚执笔；第 6 章由杨永刚和李彩梅执笔；第 7 章由杨永刚和孟志龙执笔；第 8 章由杨永刚和胡晋飞执笔；第 9 章由秦作栋和杨永刚执笔。

　　孟志龙、李彩梅、胡晋飞、李国琴和翟颖倩对书稿内容、字句、格式、单位等进行了检查和修改。

　　本书的组织、编写和出版得到了国家国际科技合作专项项目"山西汾河流域水资源联合调控技术合作研究"、国家自然科学基金项目"汾河水源区典型小流域不同景观带水文过程研究"、山西省基础研究计划项目"生态脆弱矿区水生态退化成因与修复重建技术集成研究"以及山西水务投资集团汾河水务有限公司的联合资助。书稿撰写过程中得到了山西大学的大力支持，在此一并致谢！

　　流域水资源集成研究从野外站点到试验示范区的跨越既是学科的前沿，又是热点；它不仅丰富和充实了水文学的内涵，而且极大地推动了科技与生产实际的结合。尽管笔者在汾河流域水资源集成管理和生态恢复领域进行了多年的探索和实践，仍然有诸多的科学问题和实践问题需要进一步深入研究和探索。编写组在总结多年工作的基础上，科学审慎地几易其稿，力求各章节的协调以保证全书的系统性和科学性，但疏漏之处在所难免，敬请读者不吝指正。

目　　录

第1章 绪 论

1.1 问题的提出

当今世界在经济全球化发展中,区域经济扮演着重要角色。新的世界分工不再遵循国家边界和政体,而是按照区域的竞争力来进行。全球技术、资源的分工在不同层次上迅速变化,并且向具有强创新力的地区聚集。区域经济已成为世界经济发展的一种主要趋势,特别是 21 世纪以来,党中央、国务院对促进发展方式转变、调整优化经济结构,对区域经济协调发展提出了新的要求。水资源是经济发展的重要生产因素,也是人类生存和发展必不可少的战略物资,任何一个地区的经济发展,都需要相应的水资源作支撑。这种支撑能力是保障区域持续快速发展的重要前提和基础。联合国确定 2015 年、2016 年"世界水日"的宣传主题分别是"水与可持续发展"(Water and Sustainable Development)、"水与就业"(Water and Jobs)。我国纪念 2015 年、2016 年"世界水日"和"中国水周"活动的宣传主题分别是"节约水资源,保障水安全""落实五大发展理念,推进最严格水资源管理",充分反映了认识到水资源开发管理对提高经济生产力、改善社会福利所起的作用。江河流域具有完整的不可分割性,随着人口增长、生产活动和城市扩张,大多数流域水资源还未形成统一的用水调度制度,上下游竞争性开发所导致的水资源不合理利用,日益严重影响着区域内经济发展、和谐稳定,威胁着全人类的福祉。就某一区域来讲,将来区域经济的美好前景能否顺利实现,水资源将成为主要的决定因素之一,要实现区域经济一体化发展目标,推动产业转型发展,必须量"水"而行。

水、空气、食物是人类生存和健康的三大要素。水是人类赖以生存和发展不可缺少、不可替代的有限资源,是生命的源泉、工业的血液、农业的命脉。水资源保护与食品安全一样,直接关系到广大群众的健康。作为全国能源和重化工基地——山西省,在为中国当代经济社会发展做出巨大贡献的同时,也付出了沉重的代价。水资源的短缺和污染已成为制约山西省经济和社会持续、稳步、健康发展的重要问题。

山西省是中华民族古老文明的发祥地,素有"表里山河"之称。但山西省是全国水资源最贫乏的省份之一,水资源总量在全国各省区中居倒数第 2 位,人均占有量不足全国的 1/5,相当于世界人均占有水量的 1/25;亩均占有水量只有全国的 9.3%。山西河流大都发源于东西山地,分别属于黄河、海河两大水系,大体上向西、向南流的属黄河水系,向东流的属海河水系。山西陆地地表水主要特点是河流较多,但以季节性河流为主,故形成夏季排洪、旱季断水的局面,呈现水资源丰枯悬殊,时空分布不均,泥沙大,地表径流与地下径流转换频繁等特点。地表径流量的空间分布受降水的影响和控制,年径流量的地理分布与降水量的分布一样,具有明显的水平地带性,呈由东南向西北逐渐递减的趋势。地表径流的时间分布极不均匀，汛期集中于 6~9 月，水量占全年来水量的 60.0%~80.0%；枯水期长达 6 个月之久，枯水期径流量占全年的比重由北向南递减。相对而言，山西省地下水水质优良、水量稳定，是山西宝贵的水资源。地下水资源为 12146 亿 m³，相当山西省多年平均水资源总量的 22.8%，但可采水资源只占 45.0%。山西地下水以岩溶水为主，这些地下水出露，形成一些有水资源价值的泉水，但多分布于盆地边缘及省境四周。

汾河作为山西省的"母亲河"，在山西省经济社会发展中居于重要地位，是山西省重要的生态功能区、人口密集区、粮棉主产区和经济发达区（薛占金等，2014）。汾河流经忻州、太原、晋中、吕梁、临汾、运城、长治 7 个地级市，涉及 45 个县（市、区）1430 万人口，流域面积为 39471 km²，约占山西省国土面积的 1/4。流域内现有的水资源总量占全省的 27.1%，粮食产量占 37.0%，煤炭产量占 26.2%，地区生产总值占 50.0%，一般预算收入占 43.0% 左右，汾河在山西经济社会发展中占有重要地位。由于长时间的过度开发，生态破坏严重，保护和治理任务十分艰巨，主要体现在以下几个方面。

（1）水土流失严重。汾河流域按地形地貌划分为三大类型区，即黄土丘陵沟壑区、土石山区和黄土丘陵阶地区。黄土丘陵沟壑区，地形支离破碎、起伏不平，地表为黄土覆盖，质地疏松，沟壑密度大，植被差，水土流失严重；土石山区，山坡陡峭，石厚土薄，岩石裸露；黄土丘陵阶地区，主要分布在河川及盆地区域，地面起伏不大，但有些地方冲沟正处于发育期，另外该阶地区是河两岸延伸沟壑区，它具有其本身特点，又有与黄土丘陵沟壑区的共性，为流域内主要产粮区，生产条件较好，其水土流失方式以洪水冲刷蚕食，使之产生坍塌为主。以汾河流域忻州段为例，水土流失面积 2692.19 km²，占总面积的 78.2%，多年平均土壤侵蚀模数为 3500~4700 t/(km²·a)。严重的水土流失不仅冲毁农田、剥蚀土壤、减低肥力，而且容易造成水库泥沙淤积、自然河道堵塞，导致生态失衡。

（2）植被覆盖率低。汾河流域地处中纬度大陆性季风气候区，常年干旱少雨，流域内植被稀少，森林覆盖率低。1990 年和 2007 年植被覆盖率分别为 33.10% 和 27.34%，下降了 5.67%（侯志华等，2013）。2013 年管涔山 6.2×10⁴ hm² 原始次森林，胸径在 26 cm 以上的树木株数仅占总株数的 12.58%，其涵养水源能力明显下降，导致生态失衡，旱涝灾害频繁。

（3）降水量减少。汾河流域属北温带半干旱季风气候区，其特点为：春季干旱缺雨，夏季短暂热量不足，秋季低温霜冻早，冬季漫长严寒雪少。年平均气温 11.0 ℃左右，极端最高气温 36.7 ℃，最低 -30.5 ℃。年平均降水量为 390~570 mm，年平均蒸发量为 1520~2070 mm。近 50 年来，汾河流域降水量年内分配不均、年际变化小，总趋势以 21.49 mm/10 a 的变化率减少，特别是 20 世纪 90 年代以来降水明显减少，这种减少主要是由夏季降水量减少所引起的，变化率为 -9.04 mm/10 a（杨萍果、郑峰燕，2008）。

（4）水源水量下降。由于全球气温变暖、蒸发量增大、降水量减少、水土流失等多重因素影响，汾河源头——雷鸣寺泉出水量已由有记载的最大 1 m³/s，下降到 20 世纪 50 年代的 0.6 m³/s，再下降到 20 世纪末的 0.4 m³/s，现在已下降到 0.2 m³/s 左右。相应的汾河年径流量也由解放前的 1.89 亿 m³ 下降到 20 世纪 60~80 年代的 1.46 亿 m³，进而下降到目前的不足 0.6 亿 m³。汾河中下游断流天数逐年延长，从兰村水文站到义棠水文站 160 km 的河道在非灌溉引水期基本处于断流状态，兰村水文站七八年来每年断流天数一直在 250 d 以上（孟学农，2008）。

（5）污水垃圾处理水平低。影响汾河流域的主要污染为工业、生活废水。以汾河流域忻州段为例，每年纳入流域的废水、污水为每年 420.3×10⁴ t，占忻州市废水、污水排放量的 8.2%。就全流域而言，大量污水、废水未经处理即排入汾河及其支流，年污水、废水排放量为 4.4 亿 t，占全省污水、废水排放量的 42%。

（6）煤炭开采对水资源的破坏影响较大。煤炭资源的过度开采对汾河流域自然生态环境破坏主要表现在：①由于采空塌陷对含水层的破坏及矿井排（突）水引发的矿山地下水的破坏，直接影响了汾河及其支流的补给水源和水量。例如，晋祠、兰村的泉域地下水水位正以 2 m/a 的速度下降，著名的晋祠南老泉由于位于煤炭开采区，流量从 20 世纪 50 年代的 2 m³/s 下降到 90 年代的 0.16 m³/s。兰村水源地由于过量开采，1987~2000 年水位累计下降 23.09 m，平均每年下降 1.776 m（孟学农，2008）。②煤矿开采引发的地面塌陷、漏斗、滑坡、崩塌、泥石流及地形地貌景观破坏等地质灾害，破坏了汾河支流和干流河床，从而导致地表水漏失，减少了汾河的来水量。以太原为例，漏斗面积已达 298 km²，最大降深 71 m，地面下沉 1.38 m，对城市面貌和地下设施形成破坏。③煤矿矿山废水、废渣的排放对汾河造成了严重污染。汾河流域太原段是汾河污染最严重的河段之一，其中酚含量超标 337 倍，COD 高达 8.47 mg/ L，远远超过国家规定的有关饮用水、工农业用水标准（张峰，2004）。

严重的水土流失不仅冲毁农田、剥蚀土壤、减低肥力，而且容易造成水库泥沙淤积，自然河道堵塞，导致生态失衡。同时由于植被稀少，地表水源涵养能力下降，加剧了水土流失的恶化，形成恶性循环。加之煤矿开采、煤炭洗选等对水资源的破坏，以及污水处理、垃圾处理水平较低，对汾河流域的生态环境造成了严重破坏，极大地制约了汾河流域经济社会可持续发展和人民生活质量的提高。因此，如何科学合理地开发利用有限的汾河流域水资源，使其获得最大的经济效益、社会效益和环境效益，实现汾河流域经济建设的可持续协调发展，成为需要认真研究和探索的一个重要课题。

1.2　水资源的概念

水资源是人类文明的源泉，与人类的生存、发展和一切经济活动密切相关（刘昌明、王红瑞，2003）。从资源的角度来说，水资源既是最为重要的三大基础自然资源之一，也是生态环境的有机组成部分和控制性因素，还是最主要的社会发展的战略性经济资源。水资源的短缺、时空变异性和易受破坏等特性使得水资源问题正在世界范围蔓延且日益激化，并严重影响全球的环境与发展（王浩等，2002）。

水资源一词最早出现于正式机构的名称，是 1894 年美国地质调查局（United States Geological Survey，USGS）设立了水资源处（WRD）并一直延续至今（王浩等，2002）。120 多年过去了，关于水资源的定义及内涵却仍然仁者见仁，智者见智，尚没有一个统一的界定。究其原因：①水的出现形式多样，如地表水、地下水、大气水、土壤水等，且具有相互转化的特性；②水资源具有鲜明的地域特征和不可替代性，不同地区的水的物理化学性质不同；③水的用途具有广泛性，利用方式呈多样性；④不同部门、不同行业、不同地区对水资源的理解不同；⑤水资源的开发利用，受自然、社会、经济和环境等多种因素限制，水资源利用效率受上述多种因素的影响不断发生变化等（刘昌明、王红瑞，2003）。

英国大百科全书中关于"水资源"一词表述为"自然界一切形态（液态、固态、气态）的水"；1963 年英国"水资源法"中将水资源定义为"具有足够数量的可用水源"，即自然界中水的特定部分。1988 年联合国教育、科学及文化组织（UNESCO）（简称联合国教科文组织）和世界气象组织（WMO）定义水资源是"作为资源的水应当是可供利用或可能被利用，具有足够数量和可用质量，并且可适合某地的水资源需求而能长期供应的水源"（王浩等，2002）。

我国对水资源的理解也不尽相同，从不同角度给出了水资源的定义。《中国大百科全书——大气科学-海洋科学-水文科学》卷中，把水资源定义为"地球表层可供人类利用的水"（叶永毅，1987）；《中国大百科全书——水利》卷中将水资源定义为"自然界各种形态（气态、液态或固态）的天然水"，并把可供人类利用的水作为"供评价的水资源"（陈志恺，1992）；《中国资源科学百科全书》中，把水资源定义为"可供人类直接利用、能不断更新的天然淡水，主要指陆地上的地表水和地下水"；《中华人民共和国水法》规定"水资源，是指空中水、地表水和地下水，包括水源、水量、水质、水温、水体、水能、水运、水产和旅游资源等资源"。部分知名专家也给出了水资源的定义，其中较有代表性的几种观点如下（陈家琦，1993；陈家琦、王浩，1997）。

（1）降水是大陆上一切水分的来源，但降水只是一种潜在的水资源，只有降水量中可被利用的那一部分才是真正的水资源。

（2）从自然资源的观念出发，水资源可定义为与人类生产、生活资料有关的天然水源。

（3）水资源是指可供国民经济利用的淡水资源，它来源于大气降水，其数量为扣除降水期蒸发后的总降水量。

（4）一切具有利用价值，包括各种不同来源或不同形式的水，均属水资源范畴。

（5）不能笼统地把降水、土壤水或地表水称为水资源，水资源数量上应具有一定的稳定性且可供利用。

（6）水资源主要指与人类社会用水密切相关而又能不断更新的淡水，包括地表水、地下水和土壤水，其补给来源为大气降水。

　　（7）作为维持人类社会存在和发展的重要自然资源之一的水资源，应具有下列特性：①可以按照社会的需要提供或有可能提供的水量；②这个水量有可靠的来源，且这个来源可以通过水循环不断得到更新或补充；③这个水量可以由人工加以控制；④这个水量及其水质能够适应人类用水要求。

　　从众多水资源定义中可以知道，水资源的定义具有一定时代特征，并且从广泛和模糊的外延向逐渐明晰内涵的趋势发展，但是上述水资源的定义，基本上是围绕着水的形态、变化、利用方式等展开的。

　　20 世纪 70 年代以来，水资源的开发利用出现了新的问题，主要表现在以下 3 个方面：①水资源供需失衡，即指相对水资源需求而言，水资源供给不足的同时水资源浪费严重，因此造成了巨大的经济损失，成为制约国民经济可持续发展的"瓶颈"；②水环境恶化，生产生活中排放大量的污水，一方面污染了水源，水资源功能下降，对流域水文循环中水的质与量方面均产生了不可低估的影响，使水资源供需矛盾更加尖锐，给经济发展带来不利影响，另一方面为了缓解水资源供需矛盾，污水处理回用已成必然趋势；③人类经济生活对水资源系统造成的影响也越来越大，如大规模农田水利、水土保持工程、城市化进程等均带来了一系列环境问题，必须正确处理环境的负影响，才能使水利工程发挥最大效益，水资源的开发利用、保护和管理作出正确决策。所以，水资源不仅具有自然属性，还具有社会和经济等多功能属性。因而认为正被耗竭的水资源的管理需要有一个全球性的政策，水应该被看做是一种经济资源。

　　基于上述理由，水资源应包括水量与水质两个方面，是指某一流域或区域水环境在一定的经济技术条件下，支持人类的社会经济活动，并参与自然界的水分循环，维持环境生态平衡的可直接或间接利用的资源。狭义的水资源则专指满足人类某种使用功能的、具有一定质量的水量资源；以每年可更新的满足最低水资源功能需求的水资源量来衡量。从广义上讲，它包括直接或间接满足人类社会存在、发展需要的、维持流域或区域生态环境系统结构和功能的、具有一定质量的水量资源和水体所含的位能资源（刘昌明、王红瑞，2003）。

　　水资源利用与人密不可分，其存在问题和利用方式是以一定区域或一定发展阶段的人类活动来界定的。尽管世界各地存在着多种多样的水资源开发利用，而其基本原理从古至今没有太大变化，只不过现阶段的手段和技术更先进一些，用途更多样一些。例如，筑库建坝调节天然来水在时间或区位分配上的不均衡性，以利灌溉、发电、防洪和水产养殖；修建长堤以防止洪水泛滥；建设渠道系统以引用水资源灌溉；掘井提水充分利用地下水资源；实施长距离调水以改变地区水资源分布的不均；等等（陈建耀，1999）。即在人类对水资源的开发利用中，采用了农业水利、工业水利和环境水利的水利活动，经历了趋势利用、强度开发和持续协调三个阶段，由此导致了人水关系向人适于水-水适于人-人水协调的方向发展。

1.3 水资源的属性

1.3.1 自然属性

水资源是自然界最基本而又最活跃的因素，也是最具有多种用途而又不可替代的可更新自然资源。水资源主要来源是天然降水，并通过地表径流形成地表水资源，下渗形成土壤与地下水资源，植物吸收形成植物水资源。因此，水资源的形成过程是一个自然过程，其存在形式也是纯天然的，并遵循一定的自然规律运移转换。水文循环不但在水资源形成过程中具有举足轻重的作用，而且直接影响气候的变化，对形成江、河、湖、沼等水体、水文及地貌都具有重要意义。

1）时空分布的不均性

空间上的不均性表现在我国北方耕地面积、人口、GDP分别占全国的59.2%、44.8%、42.8%，而水资源仅占全国的14.7%；南方耕地面积、人口、GDP分别占全国的35.2%、53.6%、55.5%，水资源却占全国的80.4%。时间上的不均性表现在明显的雨季和旱季之分，北方地区降水集中在每年的6~9月，且多以强降雨的形式出现，很快形成地表径流流失，其他月份则降水稀少，导致大部分地区干旱，土地耕种效率低下。水资源时空分布的不均匀性对水资源的科学配置、提高用水效益造成极大困难，丰水区如何用好水，充分体现水资源价值，缺水区如何有水用，实现社会、经济的持续发展，这些问题不是一个县、一个省能够解决的，必须从整个国家利益的高度考虑，由中央政府全面协调（宁立波、徐恒力，2004）。

2）随机性和流动性

水资源的随机性体现在水资源的演变受水文随机变化的影响，年变化、月变化均存在，有丰水年、枯水年、平水年之分，有丰水期、枯水期之别，而且这种变化是随机的。流动性是指水资源是流体，地表水、地下水、土壤水、大气水互相运动转化，系统整体性和内部的各要素通过水的补给、径流、排泄的运动过程维系和表现出来（徐恒力，2001）。所以，水资源的开发，一是有临界值，必须保证一定量的水资源以保持生态环境功能，国际通用的临界值标准是地表径流的40%，而我国的部分流域已达90%；二是必须考虑上下游之间水量和水质的变化以及流域上下游用水利益，避免水事纠纷。

3）质量的渐变性及可再生性

严格地说，被污染达一定程度的水即不被称为水资源，对于人类具有负价值。但是，水资源质量变化是一个渐变过程，即质量的渐变性。人类活动及其废弃物已经不可避免且日益影响着水质的变化，但这种变化由轻微到强大的过程并不易为人类察觉，许多现代化的检测手段在一定的时期可对此有所发现，但利益的驱动使人类难以停止对水体的干扰和污染。虽然部分水资源是可再生的，但这种再生性相当脆弱，一方面人类对水资源的污染速度远远超过其自身的再生速度，另一方面地下水体尤其是深层地下水体更新一次需要的时间达数千年甚至被耗竭后不可再生。所以，当人类意识到某一水体被严重污染后，治理所需费用可能是污染过程中所产生经济价值的数倍。我国水资源污染非常严重，据资料显示，在 $10×10^4$ km 的评价河段中，水质在Ⅳ类以上的污染河长占 47%。北方辽河、黄河、海河、淮河等流域，污水与地表径流的比例高达 $1：14～1：6$。全国 75%的湖泊、53%以上的近岸水域受到显著污染（宁立波、徐恒力，2004）。

水资源的循环往复造就了其再生性，即水的蒸发、排泄、降雨循环，使得水资源川流不息，源源不断，但这仅指地表水，或者说仅指个别地区的地表水，因为人类对地表径流的应用速率在许多地方已经超过了水资源的再生速度，严重扰乱了水文循环。此外，存在于地下深层或者岩层裂隙中的那部分水，水文循环周期非常长，一旦开发利用，从时间的角度来说基本不可再生。因此，在水资源的开发利用中必须明白哪些是水资源的存量，是可耗竭的；哪些是水资源的流量，是可再生的，即哪些是子孙水、哪些是现在可以利用的，同时还必须清楚将开发水的再生速率或者说更新周期，以此决定开发程度（宁立波、徐恒力，2004）。

4）系统性

系统性是指由一定的地质结构组织而成的、具有密切水力联系的统一整体的特性（徐恒力，2001）。也就是说，无论地表水、土壤水、地下水都有一定的联系，是一个有机的整体，把某一个水源地、一个含水层当做一个孤立的单元看待、开发，是造成各种水事纠纷、水资源浪费、水质恶化、环境质量下降等问题的主要原因之一。由水资源的系统性所决定，水量、水质的评价应按自然系统来进行，开发利用时应充分考虑系统内各个部分的联系和制约关系，使各部分实现协调发展。从管理的角度来看，根据水资源的用途和地域人为地进行管理职权的划分和开发是违背自然规律和水资源的本身特性的，不可能达到提高水资源利用效率、优化资源配置的目的，无法实现水资源的可持续利用。我国的黄河流域从 20 世纪 80 年代以来的年年断流到近年基本实现不断流的根本原因，就在于该流域管理部门加强了对整个流域系统的宏观调控和水量分配控制（宁立波、徐恒力，2004）。

1.3.2　经济属性

水资源是作为自然资源支撑着国民经济发展的先导资源。随着人口增长和经济发展，在一定时期内，经济社会各部门对水的需求量将会持续增加，人均水资源占有量将会不断下降，水污染又使实际可利用水量进一步减少，加之新的水源工程开发难度越来越大，因而水源短缺的危机日益加剧。以黄河流域为例，1950~1990 年的 41 年中，因缺水干旱造成减产粮食损失 $306.3×10^8$ 元（1990 年不变价，下同）；工矿业及城郊商品菜田缺水损失 $189.4×10^8$ 元；农村人畜吃水难误工损失 $99.7×10^8$ 元；国家为抗旱投入经费 $28.1×10^8$

元；牧业干旱缺水损失 16.6×10^8 元，以上 5 项合计，全流域 41 年来因缺水引起的直接损失为 640.1×10^8 元，平均每年为 15.6×10^8 元（黄河流域及西北片水旱灾害编委会，1996）。因此，水资源已经成为许多地区经济发展的制约瓶颈。

1）稀缺性

作为自然资源之一的水资源，其第一大经济特性就是稀缺性。经济学认为稀缺性是指相对于消费需求来说可供数量有限的意思。从理论上来说，它可以分成两类：经济稀缺性和物质稀缺性。假如水资源的绝对数量并不少，可以满足人类相当长时期的需要，但由于获取水资源需要投入生产成本，而且在投入某一定数量生产成本条件下可以获取的水资源是有限的、供不应求的，这种情况下的稀缺性就称为经济稀缺性。假如水资源的绝对数量短缺，不足以满足人类相当长时期的需要，这种情况下的稀缺性就称为物质稀缺性。

经济稀缺性和物质稀缺性是可以相互转化的。缺水区自身的水资源绝对数量都不足以满足人们的需要，因而当地的水资源具有严格意义上的物质稀缺性。但是，如果将跨流域调水、海水淡化、节水、循环使用等增加缺水区水资源使用量的方法考虑在内，水资源似乎又只具有经济稀缺性，只是所需要的生产成本相当高而已。丰水区由于水资源污染浪费严重，加之缺乏资金治理，使可供水量满足不了用水需求，这也成为水资源经济稀缺性的区域。当今世界，水资源既有物质稀缺性，可供水量不足；又有经济稀缺性，缺乏大量的开发资金。正是水资源供求矛盾日益突出，人们才逐渐重视到水资源的稀缺性问题。中国水资源总量居世界第 6 位，但是人均占有量只相当于世界人均的 1/40，中国已被列为全球 13 个贫水国之一。据统计，目前中国农业缺水 300 亿 m^3，城市缺水 60 亿 m^3。水的稀缺已经成为中国最大的忧患之一。

2）不可替代性

稀缺性物品或资源如果是可替代的，其替代品可满足人们对稀缺物的需求。反之，稀缺性物品或资源如果是不可替代的，它们的稀缺程度会大大提高。水资源是不可替代的，其不可替代性具有绝对和相对两个方面。

从功能来分析，水资源一般可分为生态功能和资源功能两大类。其生态功能是一切生命赖以生存的基本条件。水是植物光合作用的基本材料，水使人类及一切生物所需的养分溶解、输移，这些都是任何其他物质绝对不可替代的。水资源资源功能的大部分内容是不可替代的重要生产要素。例如，水的汽化热和热容量是所有物质中最高的、水的表面张力在所有液体中是最大的、水具有不可压缩性、水是最好的溶剂等。水资源资源功能的一部分，在某些方面或工业生产的某些环节是可以替代的，如工业冷却用水，可用风冷替代；水电可用火电、核电替代。但这种替代在经济上较昂贵，缺乏经济上的可行性。在成本上是非对称性的，即用水是低成本的，而替代物是相对高成本的。如从环境经济学分析，这种替代往往要付出更大的生态环境成本。所以，在这种情况下，水的资源功能在经济上也是相对不可替代的。水资源的不可替代性不仅说明其在自然、经济与社会发展中的重要程度，也提高了水资源的稀缺程度。

3）波动性

水资源的再生过程呈现出显著的波动性特点，即指一种起伏不定的动荡状态，是不稳定、不均匀、不可完全预见、不规则的变化。水资源的波动性分为自然的和人为的两种。自然的波动性表现在水资源再生过程空间分布和时间降水上。水资源波动性在空间上称为区域差异性，其特点是显著的地带性规律，即水资源在区域上分布极不均匀。水资源时间变化的波动性，表现在季节间、年际间和多年间的不规则变化。就山西而言，由于地处内陆中纬地带，受季风气候的影响，降水以夏秋居多。春季占 10%~15%、夏季占 55%~65%、秋季占 20%~25%、冬季占 3%~5%，5~6 月多数河流径流占年径流的 15%~25%， 7~9 月三个月径流占年径流的 60%~70%。降水在空间分布上南多、北少，随海拔升高而依次递增。

水资源再生过程的波动性对供水保证率是非常不利的。为相应地调节需求，价格浮动也是必然的，而固定水价是不符合自然规律和市场规律的。如在某一区域为生产或生活已修建一处供水工程，而附近区域水资源量在一定时段不满足规定的供水保证率要求，迫使人们寻求更远的以满足枯水季节供水保证率要求的水源，势必增加供水成本。水资源的人为波动是指人作用于水资源的行为后果，负面影响了水资源正常的再生规律。如过度开采水资源、水污染、水工程老化失修、环境恶化等。将水资源的自然波动和人为波动两点联系起来分析，水资源的自然波动，是外生不确定性，没有一个经济系统可以完全避免外生不确定性，而保险可能只是有助于减轻它对个人的影响。水资源的人为波动，是内生不确定性，它来源于经济行为者的决策，它与经济系统本身的运行有关，这是可以控制和避免的。在水资源波动过程中，外生不确定性和内生不确定性可以相互作用，内外相生，使水资源波动变成天灾加人祸的水灾难，如一座"豆腐渣"大坝由于建筑者的偷工减料（这是内生的）和意外严重的洪水（这是外生的）的联合作用而失事。所以，应控制内生不确定性，应以内生确定性来平衡外生不确定性。用人们科学的决策、合理的规划、优质的水工程使水资源波动性降至最低程度。

1.3.3 社会属性

人类的生存及现代文明建设，都和水直接联系，治水是兴国安邦的根本大计，水利兴则国泰民安，水利衰则社会动荡。许多大江大河都是人类文明史创造与发展的源地，这可从许多河流的中下游地区均是经济社会文化发达、人口城镇密集的要地而得到佐证，其中一个很重要的因素就是水资源相对丰富，对该地区社会经济发展有基本保证。例如，黄河是中华民族的母亲河，是我国经济文化发展最早的地区之一，早在远古时代，轩辕皇帝和他的炎黄部落就在这里开创了中华文明（朱晓原、张学成，1999）。然而这种保证是有限度的，失去了水资源的有效保证，社会生态系统就会表现出明显的脆弱性，并引发一系列社会问题（邓伟、何岩，1999）。

1）伦理性

一是人类与水资源的关系体现着伦理道德特征，即人类是以一种什么样的态度对待水资源。以往人们总认为水资源取之不尽，用之不竭，以一种粗暴的、掠夺性的态度去开发水资源，而水资源则以洪水、水污染、干旱等方式对人类进行报复；人类在开发过程中逐步认识到"以道德的方式对待自然界（水资源）的重要性"。二是在于财富的代际均衡。水资源是人类生存的基础资源，不仅要满足当代人的需要，也要满足后代人的需要，应以道德的理念去对待和开发水资源，进行"财富转移"，保证后代平等的发展权利。三是在于实现效率，兼顾公平。公平是社会问题，在水资源使用面前人人平等，维持基本的生存需要是社会的最根本义务。即商品水尤其是生活用水具有社会福利性，其价格的确定更多地具有社会福利性质的政策倾斜，这时政府必须发挥必要作用，对用户或水经营者予以一定补贴。所以，只有真正认识并贯彻在水资源开发中，才可以说"学会在有限的水资源中生存，就等于在处理人与水的关系上进行了一场大的变革"（桑德拉·波斯泰尔，1998）。

2）垄断性

除由于自然条件限制造成的自然垄断外，我国水资源商品经营的垄断性已从法律的角度进行了界定。2002年颁布实施的新《水法》明确规定"水资源属于国家所有。……农村集体经济组织所有的水塘和由农村集体经济组织修建管理的水库中的水，归该农村集体经济组织使用"，即行政垄断。水资源商品经营的垄断性有其必然的原因，即：①水资源关系到国计民生，只有国家能从战略和人性的角度对水资源进行有效的规划和分配，任何单位和个人都可能仅考虑某一方面的利益而不能顾全大局；②即使水资源具有部分可再生性，但总的来看水资源是供不应求且日益稀缺，供需矛盾日益突出，在我国个别地区已直接影响着人民的生活质量和制约着经济的健康发展；③水资源的用途广泛，可以说水资源创造和影响着社会文明。由于长距离调水的不经济性造成各地区用水的自然垄断格局，商品水的交易在我国尚不具备条件；商品水经营者的行政垄断，一是由商品水的特殊性决定了政府必须进行垄断以保证社会各阶层和各个方面都能够有符合质量标准的水用；二是水经营者为取得更多的政府补贴和相对高的利润而追求垄断地位的稳固（宁立波、徐恒力，2004）。

但是，对水资源的国家垄断只是我国《水法》的规定，事实上很难实现国家垄断。因为地方政府作为国家的下属机构，虽然其垄断从某种意义上可以说代表着国家利益，但事实上地方政府往往过多追求自身利益而忽视国家利益，以一个流域为例，上游的地方政府可能只考虑当地的社会发展而不会顾及中下游地区的用水，同样中游的地方政府可能忽略下游地区，这种区段分割实现的只是地方垄断，国家利益无从谈起。浙江义乌与东阳的水交易引起该流域其他地区的不满即是例证。如此局面一是造成国家水权的虚置；二是造成用水的混乱，资源配置效率难以提高（宁立波、徐恒力，2004）。

3）准公共物品性

公共物品是指那些在消费上具有非竞争性与非排他性的物品。非竞争性是指一个人消费某件物品并不妨碍其他人同时消费同一件物品。非排他性是指只要社会存在某一公共物品，就不能排斥社会上的任何人消费该物品（余永定等，1999）。从公共物品的定义和特征看，水资源属于准公共物品，即具有有限的非竞争性与非排他性。其最主要的特点在于具有"拥挤性"，就是说，在水资源的消费中，当消费者数量从零增加到某一个可能是相当大的正数时即达到了拥挤点，这时新增加的消费者的边际成本开始上升。当最后达到容量的极限值时，增加额外消费者的边际成本趋于无穷大。尤其是当政府免费提供水资源或象征性地收费，人们必然无控制地过度消费或者说浪费，这时政府对多提供一些人消费水所花费的边际成本就会很大，自然造成拥挤性加剧。我国的现实就是如此。虽然在我国许多地区的水资源费或水价已经进行过多次调整，但仍只是象征性的，远远达不到与供水成本的平衡。在黄河流域，500 t 黄河水的水费买不到一瓶矿泉水，可想其水价之低廉（宁立波、徐恒力，2004）。

4）开发中的外部不经济性

外部性是指在实际经济活动中，生产者或消费者对其他生产者或消费者带来的非市场性影响（余永定等，1999），其中有害的影响称为外部不经济。从资源配置的角度看，外部性导致资源配置的低效率。水资源开发的外部不经济主要表现在：①对生态环境的影响，因为水资源不仅对生态环境的良性循环或恶化起着重要作用，而且其本身也是生态环境的组成因子之一，在环境经济学中将之称为"环境成本"；②对水文循环系统的破坏，过度的水资源开发影响了水资源自身的更新速率，人为地割断了水文循环，破坏了其系统性（宁立波、徐恒力，2004）。

水资源开发中的外部不经济严重影响着生态安全、经济安全，随时将危及社会稳定、国家安全，乃至导致生存环境的大裂变。我国每年因缺水造成直接经济损失 2000 亿元，2010 年我国水资源的供需缺口达 1000 亿 m^3，据预测，2030 年我国将缺水 4000 亿～4500 亿 m^3，严重威胁国民经济的持续发展和小康社会的实现。在我国西北地区的个别地方，由于水资源的过度开发导致生态环境急剧恶化，已不适宜人类生存，搬迁将成为唯一和艰难的选择。

1.3.4 资产属性

1）收益性

水资源的收益性不仅仅表现在能带来经济利益，更重要的是能够带来良好的社会效益和生态效益。水资源在国民经济中一直处于重要地位，为社会的发展和人类文明的进步做出了巨大贡献。值得一提的是，水资源的收益性比会计资产的经济收益有更广泛的意义（杨美丽等，2002）。

2）权属性

我国宪法第九条规定："矿藏、水流、森林、山岭、草原、荒地、滩涂等自然资源，都属于国家所有；国家保护自然资源的合理利用，保护珍贵的动物和植物。禁止任何组织或个人用任何手段侵占或破坏自然资源"。按照宪法的规定，《中华人民共和国水法》更加具体地规定了水资源的权属，包括三层含义：第一，水资源属全民所有；第二，农村集体经济组织所有的水塘、水库中的水属于集体所有；第三，国家保护依法开发、利用水资源的活动。水资源的国家所有权主要体现为国家对水资源的管理权和调配权，由水行政部门负责统一发放取水许可证并征收水资源费。但目前我国水资源存在着产权不明晰的问题，如果能建立起水资源的产权交易体系，并有健全的法制做保障，则水资源的使用会有度，污染也会减少，有助于水资源的代际公平，并更好地实现水资源的最佳配置（杨美丽等，2002）。

3）有偿性

在水资源的产权交易体系中，水资源的所有权和使用权可以拍卖或转让，所以，任何主体欲"拥有"或"控制"一项水资源，不是无偿获取的，而是要付出一笔资金作为水资源的补偿费，才能取得有限时期内该项水资源的拥有或控制权。这时，水资源就会转化为该主体的一项资产（杨美丽等，2002）。

1.3.5　环境属性

水是生态环境的基本要素，是生态环境系统结构与功能的组成部分。与水有关的生态环境问题主要表现在河流湖泊萎缩、地下水水位下降、森林草原退化、土地沙化、水土流失、灌区次生盐渍化、地表和地下水体污染等方面。

1）江河断流

由于河流没有统一管理，致使上游区无节制的用水，不仅浪费水资源，而且还产生一系列环境问题。江河上游区水资源的不合理利用，可能会导致常年性河流变成季节性河流；入海性河流变成内陆性河流；季节性河流变成干枯的河床。据统计，黄河自 1987 年以来，断流的天数呈现逐年递增的趋势。进入 20 世纪 90 年代以来，由于用水量的急剧增加，黄河下游几乎年年都发生断流，最严重的断流年份是 1997 年，利津断面累计断流时间长达 226 d，断流河道长度自河口至河南开封达 704 km，占整个黄河下游河道长度的 90%。黄河下游的频繁断流，不仅给沿黄两岸特别是河口地区城镇居民生活造成了多次用水危机，工农业生产遭受严重损失，下游河道特别是主槽淤积加剧，泄洪能力降低，而且使黄河三角洲地区的生态环境趋于恶化（张鑫等，2002）。山西省地表水资源的高额利用，使许多河道几乎常年处于断流状态，既破坏了河道的基本功能及水生态环境，又引起河床沙化，加重了河道及河口的淤积，降低了行洪排涝能力，致使生态环境恶化，河流成了排污河道。特别是在枯水年的非汛期，河流自净能力更差，水环境恶化的问题就更为严重（张廷胜、周永红，1998）。

2）地面沉降

由于水质污染，导致淡水资源的严重退化，再加上人口激增，人类对淡水资源的需求越来越大。于是人们对地下淡水资源采取掠夺式开发，导致地下水水位严重下降，形成大面积的降落漏斗，从而引起地面沉降等环境问题。目前在东北平原南部、华北平原北部、汾渭谷地以及沿海的一些大中城市附近，地面不断沉降（张鑫等，2002）。地下水水位大幅度下降和大型漏斗的出现，是地下水资源开发对环境影响的直接表现，由此引起含水层疏干、水源衰减、水质恶化等一系列严重后果，并造成大批水井干枯、机械报废，严重时还可造成采水井及水源地报废。地下水水位下降，使含水层被疏干，减小了含水层中的浮托力与支持力，从而使土体收缩，产生地面沉降，出现地裂缝。太原市吴家堡一带累积地面沉降量达到 1.3 m，并出现建筑物裂缝、地下管道断裂等现象。由于地下水位下降，潇河大坝产生不均匀沉陷，严重影响到枢纽工程的安全和灌溉效益的发挥。类似的现象，在大同、运城、介休等地也有多处出现（张廷胜、周永红，1998）。

3）土地退化

常年引水灌溉在提高农业产量的同时，产生了一定的负效应。一个多世纪以来，世界常年引水灌溉面积不断扩大，灌水下渗，地下水水位显著提高，从而导致输水区、灌溉区土壤次生盐碱化和沼泽化。黄河素以多沙著称，平均年输沙量 16 亿 t，三门峡水库控制了全流域泥沙的 98%。1960 年 9 月蓄水后库区淤积严重，水库上游潼关段河床抬高，库区两岸土地浸没，盐碱化、沼泽化面积增加，严重威胁着关中平原和西安市，后经改建和改变运用方式，情况才有所改善（张鑫等，2002）。汾河流域的土壤盐碱化主要分布在中下游盆地区，以太原盆地、临汾盆地、运城盆地为主，据资料显示，2010 年汾河流域中下游地区土壤盐碱化面积达 977.57 km^2（占中下游面积的 3.04%），其中大约 55% 属于原生盐碱化土地，45% 属于由于粮食生产和灌溉技术等引起的次生盐碱化土地。盐碱化不仅使大面积的土壤板结和肥力下降，阻碍农作物吸收养分和生长，而且使大量的动植物失去生存条件，生物多样性受损（薛占金等，2014）。

4）水质污染

水质污染是水资源开发利用对水环境影响的重要方面，它和水资源开发利用所引起的其他生态环境问题有着密切的联系。山西省的污水处理能力较低，绝大部分污水未作净化处理即排入河道、农田，或者是流入水库、渗入地下，致使大多数河道遭受污染。大量未经处理的污水通过河渠直接用于农灌，再加上农田种植中化肥、农药使用量的增加以及正在兴起却难以控制的乡镇企业污染，致使污染范围进一步扩大。污水中的有毒物质，通过农田生态系统的物质循环，在土壤、植物和地下水中累积并进入食物链，直接或潜在地危害着人体健康。为此，水质污染极大地限制了水资源的开发利用，减少了可利用的水资源量，从而加剧了水资源的供需矛盾（张廷胜、周永红，1998）。

1.4　水资源的形成

水不仅是人类生产生活不可缺少的基本资源，而且还是生态环境最重要的控制性要素之一。水资源形成与循环是水资源维持可再生性的最基本科学问题。水循环是国际地圈——生物圈研究计划（IGBP）的研究核心之一。在自然与人类社会的发展过程中，水循环起着重要的调控作用。例如，地貌形成中的侵蚀、搬运与沉积，地表化学元素的迁移与转化、污染，土壤的发育、形成与演化，植物生长中最重要的生理过程——蒸腾以及地表大量热能的转化等生态学、气候学意义。水循环还与人类经济社会活动紧密相连，人类利用水循环不断获得可更新或可再生的水资源，以维持经济社会的发展。水兼有资源、环境、生态、经济、社会、文化等多种功能，在满足经济社会发展、维持生态系统完整性和生物多样性等方面的作用是任何其他自然资源难以比拟的，而水资源形成的归因是水循环及其环节的变化（刘昌明，2009）。因此，水循环的研究既要研究其自然过程，也要研究其人类活动过程，水循环是一个统一的整体，包括自然水循环和社会水循环（贾绍凤等，2003）。

1.4.1　自然水循环

1. 概念与过程

自然水循环是指地球上各种形态的水，在太阳辐射、地心引力等作用下，通过蒸发、水汽输送、凝结降水、下渗、径流等环节，不断地发生相态转换和周而复始运动的过程（黄锡荃、李惠明，1993）（图1.1）。水循环是水文科学区域尺度上的基本研究内容，也是地球上最重要的物质循环之一。在水循环过程中水体相互作用或相互转换关系十分复杂，如地表水与地下水相互转化，地下水与土壤水相互转化，地表水、土壤水、地下水与大气水的相互转化（即"四水"转化）等。在国外称为地表水与地下水相互关系是在20世纪60年代以后才被重视起来的一个研究方向。在我国，"四水"转化的研究则是在20世纪80年代初才开始发展起来的。研究目的主要是解决水资源评价与合理开发的问题（刘昌明、王红瑞，2003）。

由图1.1可以看出，自然水循环是一个复杂过程，但蒸发无疑是其初始的、最重要的环节。海陆表面的水分因太阳辐射而蒸发进入大气。在适宜条件下水汽凝结发生降水。其中大部分直接降落在海洋中，形成海洋水分与大气间的内循环；另一部分水汽被输送到陆地上空以雨的形式降落到地面，出现三种情况：一是通过蒸发和蒸腾返回大气。二是渗入地下形成土壤水和潜水，形成地表径流最终注入海洋。后者是水分的海陆循环。三是内流区径流不能注入海洋，水分通过河面和内陆尾闾湖面蒸发再次进入大气圈（伍光和等，2000）。

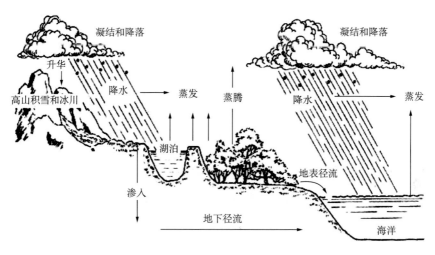

图 1.1 水循环示意图

在自然水循环过程中，水的物理状态、水质、水量等都在不断地变化。自然水循环通常由四个环节组成：水分蒸发、水汽输送、凝结降水和径流。天空与地面、地下之间通过蒸发、降水和入渗进行水分交换。海洋与陆地间也进行着水分交换，海洋向大陆输送水汽，大陆则向海洋注入径流，大陆上蒸发的水汽也可随气流被带到海洋上空。

2. 影响因素

影响自然水循环的因素很多，归纳起来有两大类，即自然因素和人为因素。

在影响水循环的自然因素中，气象因素是起主导作用的因素，这是因为在水循环的 4 个环节中，有 3 个环节（即蒸发、水汽输送、凝结降水）取决于气象过程。径流虽受地理环境中的地质、地貌、土壤和植被等条件的影响，但其形成过程和变化规律仍受气象过程及其变化规律的影响。

人为因素（包括水利措施和农林措施）对水循环的影响，主要表现在：调节了径流，加大了蒸发，增加了降水等水循环环节。水利措施，如修筑水库、塘坝，开河渠，扩大灌溉面积等，能拦蓄洪水，增加枯水径流，由于水面面积的扩大和地下水水位的抬高，可加大蒸发；修梯田、鱼鳞坑、截水沟和平整土地等，能增加入渗，消减洪峰，增加土壤水分，也可加大蒸发。在农林措施中，"旱改水"、深耕细作、封山育林、植树造林等，均能增加入渗，调节径流，加大蒸发，在一定程度上可增加降水。由此可见，人类改造自然的活动，由于改变了下垫面性质，进而影响到水循环的蒸发、降水和径流 3 个环节。

1.4.2　社会水循环

1. 概念演变

长期以来，由于开发和改造自然环境系统中的水资源一直是人类水利活动的中心思想，人们往往关注自然界中的水文过程，而忽视了社会经济系统中水的运动过程。英国学者 Merrett（1997）提出了与"Hydrological Cycle"相对应的术语"Hydrosocial Cycle"，并参照城市水循环模型勾勒出了社会水循环的简要模型。随后，国内部分学者也围绕社会水循环开展了相关研究，如李奎白和李星（2001）以城市为例，认为城市社会水循环就是水在城市的供—用—排过程；陈家琦等（2002）将社会水循环定义为自然水循环的"人工侧支循环"，并探讨了健康社会水循环的实现途径；程国栋（2003）引入了虚拟水概念，指出水在社会经济系统的运动除实体水外，还有大量"蕴含"在产品中并通过贸易体现的虚拟水；贾绍凤等（2003）则基于对水资源开发利用中人类活动影响的认识，提出社会经济系统水循环的概念，即社会经济水循环指社会经济系统对水资源的开发利用及各种人类活动对水循环的影响；陈庆秋（2004）综合城市供水、用水和污水排放等环节中水的流动过程，认为水在社会经济系统的活动状况正成为控制社会系统与自然水系统相互作用过程的主导力量，社会水循环就是水在人类社会经济系统的运动过程；张杰和熊必永（2004）认为，水的社会循环是指在水的自然循环当中，人类不断地利用其中的地下或地表径流满足生活与生产活动之需而产生的人为水循环。

王浩等（2004）在国家"九五""十五"科技攻关计划和"973"计划研究中，提出了"天然-人工"二元水循环基本结构与模式，并初步研发了分布式水循环模拟模型和集总式水资源调配模型耦合而成的二元水循环系统模拟模型（图1.2），并将社会水循环概化成供（取）水、用（耗）水、排水（处理）与回用 4 个子系统。王浩等（2011）将社会水循环定义为："受人类影响的水在社会经济系统及其相关区域的生命和新陈代谢过程"。"受人类影响"反映人类对自然水运动的干预及能动性，"新陈代谢"过程反映了水对人类社会经济的重要性及其运动的复杂性，"生命"过程反映人类干预调控下社会水循环的积极（成长）和消极（水质恶化及用水区域演变）的特征。

2. 基本特征

社会水循环以水为出发点，在众多影响因素的综合作用下，紧密融合于社会经济系统发展的全过程，衍生出鲜明的循环特性。

1）广泛性

有人类活动的地方，社会水循环就会或多或少地产生，水与人类及其活动时刻相伴并发生作用。随着人类活动范围的不断扩大和强度的不断增加，社会水循环已成为水运动的一个基本过程，具有最宽的广泛性。

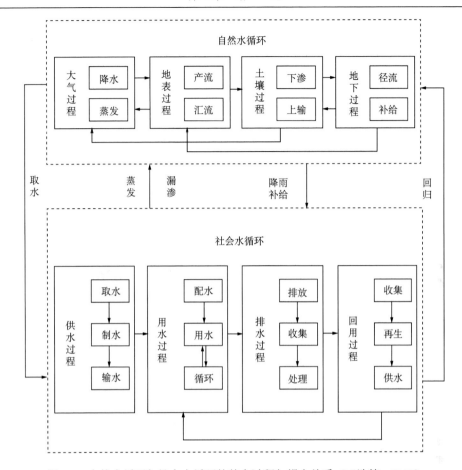

图 1.2 自然水循环与社会水循环的基本过程与耦合关系（王浩等，2004）

2）开放性

水资源系统的组成复杂，各组成部分之间的关联方式繁多，具有非线性、动态性和模糊性等特点。同时，社会水循环系统与外界环境（包括自然水循环）之间具有物质、能量和信息的交换，社会水循环系统的个体或子系统具有适应性、开放性特点。

3）二元性

社会水循环演变驱动力包括自然驱动力和社会驱动力。自然驱动力是水循环产生、运移、持续的自然基础，社会驱动力是水资源功能及价值通过水循环过程得以发挥和体现的社会基础。自然驱动力本质上是重力势能和太阳能，社会驱动力包括转化太阳能并按人类意志发挥作用的生物质能和二次能源等经济势能，因此社会水循环驱动具有二元性，即"自然-社会"二元性（王浩等，2011）。

4）不确定性

自然水循环总体上按"水往低处流"的方向运动，循环方向相对确定。而社会水循环运动方向受人类主观意志和价值判据的影响和制约，运动方向具有强烈的不确定性。"理性经济人"的趋利本质驱使人类让水流向更"高效"的用水单元，但高效用水单元随人类生产、生活布局演变而变，而人类社会系统的高度复杂性和不可预知性，使社会水循环方向具有极大的不确定性。

5）依赖性

人类社会中的技术演进或制度变迁均有类似于物理学中的惯性，即一旦进入某一路径（无论是"好"还是"坏"）就可能对这种路径产生依赖。受人类意识形态和价值判据（如水开发利用政策和水管理制度）的影响与制约，社会水循环和社会制度变迁一样，其演化和进步表现为一个循序渐进的过程，具有较大的路径依赖性（王浩等，2011）。

6）增值性

社会水循环的增值性与水资源的经济属性密切相关。社会水循环的过程，也是人类创造、积累财富的过程。随着人口增加和科技进步，社会水循环过程逐渐延长，循环频率加快，效率效益不断提高，社会经济发展水平不断上升，社会水循环过程具有明显的增值性（王浩等，2011）。

3. 影响因素

1）自然因素

影响社会水循环的自然因素主要包括区域位置、水资源禀赋和气候变化等（王浩等，2011）。①不同区域位置的地表组成物质和形态各不相同，因而不同区域人类的生产和生活的水资源利用也会差异较大；②水资源禀赋对社会水循环具有决定性的影响，水资源总量对一个地区的总用水量具有一定的正向作用（Arthur，1989），水资源丰裕程度的不同相应会形成不同的经济结构、产业布局、水量分配制度、用水结构、用水习惯乃至节水文化；③水气相互作用是气候系统的基本特征之一，气候变化影响区域降水量、降水分布和产汇流，最终影响水资源的社会循环。

2）社会因素

影响社会水循环的社会因素主要包括人口、经济水平、科技水平、制度与管理水平、水价值与水文化等（王浩等，2011）。①人口是影响生态与环境、主导社会水循环演变的第一要素，人口数量是所有影响用水总量中相关关系最大的因素（陈志恺，2002）。人口增加直接导致用水需求增加，加大社会水循环的通量，加快其循环频率，加重水体代谢负荷（水污染），最终导致水短缺和水污染。控制人口是解决全球水问题的关键措施之一，这已取得全世界的共识。②经济水平是影响社会水循环的另一个社会因素。随着经济水平的提高，很多区域的总取水量或人均取水量变化在总体上呈倒"U"型曲线态势。从反映经济水平的产业结构看，第一产业是耗水密集型产业，具有需水量与节水潜力大、单位用水产出相对较低的特点；第二产业需水量一般比第一产业小，而单位用水产出较高；第三产业则一般耗水较少，但单位用水产出较大。③科技是推动生产力进步的重要因素。一方面，科技对水分生产效益、节水效率、水污染治理等社会水循环过程和环节具有极大的积极推动作用，可不断提高区域水资源承载能力；另一方面，科技进步使人类调控自然水循环的能力日益强大，使社会水循环的涉水（地理）空间逐步扩大，循环路径不断延展，循环结构日趋复杂，对自然水循环的干扰也越来越强烈。④制度（如总量控制制度）是控制社会水循环演化方向的基本规则之一，影响其社会水循环的过程、结构、通量和调控。管理是制度实施的载体，水资源及其与水有关的规划、开发、利用和保护等工作的管理水平，直接影响社会水循环演替的方向、速度、效率、效益以及水环境安全。⑤水价值观及水文化是从根本上影响水资源可持续利用的思想观。"取之不尽，用之不竭""公共免费品"等传统水价值观以及对水资源价值认知的片面性，是导致当前水及生态与环境问题的重要原因（王浩等，2011）。水文化作为人类对水利工作和事业总结与评价其效果、效益及其价值的准则，以及其思想观念、思维模式、指导原则和行为方式（程冬玲等，2004），对水资源可持续利用具有战略指导作用。如长期以来对高效水资源利用的判别准则偏重纯粹的经济效益，而忽视其生态价值、世代交替与遗产继承价值，导致许多地区水及其生态与环境的快速衰败（李菲、惠泱河，1999）。

4. 耦合分析

社会水循环各影响因子之间不仅彼此相关，而且有相当紧密的耦合关联作用（图 1.3）。

从图 1.3 可以看出，区域位置从总体上框定了社会水循环的范畴；水资源禀赋基本决定了社会水循环的产业发展类别；气候变化影响地理环境和自然水循环，增加社会经济系统的脆弱性，同时人类也相应采取适应性对策来应对或减缓区域本身及全球气候变化新增的脆弱性；人口作为社会水循环最根本性的影响因子，其满足生存和为提高生活质量而进行的生产活动，均促使社会水循环通量的增加；财富积累为技术进步和效率提高储备了必要条件，而科技进步和效率提高又进一步推动经济增长。科技进步使人类对自然水系统的需求和干预控制能力越来越大，最终导致迄今为止无法想象的经济增长及日渐突出的水问题，尤其是水短缺日益严重和水环境不断恶化。但随着人们对水价值和水文化的日益丰富完善，人类主动应用了一系列的政策制度和管理措施，调控水资源利用的无序增长（王浩等，2011）。

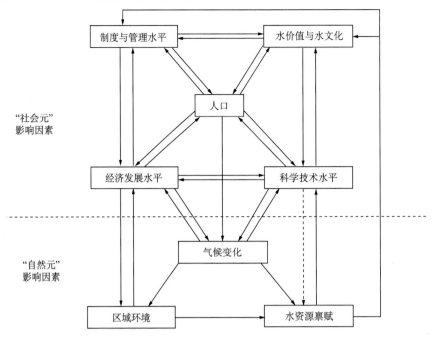

图 1.3　社会水循环影响因素耦合作用（王浩等，2011）

1.4.3　水资源的形成

水资源的形成与气候环境、水环境、社会环境等密切相关。

1. 气候环境

强烈的新构造运动使中国大陆地形发生显著分异，青藏高原大幅度的隆升，不仅造成了东西方向上的三大阶梯地形，同时改变了我国大陆原有的气候环境，促使以内蒙古高压为中心的大陆季风气候的逐渐形成，加之青藏高原隆起形成高大褶皱山系及大兴安岭、阴山、贺兰山、祁连山、阿尔泰山、天山和昆仑山等一系列高山的屏障作用，使这种大陆性季风气候对我国自然环境产生极为重要的影响。随着新构造运动的不断增强和青藏高原隆升的不断加速，大陆季风气候对我国自然环境的控制作用也在逐渐加强。我国北方地区位于副热带季风气候区，降水量严格受夏季风和海洋暖气团进退的控制，雨季到 7 月中旬才能由长江沿岸推进到北方地区，8 月下旬便很快南撤，迅速退回华南沿海地区。整个北方地区全年只有一个雨量高峰，历时仅约 40 余天，是全国雨季最短、降水量最集中、年降水量分配最不均匀的地区。这种高度集中和年变率极大的降水特点极大地增加了黄土高原和华北平原接纳雨水的困难，地表水随降水量呈年内和年际变化幅度极大，地下水也得不到稳定均衡的补给，因而造成北方地区水资源的先天性不足（刘真、刘平贵，2002）。进入 20 世纪 60 年代以来一个相对较长的时期，我国北方大部分地区降水量有逐渐减少的趋势，降雨趋平打破了原有的正常波动，幅度正在逐渐变小，使北方特别是华北地区持续干旱。随着气候的干旱和用水量的增加，必然造成水资源的匮乏和水环境的恶化（刘平贵，2001）。

2. 水环境

北方地区平原、盆地的地下水补给源比较稳定，水量相对丰富。如黄淮海平原可供利用的天然水资源总量约为 712 亿 m^3。从数量上看，可供利用的天然水资源不算少，但水资源在时空的分布上及与需求状况分布上不均衡、不匹配，现有的水资源不能完全充分地发挥其应有的作用，致使我国北方地区供需矛盾十分突出。如黄淮海平原的地下水在空间分布上呈现由山前平原到滨海平原、由南部平原到北部平原由多变少的递变规律，而地下水的开采量却由山前平原到滨海平原，由南部平原到北部平原呈现由少到多的递变规律。用水量大，缺水严重的北部海滦河平原占黄淮海平原总面积的 44.8%，地下水天然资源拥有量仅占全区总量的 34.2%；用水量较小，地表水和地下水资源却相对丰富的南部淮河平原，其面积占平原区总面积的 47%，拥有的地下水天然资源量却占全区总量的 61.7%。目前海滦河平原的地下水开采量已达到可开采利用量的 89%，除大量开采浅层地下水外，还开采了大量难以恢复和再生的深层承压水（刘平贵，2001）。在时间分布上，地表水天然资源季节变化较大，洪水季节大部分地表径流顺河道排泄流失，这个季节也是用水量最低的季节，特别是农业灌溉用水几乎降低到最低限度；枯水季节大部分地表水被山区和上游拦截，进入平原可供工农业用水和补给地下水的量极度减少。地下水随着地表水呈季节性变化，枯水季节地下水的补给量亦大幅度减少，而枯水季节正是平原、盆地用水的高峰期，尤其是农业灌溉用水，约占总用水量的 80%，占全年用水量的 70% 以上都集中在这一时期。这种用水量的季节性增加、供水量的季节性减少，使供需矛盾更加尖锐化。

3. 社会环境

随着水资源供需矛盾的日益激化，各地区、各部门只强调水资源的价值，忽视了水资源流域系统综合利用的原则和整体效益，盲目追求地方利益、集团利益，不顾客观条件地超采乱采；只讲竞争不讲协作，只讲兴利不讲防害，各用水部门间矛盾重重，区域争水、流域争水、部门争水。造成流域水资源动态严重失衡，使原本不应缺水的流域和区域发生人为的缺水，甚至产生河流断流，致使流域内生态环境退化，给流域经济效益和社会效益造成严重的损失。

除了人类活动对水资源的需求量急剧增加、超量和无序开发利用水资源外，山区水利工程大量拦截地表径流也是导致北方局部地段水资源匮乏的直接原因。由于大量拦截地表径流，使旱季流入平原、盆地区的地表水流大量减少，使山区河流几乎变成季节性河流，近年来河流断流现象极为严重。据统计，汾河流域的兰村水文站到义棠水文站 160 km 的河道在非灌溉引水期基本处于断流状态，兰村水文站 2001 年以来断流天数一直在 250 d 以上，最多一年断流达 278 d，汾河二坝和义棠水文站的断流天数也超过了 140 d。黄淮海流域共有水库 7100 座左右，其中大、中型水库 64 座，总库容 525.4 亿 m^3，水库每年拦截地表径流量 50%左右。据计算，20 世纪 80～90 年代相同量级的降水量产生的径流量较 50～60 年代减少 20%～50%。随着山区水利工程的兴建和上游用水量的不断增加，这种发展趋势将会越来越严重（刘平贵，2001）。

由于环保措施不力，水源污染严重，目前我国每年大约排放废水 1400 亿 m³，其中 80%为城市污水，污水中仅有 20%得到低级处理，而大部分未经处理便直接排入河道，造成地表水体和地下水的严重污染（肖羽堂等，1999）。据统计，2006 年山西省排放废水为 10.29 亿 t，其中 5.88 亿 t 为生活污水，其余为工业废水，75%的工业废水排放来自化工、电力、冶炼、煤炭和造纸 5 个行业，水中的主要污染物化学需氧量的排放量已超过环境承载能力，这其中 42%来自工业排放。水污染使水质不断恶化，导致可利用水资源的进一步减少；水污染同时使常年断流的河道大量纳污而无法稀释和自净，水资源的短缺又使得污染的控制和预处理十分困难。由此形成恶性循环，使水质进一步恶化，加剧了水资源的供需矛盾。

参 考 文 献

陈家琦. 1993. 水文学与水资源学关系浅析. 水问题论坛, (3): 1～8

陈家琦, 王浩. 1997. 水资源学概论. 北京: 中国水利水电出版社, 7～24

陈家琦, 王浩, 杨小柳. 2002. 水资源学. 北京: 科学出版社

陈建耀. 1999. 水资源开发利用中的 PRED 综合分析与实证研究. 北京: 中国科学院博士学位论文

陈庆秋. 2004. 珠江三角洲城市节水减污研究. 广州: 中山大学博士学位论文

陈志恺. 1992. 中国大百科全书——水利. 北京: 中国大百科全书出版社, 267～269

陈志恺. 2002. 人口、经济与水资源的关系. 海河水利, (2): 1～4

程冬玲, 林性粹, 杨斌. 2004. 水利、水文化的内涵与演变. 中国水利, (5): 66～68

程国栋. 2003. 虚拟水——中国水资源安全战略的新思路. 中国科学院院刊, (4): 260～265

邓伟, 何岩. 1999. 水资源: 21 世纪全球更加关注的重大资源问题之一. 地理科学, 19(2): 97～101

侯志华, 马义娟, 葛虹. 2013. 基于 RS 的汾河流域植被覆盖变化研究. 干旱区资源与环境, 27(2): 162～166

黄河流域及西北片水旱灾害编委会. 1996. 黄河流域水旱灾害. 郑州: 黄河水利出版社, 379～386

黄锡荃, 李惠明. 1993. 水文学. 北京: 高等教育出版社, 41～42

贾绍凤, 王国, 夏军, 等. 2003. 社会经济系统水循环研究进展. 地理学报, 58(2): 255～262

李菲, 惠泱河. 1999. 试论水资源可持续利用的价值伦理观. 西北大学学报(自然科学版), 29(4): 353～356

李奎白, 李星. 2001. 水的良性社会循环与城市水资源. 中国工程科学, 3(6): 37～40

刘昌明. 2009. 水循环研究是水资源综合管理的理论依据. 中国水利, (19): 27～28

刘昌明, 王红瑞. 2003. 浅析水资源与人口、经济和社会环境的关系. 自然资源学报, 18(5):635～643

刘平贵. 2001. 黄淮海平原面临沙漠化的潜在威胁. 科技导报, (5): 56～60

刘真, 刘平贵. 2002. 我国北方水资源及可持续利用. 地下水, 24(2): 63～65

孟学农. 2008. 举全省之力推进汾河治理修复与保护. 前进, (6): 4～7

宁立波, 徐恒力. 2004. 水资源自然属性和社会属性分析. 地理与地理信息科学, 20(1): 60～62

桑德拉•波斯特尔. 1998. 最后的绿洲. 北京: 科技文献出版社

王浩, 贾仰文, 王建华, 等. 2004. 黄河流域水资源演变规律与二元演化模型. 北京: 中国水利水电科

学研究院

王浩, 龙爱华, 于福亮, 等. 2011. 社会水循环理论基础探析Ⅰ: 定义内涵与动力机制. 水利学报, 42(4): 379~387

王浩, 王建华, 秦大庸, 等. 2002. 现代水资源评价及水资源学学科体系研究. 地球科学进展, 17(1): 12~17

伍光和, 田连恕, 胡双熙, 等. 2000. 自然地理学. 第 3 版. 北京: 高等教育出版社

肖羽堂, 许建华, 张东. 1999. 中国水资源与水工业的可持续发展. 长江流域资源与环境, 8(1): 50~56

徐恒力. 2001. 水资源开发与保护. 北京: 地质出版社

薛占金, 秦作栋, 孟宪文. 2014. 2010 年汾河流域土地退化经济损失评估分析. 水土保持通报, 34(3): 295~299

杨美丽, 胡继连, 吕广宙. 2002. 论水资源的资产属性与资产化管理. 山东社会科学, (3): 31~34

杨萍果, 郑峰燕. 2008. 汾河流域 50 年降水量时空变化特征. 干旱区资源与环境, 22(12): 108~111

叶永毅. 1987. 中国大百科全书——大气科学-海洋科学-水文科学. 北京: 中国大百科全书出版社, 354~357

余永定, 张宇燕, 郑秉文. 1999. 西方经济学. 北京: 经济科学出版社, 198~227

张峰. 2004. 山西湿地生态环境退化特征及恢复对策. 水土保持学报, 18(1): 151~153

张杰, 熊必永. 2004. 城市水系统健康循环的实施策略. 北京工业大学学报, 30(2): 185~189

张廷胜, 周永红. 1998. 论水资源开发中的环境问题. 山西水利, (6): 37~38

张鑫, 蔡焕杰, 张文洲, 等. 2002. 水资源开发利用的环境效应与反思. 西北农林科技大学学报(社会科学版), 2(5): 65~69

朱晓原, 张学成. 1999. 黄河水资源变化研究. 郑州: 黄河水利出版社, 1~2

Arthur W B. 1989. Competing technologies, increasing returns and lock-in by historical events. Economic Journal, 99(3): 116~125

Merrett S. 1997. Introduction to the economics of water resources: An international perspective. London: ULC Press, 35~61

第2章 汾河流域的环境特征

2.1 汾河流域史话

《山海经》载："管涔之山，汾水出焉。西流注入河（黄河）"。《水经注》载："汾水出太原汾阳之北管涔山"。《唐六典》有："汾水，河东之大川也。汾者，大也"，汾河因此而得名。

据考证，从逐水草而居的狩猎时代到近代农耕文明的构建，汾河流域一直是人类活动的中心地带。早在10万年以前的晚更新世早期，"丁村人"就在汾河岸边的襄汾县一带，从事狩猎和采集活动，并在此繁衍形成中华民族的原始氏族部落；炎黄五帝时代，尧、舜均建都于汾河下游，禹王也在汾河流域留下了许多治水的足迹，另民间亦有"后稷教民稼穑于稷山，嫘祖养蚕于夏县"的传说；进入奴隶制社会后期的西周和春秋时代，汾河流域又有强国"晋"迅速崛起。以上这些充分说明汾河中下游地区，不仅是我国原始农耕生产起源最早之地，也是原始农业经济发达之所（凡平，2006）。

汾河流域散布的许多水利工程记载了三晋人民治水的光辉业绩。早在战国初年，智伯为了壅晋水灌晋阳在晋祠镇修建了我国水利史上最早的原始有坝引水工程——智伯渠。智伯渠的修建虽是军事需要的产物，但却在以后2000多年的农业灌溉中发挥了举足轻重的作用，使晋祠灌区成为太原南郊的富庶之地。东汉时期，汾河流域"修理旧沟渠，通利水道，以溉公私田畴"；隋唐时，汾河流域水利灌溉工程居全国前列；唐贞观年间，修建了汾河渡槽——晋渠；贞元年间，兴修了大型凿汾引水工程可"溉田万三千余顷"；宋代，引洪淤灌全面展开，使大量盐碱地得到改良；元代，汾河流域大规模开展引汾引泉灌溉，仅榆次县元末就有水田五万余亩；明代，汾河流域平川地区几乎全成水地；清代的《古今图书集成·职方典》中记载：仅太原、平阳（今临汾）两府44个县中，即有小型水利工程459处。与灌溉工程一同发展的水利工程是防洪工程，古代汾河流域的防洪工程主要为城市防洪工程。历代在太原修建的护城工程有许多，其中宋代的"柳堤"、明代的"金刚堰"、清朝的"汾河八大堰"比较出名。据考证，新中国成立前，山西省有40多个县城修建过防洪堤堰工程，其中大多分布在汾河流域。1949年后，汾河流域作为全省水害防治的重点区域，开展了多次大规模的治理活动：汾河流域陆续建成汾河一库、二库和文峪河等大中型水库，干流河道分别于1969年、1981年、1998年开展了3次大规模治理，使整个流域形成了蓄泄有机配合的防洪体系，确保了沿河城市、村镇、农田及人民生命财产的安全。进入21世纪，为确保引黄水高效、安全、清洁到太原，山西省委、省政府从2001年开始，以"固堤、护岸、保滩、水清、流畅、岸绿"为目标开展了大规模的汾河上游综合治理，2002年10月主体工程全部高质量完工，2003

年 7 月河道成功经受超标准洪水考验。如今的汾河流域国内生产总值超过全省的 40%，在山西经济发展中占有举足轻重的地位，水利工程的修建为确保全省经济发展、社会稳定立下了汗马功劳（凡平，2006）。

回顾历史，汾河流域民风朴实，人杰地灵，名人辈出。古有晋国大夫介子推；战国名将廉颇；西汉名将卫青、霍去病，史学家班彪、班固、班昭；东汉名臣王允；隋末理学家王通；唐代名相狄仁杰、名将薛仁贵、名臣温彦博，大诗人白居易、王绩、王勃、王昌龄、王之涣、王维、温庭筠，文学家柳宗元；宋代名将呼延赞、杨延昭；元末明初著名小说家罗贯中；明代理学家薛瑄；明末清初思想家傅山；等等。今有中国共产党早期著名的政治活动家高君宇、傅懋恭，抗日名将傅作义和被伟大领袖毛泽东以"生的伟大，死的光荣"评价一生的民族女英雄——刘胡兰。放眼汾河流域，无数优秀的汾河儿女在这片土地上写下了不朽的篇章，创建了独特的汾河文明，汾河流域随处可见的别具特色的人文景观就是明证。伫立汾河源头，雷鸣寺泉晶莹透澈，清爽宜人，与汾源灵沼、汾源阁、汾源博物馆、万年冰洞等景点及周围绵延起伏、绿树成荫的管涔山脉浑然一体，被选为全国水利旅游风景区。汾河冲出兰村峡，首站即是有 2500 年历史的省城太原，太原市内有国内最大的古皇家园林晋祠、太原标志性建筑"凌霄双塔"、我国最大的道教石窟——龙山石窟等。南出太原，汾河即进入晋中平原，河东有一连串名震海外的晋商大院——榆次的常家庄园、太谷的曹家大院、祁县的乔家大院和渠家大院、介休的张壁古堡、灵石的王家大院，世界文化遗产——平遥古城、中国彩塑艺术宝库——平遥双林寺，历史名山——绵山以及以"十八罗汉"闻名的灵石资寿寺等；河西有山色秀美、古建筑规模宏伟的卦山，日本佛教净土宗祖庭——玄中寺，中国唯一的女皇武则天的纪念馆——则天圣母庙，唐朝汾阳王郭子仪纪念堂以及全国八大名酒之一、有 1500 年历史的杏花村汾酒厂等。穿过灵石口，汾河进入临汾、运城盆地，河东文明扑面而来：首先是被称为"帝尧之都""陶唐故都""伊祁旧里"的临汾，尧陵、尧庙、平阳鼓楼、唐代铁佛寺、元代大戏台及有悠久灌溉历史的龙子祠泉、霍泉等分布在市区周围，另有海内外华人"寻根祭祖"之地——洪洞大槐树，元代建筑风格的代表——洪洞广胜寺，丁村文化遗址及民俗博物馆；进入运城地界，有神州大地最古老的"娘娘庙"——万荣后土祠，有我国最早的古代园林建筑——绛守居园及白台寺、福胜寺、龙兴寺、青龙寺等古代寺庙，而闻名全国的绛州鼓乐和稷山倒悬花鼓被称作是我国民间艺术的奇葩。汾河经新绛、过稷山，穿过河津市，再向西流即进入宽广平缓的入黄口（凡平，2006）。

汾河穿越时间的洪流从远古走到今天，养育了一代代汾河儿女，曾经的汾河如千古绝调《秋风辞》所描绘："泛楼船兮济汾河，横中流兮扬素波"；而今的汾河或无水断流或有水皆污，水生态环境着实不容乐观。重建汾河秀美景观，促进流域人水和谐是每一个汾河人义不容辞的责任（凡平，2006）。

2.2　地理位置与行政区划

山西省地处华北地区西部，西北黄土高原东缘，东依太行山与河北、河南两省为邻，西南隔黄河与陕西、河南两省相望，北跨内长城与内蒙古自治区毗连，境内山多川少，沟壑纵横。

汾河地处山西省的中部和西南部，北起管涔山与桑干河分水，南隔紫金山、稷王山、峨嵋岭与涑水河毗邻，东望云中山、太行山与海河水系相连，西沿芦芽山、吕梁山与黄河相隔。地理位置介于 $110°30'E \sim 113°32'E$，$35°20'N \sim 39°00'N$ 之间，东西宽 188 km，南北长 412.5 km，呈带状分布，干流长 694 km，流域面积 39471 km^2，地跨忻州（宁武、静乐）、太原（市内 6 区、娄烦、古交、阳曲、清徐）、晋中（榆次区、太谷、和顺、沁源、寿阳、祁县、平遥、介休、灵石、榆社）、吕梁（岚县、交城、文水、汾阳、孝义、交口）、临汾（汾西、霍州、洪洞、古县、尧都区、浮山、乡宁、襄汾、翼城、侯马、曲沃）、运城（新绛、绛县、稷山、河津市、万荣）、长治（武乡）7 市 45 个县（市、区）（图 2.1）。

2.3　自然地理特征

2.3.1　地形地貌

汾河流域地形为一条地堑型纵谷，是山西黄土高原的一部分。在漫长的历史演变过程中上下游河段曾有过重大的变迁。上新世时，汾河是一条河湖相连的串珠状河流，贯穿了忻州、太原、临汾、运城 4 大盆地。今日的滹沱河上中游，原是汾河的左上源，后因太原北的石岭关隆起，滹沱河向南流的河床抬高，加以溯源侵蚀加剧，最后使流经忻定盆地的汾河左上源向东流去，成为海河流域子牙河水系的一部分。汾河下游与涑水河间也存在袭夺现象，汾河原在新绛县以东直向南流，经闻喜县礼元镇取道涑水河注入黄河，后因稷王山隆起，汾河受阻折向西流。同时中下游盆地内的湖泊大面积消失，完成了现在的汾河建造。现代汾河流域受两次出山（吕梁山脉、太岳山脉）、两进盆地（太原盆地、临汾盆地）的流向控制，上游穿行于吕梁山区的崇山峻岭之间，山区高程多在 1100 m以上，以娄烦县的北云顶山最高，海拔为 2659.8 m，重峦起伏，沟壑穿插其间；中游进入太原盆地。太原盆地长约 150 km，宽 30～40 km，面积达 5000 km^2。盆地海拔高程 755～810 m，平均坡降约 2‰，地势平坦，土地肥沃。由于新构造运动的差异性，盆地内东西两侧地形具有明显不对称性，东部属太行山系，俗称东山，西部属吕梁山系，俗称西山。西侧山区与盆地地形突变，两者直接相接，边山洪积扇呈裙状起伏，扇小而坡降大；东侧地形缓慢变化，山区与盆地间存在宽窄不等的黄土丘陵和台塬，边山较大的沟谷形成冲洪积扇伸入盆地中心，构成宽阔平缓的洪积倾斜平原。太原盆地与临汾盆地之间为太岳山脉西翼的霍山。霍山大断层山势陡峭，相对高差达 1000 m，汾河从灵石县穿越灵霍

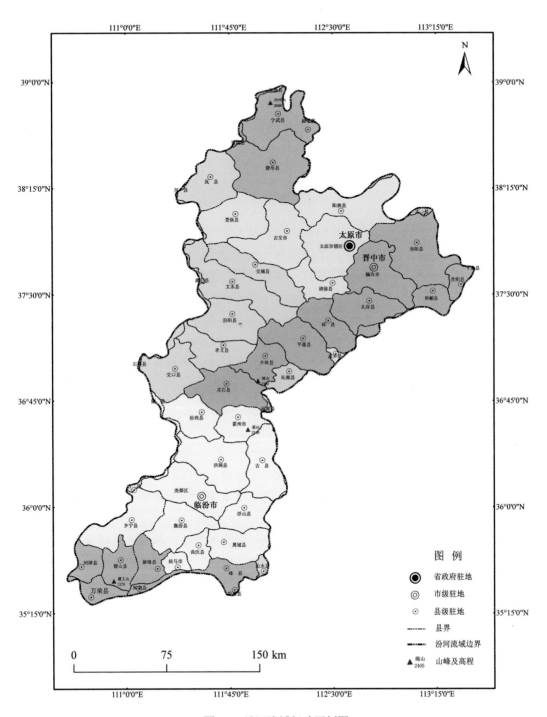

图 2.1　汾河流域行政区划图

山峡，到洪洞县进入临汾盆地平原区。临汾盆地海拔 420～550 m，由北东向南西倾斜，长约 200 km，宽 20～25 km，面积约 5000 km²，包括了全部汾河下游区域，北起灵石韩侯岭，南至峨眉台地，由侯马折而向西直抵黄河盆地，东西两侧分别与霍山大断层、罗云山大断层相接。汾河下游地形北高南低，流域呈现上窄下宽的梯形状。流域内山脉多呈锯齿状，主要为北北东走向。东西两侧的吕梁山、太岳山是汾河与沁河和沿黄支流的分水岭。按地貌形态特征划分，该地区的地貌类型以土石山区、黄土丘陵区和平川盆地为主。土石山区地形破碎，沟谷纵横，主要分布于东西两侧；平川盆地集中在中部的汾河、浍河及其他支流堆积河谷上；黄土丘陵区位于土石山区与平川盆地的过渡带。

2.3.2 气象气候

汾河流域地处中纬度大陆性季风带，受极地大陆气团和副热带海洋气团的影响，属温带大陆性季风气候，为半干旱、半湿润型气候过渡区，四季变化明显。春季多风，干燥；夏季多雨，炎热；秋季少晴，早凉；冬季少雪，寒冷。雨热同季，光热资源较为丰富，有利于农业的发展。降雨的年际变化较大，年内分配不均，全年70%降水量集中在6～9月，并且多以暴雨形式出现；降水量总体分布趋势为南北两端和东西两侧山区高，中部盆地低，全流域多年（1956～2010年）平均降水量为504.8 mm，近十几年来降水呈减少趋势。汾河流域水面蒸发量为900～1200 mm，高值区在太原盆地，上中游区水面蒸发量为900～1200 mm，汾河下游区多年平均水面蒸发量的变化范围大致在900～1100 mm，水面蒸发量的变化规律为：平川大、山区小、东部大、西部及中部南部小。

2.3.3 河流水系

汾河是黄河第二大支流，也是山西省最大的河流。汾河孕育了灿烂的三晋文明，被称为山西人民的"母亲河"。汾河发源于宁武县东寨镇管涔山脉楼子山下水母洞，和周围的龙眼泉、象顶石支流汇流成河。

汾河河源海拔为 1670.0 m，流向自北向南，纵贯大半个山西，汇聚源自吕梁、太行两大山区的支流，穿越太原、临汾两大盆地，至运城市新绛县境急转西行，于禹门口下游万荣县荣河镇庙前村附近汇入黄河，河口高程 368.0 m，河道总高差 1308 m，平均纵坡 1.12‰，干流直线长度 412.7 km，河道弯曲系数 1.68。汾河按自然纵坡可分为四段：河源至兰村段及灵石至洪洞赵城河段，河水穿行于山峡之间，纵坡较大，为 2.5‰～4.4‰；兰村以下至介休义棠及赵城以下至河口两段，流经太原、临汾盆地，纵坡平缓，为 0.3‰～0.5‰（图 2.2）。汾河源远流长、支流众多，流域面积大于 30 km² 的支流有 59 条，其中流域面积大于 1000 km² 的有 7 条，即岚河、潇河、昌源河、文峪河、双池河、洪安涧河和浍河（表 2.1）。支流中以岚河的泥沙最多，以文峪河的径流量最大。

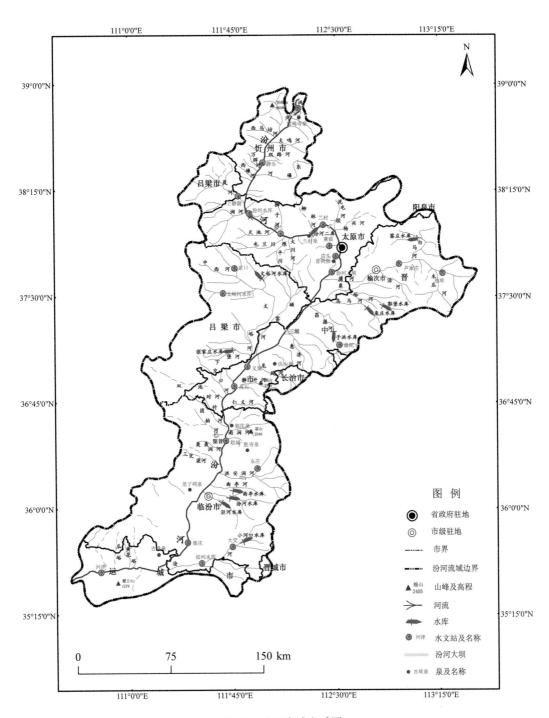

图 2.2　汾河流域水系图

表 2.1　汾河支流中面积大于 1000 km² 的河流特征表

河名	源头	河长/km	流域面积/km²	平均纵坡/‰	年径流量/亿 m³	支流
岚河	岚县北马头山冷沟、卧羊沟	57.6	1148	3.2	0.72	上明河、普明河、龙泉河
潇河	昔阳县沾上乡马道岭	147.0	3894	2.85	1.8	安丰河、白马河、涧河
昌源河	平遥县北岭底村	87.0	1029.7	6.86	1.8	伏西河
文峪河	交城县关帝山	158.6	4034.57	3.67	2.8	西葫芦河、四道川河、三道川河、西冶河、神堂河、禹门河、阳城河、孝河、曹溪河
双池河	交口县	68.7	1111	10.70	0.27	大麦郊河、院川河
洪安涧河	安泽县	59.7	1149.7	11.0	1.0	热留河、石壁河
浍河	翼城县	118.0	2060	4.4	0.82	浇底河、黑河

特殊的地形地貌把汾河干流分成上、中、下游 3 部分。

（1）汾河上游段：自河源至太原市尖草坪区兰村区间为汾河上游，河道长 217.6 km，流域面积为 7705 km²，此段为山区性河流。其中，汾河源头至汾河水库库尾主要为土石山区和黄土丘陵区；汾河水库至汾河二库库尾流经峡谷，两岸山势陡峭，河道呈狭长带状分布，沿河两岸岩石裸露，河道大部分无设防，洪水在河床内摆动较大。该河段绕行于峡谷之中，山峡深 100～200 m，平均纵坡为 4.4‰。从上至下汇入的主要支流有：洪河、鸣水河、万辉河、西贺河、界桥河、西碾河、东碾河、岚河。汾河水库建在上游河段的中间部位距河源约 123.3 km 处的娄烦县下石家庄。东碾河和岚河水土流失严重，是汾河水库泥沙的主要来源（李英明、潘军峰，2004）。

（2）汾河中游段：自太原兰村至洪洞县石滩为中游段，河长 266.9 km，流域面积为 20509 km²，穿行于太原盆地和汾霍山峡，河道宽一般为 150～300 m，汇入的较大支流有：潇河、文峪河、象峪河、乌马河、昌源河等。本段属平原性河流，地势平坦、土质疏松，河谷中冲积层深厚，河流两岸抗冲能力低，在水流长期堆积作用下，两岸形成了较宽阔的河漫滩，河型蜿蜒曲折，中水河床与洪水河床分界明显，该段河道纵坡较缓，平均纵坡约 1.7‰，由于汇入支流多，径流量大，坡度缓，汛期排泄不畅，是全河防洪的重点河段（李英明、潘军峰，2004）。

（3）汾河下游段：自洪洞石滩至黄河口为下游段，河长 210.5 km，流域面积为 11276 km²。该段汇入的较大支流有：曲亭河、涝河、泜河、滏河、洪安涧河、浍河等。该河段是汾河干流最为平缓的一段，平均纵坡为 1.3‰。义棠-洪洞石滩为山区型河流，河势较稳定；石滩以下为平原河段，河道弯曲，水流不稳定，河床左右摆动，岸蚀愈烈。入黄口处，河道纵坡缓，流速小，常受黄河倒流的顶托，致大量泥沙淤积在下游河段中（李英明、潘军峰，2004）。

2.3.4　区域地质

1. 地层

汾河流域境内地层出露齐全，由老至新有：太古界、元古界、古生界、中生界和新生界地层。缺少志留系、泥盆系和白垩系。

前长城系全部属区域变质岩层，由上部以滹沱超群为代表的下元古界、中部以五台超群为代表的上太古界和下部以阜平超群为代表的中下太古界三套地层构成。

中下太古界：主要由一套受中高级区域变质作用和混合岩化作用的各种片麻岩、浅粒岩、大理岩、斜长角闪岩和磁铁角闪石英岩组成，可分为太行山区的阜平超群、吕梁山区的界河口群、中条山区的涑水群及太岳山群等。中下太古界普遍为高角闪岩相，局部为麻粒岩相，混合岩化作用普遍。与中下太古界有关的矿产主要有：铁、石墨、大理岩、石棉等（龚玲兰，2011）。

上太古界：五台超群主要出露于五台山区及邻近地区、吕梁山区和中条山区。上太古界不整合于下元古界之下，为中-低变质岩系。其下部多为角闪岩相，局部受混合岩化影响；中上部为绿片岩相。伴有大规模的花岗质岩石，形成太古宙的花岗-绿岩带。是大型沉积变质铁矿、铜矿及黄铁矿的主要赋存层位。

下元古界：下元古界多属浅变质沉积岩系，下部以碎屑岩为主，中部以碳酸盐岩为主夹变质基性火山岩；上部为粗碎屑岩。下元古界主要是零星分布于吕梁山区和太行山区。

上前寒武系：长城系、蓟县系、青白口系和震旦系合称。分布于娄烦和太原市北郊一带。区内岩性以火山岩为主。

寒武系：分布广，岩性下部以紫色泥页岩发育为特征，中部以薄层和鲕粒灰岩为主。矿产有石灰岩、白云岩、磷块岩等。

奥陶系：分布广，仅发育下统和中统。岩性为白云质灰岩、泥质灰岩、泥灰岩、薄层和中厚层灰岩、纯灰岩及白云质灰岩等，上部含石膏层，下部有白云岩。

石炭系：分布广泛，为一套蕴藏着丰富的煤、铝、黏土等沉积矿产和丰富化石的近海型煤系沉积，以碎屑岩、黏土岩、可燃有机岩、碳酸盐岩等地层交互产出为典型特征。石炭系矿产丰富，主要有煤、铝土矿、耐火黏土、铁矿、硫铁矿、油页岩等。娄烦、太原东山有铝土矿和耐火黏土。太原西山煤田、宁武-静乐煤田以炼焦煤为主，含油页岩主要分布于洪洞、蒲县（龚玲兰，2011）。

二叠系：遍及各构造盆地。岩性主要为砂质泥岩夹长石砂岩、砂岩夹砂质泥岩、紫红色泥岩和中粒长石砂岩、杂砂岩、页、细砂岩和粉砂岩等碎屑岩沉积组合。沉积矿产少，仅有锰铁矿和煤，其规模小、品位低，工业意义不大。

三叠系：分布于宁武—静乐一带，出露于汾河上游河谷两侧之宁武南部、原平西部及静乐东西部地带。为一套陆相的沉积岩，下统为浅紫红色、灰白色中细粒长石砂岩及紫红色砂质泥岩,中统以灰绿、灰黄、浅肉红色中粗粒长石砂岩为主,泥质岩石不发育为特征。矿化点少,主要矿化含铜砂页岩、油页岩等,不具工业意义。

侏罗系:主要分布于宁武煤田(宁武—静乐—原平一带),砂岩、页岩,下部夹煤层。

古近系—新近系:砂岩、砾岩及红色黏土。

第四系:主要分布在汾河地堑及山区洼地或冲沟中,均为未固结成岩的松散沉积物,包括冲洪积物、风成黄土、坡积物等。厚度不等,薄则不足 1 m,厚达数十米到几百米(龚玲兰,2011)。

2. 水文地质

汾河上游区构造上系宁武-静乐大向斜,一般富水程度相对较差,其南端为黄土所覆盖。区域内的寒武奥陶系石灰岩分布区,主要含水层为中奥陶系石灰岩,其补给径流区富水程度差,但泄水区或地形低处则富水,雷鸣寺岩溶大泉位于本区。吕梁山山地区位于汾河上游,出露地层为太古界五台群,由云中山南部和吕梁山的流域部分组成。区域构造尚属发育,有风化裂隙处常形成裂隙潜水,除吕梁山的分水地带外,其他部分几乎都有清水,但水量只能满足人畜用水,不能用于灌溉等。

太原盆地地下富水区多在冲、洪积扇轴部和冲积平厚干支流的古河道地区。盆地区原有晋祠泉、兰村泉和洪山泉 3 处岩溶大泉出露,现如今因地下水严重超采,兰村泉、晋祠泉分别在 20 世纪 80~90 年代断流。寿阳盆地为潇河上游的山间盆地,盆地内以松散岩类孔隙水为主,基岩裂隙水零星地出露于河谷之中。霍山山地区主要为寒武系、奥陶系石灰岩岩溶裂隙水,集中于背斜北侧排泄的有洪山泉,其他分散排泄于当地河谷之中。汾西山地区主要含水层是寒武系、奥陶系石灰岩。水位埋藏很深,泉水稀少,大部分地区缺水。本区的边缘地带有郭庄泉等稳定大泉进行集中泄水。

汾河下游的新绛、稷山、河津、万荣各县沿河一、二级阶地,含水层为全新统砂、砂砾石层,上更新统丁组的中细砂、马兰黄土,为下更新统三门组砂卵石、砂砾石层,主要为松散岩类孔隙水。中深层水分布广泛,含水层为下更新统的砂卵砾石、中细砂、粉细砂层,厚度为 5~75 m,含水层埋深 75~180 m,含水层富水性河津市以西水量相对比较丰富,以东汾河低阶地富水性中等,而汾河南侧三级阶地富水性相对来说比较差。

2.3.5 生物条件

汾河流域历史上曾经是一个森林茂密、湖泊广布的好地方。由于自然原因和人为破坏,新中国成立前森林覆盖率不足 3%。新中国成立后,汾河流域各级政府高度重视林业工作,广泛发动群众,开展植树造林,改善生态环境,取得明显成效。目前,全流域森林覆盖率平均为 28.40%,上游高于中下游。上游地区受管涔山的影响,植被以暖温带落叶阔叶森林草原—温带灌丛草原为主,主要植被分为 10 大类、57 个亚类,主要自然植被有落叶松、云杉、油松、桧柏、侧柏、柳树、刺槐、柠条、山桃、山杏、核桃、花椒、沙棘、虎榛子、胡枝子、绣线菊等。中游的太原地区森林覆盖率约为 21.02%，植物区系含有种子植物、蕨类植物、苔藓、地衣、藻类和菌类，具有植物资源丰富、植物起源古老、单种属植物较多等特点，现有林业用地 480 万亩①，主要集中在阳曲、清徐，其中，有林地 166 万亩，疏林地 34 万亩，灌木林地 123 万亩，苗圃地 2 万亩，宜林荒山荒地 155 万亩，有 10 个有林场、4 个省级自然保护区、1 个国家级森林公园。晋中盆地森林植被多为天然次生林，植被类型主要有落叶阔叶林、针叶林、针阔混交林和落叶灌丛，主要群种有油松、落叶松、辽东栎。山杨和白桦是森林植物群落的先锋树种，人工植被除农作物外主要是油松、侧柏、华北落叶松、刺槐、臭椿、泡桐及各种杨柳树，零星分布的白皮松和杜松是珍贵的城市绿化美化树种，干果经济林主栽品种为核桃、红枣、花椒、板栗、山楂、仁用杏、文冠果等。汾河流域的吕梁地区森林覆盖率约为 23.10%，主要植被资源有云杉、华北落叶松、油松、侧柏、山杨、白桦、刺槐、国槐、沙棘、刺玫、胡枝子、柠条、绣线菊、山桃、丁香、榛子、苔草、白羊草、蒿类、针茅、披碱草、紫花苜蓿等，经济林以核桃、仁用杏、红枣为主。下游区的临汾盆地、运城盆地主要植被资源有油松、白皮松、侧柏、落叶松、辽东栎、栓皮栎、山榆、泡桐、刺槐、绣线菊、胡枝子、胡颓子、连翘、荆条、苔草、白羊草、铁杆蒿、柴胡等，果木类有山楂、柿、苹果、梨、桃、枣、核桃等。

汾河流域的太原地区野生动物资源有鸟纲 16 目、37 科、173 种；国家一级保护鸟类 4 种，国家二级保护鸟类 27 种，山西省重点保护鸟类 8 种；哺乳纲 6 目、17 科、42 种；国家一级保护兽类 1 种、国家二级保护兽类 5 种、山西省重点保护兽类 3 种；爬行纲动物 3 目、4 科、8 种；两栖纲 1 目、2 科、5 种；鱼纲 2 目、4 科、21 种；甲壳纲动物 1 目、2 科、2 种；昆虫纲 13 目、70 科、177 种；蛛形纲 2 目、3 科、10 种。晋中地区有陆栖脊椎动物 231 种，其中鸟类 172 种，哺乳类 42 种，两栖爬行类 17 种，国家一、二级保护动物 31 种，主要为金钱豹、灰鹤及多种猛禽。

2.3.6　土壤环境

土壤是陆地上能够生长植物的疏松表层，它是在气候、地形、母质、生物等成土因素综合作用下形成的，是农业生产的基础条件。汾河流域的土壤在河流搬移作用下，除在山谷形成小型的盆地外，在中下游地区形成了辽阔丰腴的冲积平原，由于冲积地带的土壤从上中游携带大量有机物质，因此相对肥沃，成为传统农业经济的重要分布区。汾河位于黄土高原边缘，除入黄口一小部分属于陇东南地区外，基本位于晋中断陷盆地两侧，黄土发育较好。由于地质原因、河流搬移及人类活动的影响，汾河内部土壤分布差异很大。由于复杂多样的地形、气候等自然条件，流域内部动物、植物和微生物资源也相对丰富多彩。

---

① 1 亩≈666.7 m²。

汾河干流谷地主要以灰褐土为主，两侧支流多为灰褐土性土，其中，管涔山、芦芽山一带以棕壤为主，这是流域主要的林地土壤；上游南部娄烦县一带多为山地褐土，其表层有较薄的枯枝落叶层，其下层为腐殖质层，淋溶程度较差，碳酸钙含量较高。主要适宜作物有谷子、莜麦、高粱、玉米、马铃薯等。

中游太原盆地以浅色草甸土和盐化浅色草甸土及淡褐土为主，其中浅色草甸土和盐化浅色草甸土主要分布在盆地内河流两岸之河谷平原或局部低洼地区。浅色草甸土，沉积层次明显，有机质较少，呈石灰反应，是肥力较高、灌溉方便的土壤，但存在次生盐渍化问题；盐化浅色草甸土，除具有浅色草甸土一般特征外，在耕作层中含可溶性盐分较高，其盐分组成以氯化物硫酸盐为主，呈碱性至微碱性反应，对农作物生长有一定影响。淡褐土具有褐土的一般特征，但其发育程度较差，黏化程度弱，碳酸钙的积累与移动亦较弱，属于比较肥沃的土壤，是主要粮棉产区。文峪河等地则以棕壤为主。下游临汾盆地主要分布有褐土、褐土性土及山地褐土。其中，褐土主要分布在河流二级阶地以上及山间盆地、沟谷中较高的地方，此种土壤土层深厚，发育良好，层次明显，耕作性好，熟化程度高，肥力较高，是主要粮棉产区。褐土性土主要分布在盆地两侧黄土丘陵地区，土层深厚，但发育不良，除表土层外，母质特征明显，碳酸钙含量较高，呈微碱性反应。适宜种植小麦、玉米、谷子和高粱等作物（张慧芝，2005）。

汾河流域中下游盆地以褐土和淡褐土分布为主，这种土壤土层深厚，发育良好，层次分明，黏化层和钙积层均较清晰，是流域内最为肥沃的土壤，因此，中下游一直是重要的粮、桑（棉）生产基地。此外，由于各种地貌在流域内都有发育，气候、土壤等自然条件也丰富多样，又为多种动植物的繁衍生息提供了有利条件，因此，流域内部不仅适宜农林渔牧各个部门开展生产活动，且为喜暖或喜冷，耐旱或耐涝等生长习性不同的多种生物提供了适宜的自然生长条件，如汾河下游属于暖温带落叶阔叶林地带，中上游属于暖温带森林草原地带，适宜玉米、高粱、谷子等耐旱作物的生长。

此外，灵霍峡谷低山地区主要覆盖山地褐土，黄土丘陵区主要分布褐土性土、粗骨性褐土等。山地褐土表层有较薄的枯枝落叶层，淋溶程度较差，碳酸钙含量较高；粗骨性褐土主要分布于山地陡坡，侵蚀严重地区，肥力贫清，作物产量很低。峡谷适宜种植的作物主要有小麦、玉米、谷子、高粱等。

2.4 社会经济特征

在山西的经济发展中，汾河流域占有举足轻重的地位。2010年汾河流域45个县（市、区）总人口1430万，其中农业人口666万，非农业人口764万，非农业人口所占比例为53.4%，说明汾河流域是山西人口稠密、城市化程度高的区域。汾河流域的太原市是山西省的省会，是山西省的政治、经济、文化、教育、科技、交通、信息中心，还有晋中、临汾两个地级市和古交、介休、霍州、侯马、河津、汾阳、孝义7个县级市。流域内大部分地区，特别是中下游盆地，交通相对比较发达，有大运高速公路、同蒲铁路、大西高铁和太原机场等，交通运输和对外交流较为便利。汾河流域经济发展水平和教育文化卫生事业的水平相对高于山西省平均水平。

汾河流域近年来经济发展非常迅速。2010 年汾河流域 GDP 为 2468 亿元（按 2000 年不变价格进行计算，下同），第一、第二、第三产业所占比例分别为 4.4%、42.9%、52.7%，其中，第三产业比重最大；整个流域人均 GDP 为 17266 元，是山西省平均水平的 1.1 倍；流域社会消费品零售总额达到 1331 亿元，占山西省的 46.6%；农村人均纯收入为 5145 元，城镇人均可支配收入为 13823 元，分别是山西省平均水平的 126.1% 和 102.5%。

2010 年流域第一产业总产值为 199 亿元，农业、林业、畜牧业、渔业及农林牧渔服务业所占比例分别为 61.3%、6.5%、27.6%、0.5%、4.3%，狭义的农业即种植业的比例最大，林业、渔业所占比例最小，畜牧业处于中间，第一产业的内部结构与汾河流域的自然条件相吻合。汾河流域主要种植的农作物有小麦、玉米等粮食作物以及谷子、大豆等杂粮，畜牧业以猪、牛、羊等养殖业和禽蛋业为主。改革开放以后，汾河流域的农业有了巨大的发展，但是农业产业化、现代化仍处于起步阶段，农业的基础地位仍然薄弱，农民收入普遍偏低，收入增长速度缓慢且波动大的问题比较严重，"三农"的发展仍然任重道远。

2010 年流域第二产业产值为 1060 亿元，第三产业产值为 1300 亿元。全省有许多大中型工矿企业，集中分布于汾河两岸的大中城市之中。第二、第三产业以省会太原为中心，工业主要有煤炭工业、有色金属工业、钢铁工业、机械制造业等，第三产业主要有房地产业、交通运输业、餐饮娱乐业、邮电业等。改革开放以后，流域的工业生产发展迅速，近年来第三产业发展速度飞快，产业结构趋于优化，但纵观全局，汾河流域的产业结构仍处在较低水平，产业发展过程中产生的生态破坏和环境污染问题十分严重，如何实现人口、经济、环境的和谐可持续发展已经成为一个亟待解决的迫切的全局性问题。

汾河流域是山西省灌溉程度最高的区域之一，流域内有效灌溉面积占流域内耕地面积的 40%，共计 730.38 万亩。流域内现有 30 万亩以上大型自流灌区分别为汾河灌区、汾西灌区、文峪河灌区和潇河灌区，有万亩以上自流灌区达到 25 处。

汾河流域矿产丰富，主要有煤、铝土矿、耐火黏土、铁矿、硫铁矿、油页岩等。例如，娄烦、太原东山有铝土矿和耐火黏土；太原西山煤田、宁武-静乐煤田以炼焦煤为主；硫铁矿主要分布于长治、晋城、河津一带；含油页岩主要分布于洪洞、蒲县。丰富的矿产资源，是山西能源重化工基地的重要组成部分。

汾河流域的交通主要是公路和铁路，公路网以省会太原为中心，东有太原—旧关高速公路，西有太原—佳县、太原—柳林高速公路；大同—运城高速公路纵贯南北，由国道、省干线为骨架形成"三纵八横"的公路网络格局。铁路干线纵横交错，大同—西安高铁飞越三晋大地，同蒲线连通南北，与石太、京原、京包、太焦、陇海、邯长等省际干线相连，另外还有多条地方铁路，形成较为完整的交通网络。作为山西省省会的太原市不仅是陆路交通的枢纽,太原机场也是山西空中运输的主要航空站,每天都有飞往包括港、澳在内的全国各大城市的班机,为这座内陆城市的出行带来了极大方便。

参 考 文 献

龚玲兰. 2011. 山西汾河河流生态地球化学特征与重金属污染机制. 长沙:中南大学博士学位论文

凡平. 2006. 汾河流域史话. 山西水利, (1): 106~107

李英明,潘军峰. 2004. 山西河流. 北京:科学出版社

张慧芝. 2005. 明清时期汾河流域经济发展与环境变迁研究. 西安:陕西师范大学博士学位论文

第3章 汾河流域水资源评价

联合国教科文组织和世界气象组织共同提出的水资源评价定义为："水资源评价是指对于水资源的源头、数量范围及其可依赖程度、水的质量等方面进行的确定，并在其基础上评估水资源利用和控制的可能性"（UNESCO/WMO，1988）。世界气象组织和联合国教科文组织（2001）出版的"国际水文学词汇"将水资源评价修改为"为了利用和控制而进行的水资源的来源、范围、可靠性以及质量的确定，据此评估水资源利用、控制和长期发展的可能性"。

《中国资源科学百科全书·水资源学》中定义水资源评价为"按流域或地区对水资源的数量、质量、时空分布特征和开发利用条件作出全面的分析估价，是水资源规划、开发、利用、保护和管理的基础工作，为国民经济和社会发展提供水决策依据"。

从水资源评价的定义来看，其实质是服务于水资源开发利用实践，解决水资源开发利用中存在的问题，为合理开发、利用、保护水资源提供科学依据，以水资源的可持续利用支撑社会经济的可持续发展。

3.1 水资源评价原则与内容

3.1.1 水资源评价原则

（1）坚持水资源开发利用与经济、社会、环境协调发展的原则。水资源开发利用要与社会经济发展的水平和速度相适应，并适当超前发展，促进人口、资源、环境和经济协调发展。经济社会发展要以控制人口、节约资源、保护环境为重要前提，并与水资源、生态环境的承载力相适应。城市发展、产业布局、结构调整以及生态建设要充分考虑水资源条件（范堆相，2005）。

（2）坚持水资源合理配置、高效利用的原则。按照可持续发展的原则，统筹兼顾生活、生产和生态环境（简称"三生"）的用水要求，合理配置地表水与地下水、当地水与跨流域调水、传统水源与非传统水源、优质水与劣质水等多种水源。对需水要求和供水可能进行合理配置，缓解重点缺水地区的水资源供需矛盾，特别是城市的水资源供需矛盾，努力改善和保护生态环境。在重视水资源开发利用的同时，强化水资源的节约与保护，提高水资源的利用效率，实现水资源的合理配置和高效利用。

（3）坚持节流与开源并重的原则。要以提高用水效益为核心，把节约用水放在突出的位置。改进粗放式的水资源利用，加强水资源保护的宣传教育，强化全社会节水和治污意识，健全节水法规体系，推广节水设施和器具，发展节水型农业、节水型清洁工业，建立节水型社会。

（4）坚持因地制宜、量力而行、突出重点的原则。根据汾河流域的水资源状况和社会经济条件，确定适合全流域各市、各县实际的水资源开发利用模式。结合各市、各县的自然条件和财力状况，确定水资源开发利用的重点。

（5）坚持统筹协调的原则。汾河流域的水资源评价要以山西省国民经济发展战略总目标为依据，服务于建设"国家资源型经济转型综合配套改革试验区"，与流域综合规划、防洪规划、生态环境建设规划等相协调，并与节水规划、水资源保护规划、地下水开发利用规划和水中长期供求计划等相衔接。

（6）坚持科学性、先进性和可操作性原则。水资源评价必须客观、公正，符合自然规律和经济发展规律。在评价手段方面，要因地制宜地积极采用行之有效的评价新理论、新技术、新方法，提高计算效率和评价质量。在评价过程中要认真借鉴以往经验和教训，着力对重点区域和城市进行细化，使其成果具有一定的可操作性。

3.1.2　水资源评价内容

依据《水资源评价导则》（SL/T 238—1999），水资源评价内容包括水资源数量评价、水资源质量评价和水资源利用评价及综合评价。汾河流域水资源评价以调查、搜集、整理、分析利用已有资料为主，辅以必要的观测和试验工作，在分析评价中特别注重水资源数量评价、水资源质量评价、水资源利用评价及综合评价之间的资料衔接。

1. 水资源数量评价

1）地表水数量评价

（1）降水量评价。包括：①计算汾河流域的年降水量系列、统计参数和不同频率的年降水量；②以均值和 C_v 点据为主，不足时辅之以较短系列的均值和 C_v 点据，绘制同步期平均年降水量和等值线图，分析降水的地区分布特征；③选取汾河流域内月、年资料齐全且系列较长的代表站，分析计算多年平均连续最大 4 个月降水量占全年降水量的百分率及其发生月份，并统计不同频率典型年的降水月分配；④选择长系列测站，分析年降水量的年际变化，包括丰枯周期、连枯连丰、变差系数、极值比等；⑤根据需要，选择一定数量的有代表性测站的同步资料，分析汾河流域的年降水量丰枯遭遇情况，并可用少数长系列测站资料进行补充分析。

（2）蒸发量评价。包括：水面蒸发量、陆面蒸发量和干旱指数。①水面蒸发量是指充分供水条件下的陆面蒸发量，可近似用 E601 型蒸发器观测的水面蒸发量代替；②陆面蒸发量宜采用闭合流域同步期的平均年降水量与年径流量的差值表示；③干旱指数宜采用年水面蒸发量与年降水量的比值表示。

（3）地表水资源时空分布特征分析。①选择汾河流域若干代表性水文站，根据还原后的天然年径流系列，绘制同步期平均年径流深等值线图，以此反映地表水资源的地区分布特征；②选取汾河流域受人类活动影响较小的代表站，分析天然径流量的年内分配情况；③选择汾河流域具有长系列年径流资料的控制站和代表站，分析天然径流的多年变化。

（4）地表水资源可利用量估算。地表水资源可利用量是指在可预见的时期内，统筹考虑"三生"用水，在满足河道内用水并顾及下游用水的基础上，通过经济合理、技术可能的措施，可供河道外一次性最大水量（不包括回归水的重复利用）。

2）地下水数量评价

（1）地下水开发利用现状。包括：地下水开发利用现状；地下水开发引起的生态环境问题。

（2）水文及水文地质参数分析计算与确定。包括：给水度、降水入渗补给系数、渠系渗漏补给系数、河道渗漏补给系数、潜水蒸发系数、渗透系数等。

（3）盆地区地下水资源量计算。包括：补给量、排泄量和地下水储量变化量的计算。

（4）山丘区地下水资源量计算。只进行排泄量计算。

（5）地下水可开采量评价。包括：盆地区孔隙水可开采量；岩溶水可利用量；山丘区孔隙裂隙水可开采量。

3）水资源总量评价

应在地表水和地下水资源数量评价的基础上进行，主要内容包括"三水"（降水、地表水、地下水）关系分析、总水资源数量计算和水资源可利用总量估算。

2. 水资源质量评价

水资源质量评价是根据用水要求和水的物理、化学、生物性质对水体的质量作出评价。水资源质量评价是开发利用水资源、满足工农业生产和人民生活的需要，也是维护和改善生态环境的需要。

1）地表水质量评价

（1）河流泥沙。汾河泥沙分析计算内容包括：河流输沙量、含沙量及其时程分配和地区分布。

（2）天然水化学特征分析。包括：pH、矿化度、总硬度、钾、钠、钙、镁、氯化物、硫酸盐、碳酸盐等。

（3）地表水污染状况分析。包括：入河废污水量、主要入河污染物、纳污量等。

2）地下水质量评价

地下水资源质量现状评价对象主要是浅层地下水，其次是已开发利用的深层地下水，评价内容包括：地下水污染途径；地下水资源质量现状分析。

3. 水资源利用评价

水资源利用评价是水资源评价的重要组成部分。评价内容包括：供水工程及供水量；用水量；耗水量和废污水排放量；水资源开发利用程度分析等。

3.2　地表水资源评价

3.2.1　降水量评价

地表水资源量又称河川径流量。降水是地表水和地下水资源量的主要补给来源。

1. 降水量时空变化特征

1）1956～2010 年年降水量均值的地区分布

汾河流域大部分地区年降水量均值为 450～600 mm。受气候、地形、纬度的综合影响，年降水量在空间分布比较复杂。汾河流域南北大约相差 4°，地形起伏较大，山脉多呈北北东向排列，水汽自东南方向进入流域，受到层层阻隔，降水自东南向西北递减。同时，受地形因素的影响，降水量随海拔增加而增大，山地迎风坡成为降水量高值地带，主要出现在芦芽山（700 mm）、天龙山（600 mm）、关帝山（600 mm）、太岳山（700 mm）、云丘山（600 mm）。低值区主要分布在盆地，太原盆地、晋中盆地、临汾盆地低值区年降水量分别在 450 mm、450 mm、500 mm 以下，小于盆地周围山区。

2）降水量的年际变化

在水文分析中，用年降水量统计参数 C_v 和极值比来反映降水量的年际变化，变态系数 C_v 越大，降水量年际变化越大；极值比越大，显示降水量丰枯差异越显著。1956～2010 年汾河流域年降水量为 504.8 mm，C_v 为 0.20～0.35，总的分布趋势是自西南向东北方向增大，大致以北纬 37° 20' 为界，以南地区 C_v 为 0.20～0.30，C_v 的变化随降水量的增大而减小的规律较为明显；该纬度以北的绝大部分地区 C_v 大于 0.30。年降水量最大值为 735.1 mm（1964 年），年最小值为 308.6 mm（1965 年），极值比为 2.38。

3）降水量的年内变化

汾河流域的年降水量变化较大，季节变化非常明显。冬季在极地和变性极地气团过境时，产生少量固体降水，且南部多于北部，山地多于盆地；春季降水量比冬季明显增多，但大部分地区占全年降水量的比例不足 20%；受季风影响，汾河流域降水量高度集中在夏季，约占全年降水量的 70%左右；秋季降水量比夏季显著减少，由西南向东北递减。总之，汾河流域降水量的年内变化呈现以下特点：冬季干旱少雨，夏季雨水充沛，秋季多于春季。

2. 降水量统计参数及枯水特征

1）降水量统计参数分布规律

由南到北对河津（河津市）、柴庄（襄汾县）、张家庄（吕梁市）、芦家庄（寿阳县）、兰村（太原市）等雨量代表站根据长系列资料所求的年降水量均值分别为486.9 mm、475.1 mm、472.5 mm、467.8 mm、459.8 mm，呈现出自西南向东北递减的变化趋势；各站年降水量极值比按上述次序依次为3.87、3.20、2.75、2.91、3.83，各站 C_v 值为0.32、0.29、0.27、0.28、0.31，其分布与极值比分布规律一致。

2）枯水特征

各站最小年降水量与均值之比，河津0.48、柴庄0.52、张家庄0.56、芦家庄0.58、兰村0.59。由此可以看出，汾河流域自南向北的丰枯变化程度逐渐增大。

3. 降水量时序变化规律

降水量的变化规律是气候、纬度、自然地理等因素的综合反映。汾河流域位于中纬度地区，处在季风气候控制范围内，大气环流的季节性变化明显，因受中纬度西风环流周期变化的影响，降水量的年际变化大，并有丰水段和枯水段交替出现的规律。点绘以上5站年降水量的不同时段滑动平均过程线，可以看出以下规律：①5站均存在较为明显且较长的丰、平、枯水时段，例如，1986～2010年河津站共25年为一平水年，这一时段内除两年为枯水年外，其余都是平水年和偏丰、偏枯水年；②丰水年和枯水年持续出现的机会较少，大都以单独一年出现，而偏丰、偏枯和平水年表现为单独一年或连续几年出现。

3.2.2　水面蒸发量及干旱指数

1. 水面蒸发量评价

水面蒸发量是反映当地蒸发能力的指标，是指充分供水条件下的陆面蒸发量，可近似用E601型蒸发器观测的水面蒸发量代替。

水面蒸发量的大小一般与温度、饱和差、风速等因素有关，温度高、饱和差大、风速大，蒸发量就大，反之则小。水面蒸发量评价按非冰期（4～10月）和冰期（11月至次年3月）分别确定折算系数，经计算，汾河流域非冰期折算系数为0.63，冰期折算系数为0.61。然后计算多年平均值，考虑地形、气温等因素，绘制汾河流域1980～2010年平均年水面蒸发量等值线图。可以看出，汾河流域多年平均水面蒸发量的变化范围，大致为1000～1300 mm，水面的高值中心出现在运城盆地，中心处年蒸发量大于1300 mm。冰期蒸发量较小，占年蒸发量的8%～15%，3～5月蒸发量明显增大。

2. 干旱指数

在气候学上，将蒸发能力和降水量之比，称为干旱指数或干燥度，是反映气候干燥程度的一个指标。

经计算，汾河流域绝大部分地区干燥指数为 1.5～2.0，属于半湿润地区，山区较小，盆地较大。

3.2.3　地表水资源时空分布特征分析

1. 地表水空间分布特征

年径流的地区分布与气候条件及降水特征、下垫面类型及分布规律密切相关。

1）与降水量的关系

反映在汾河流域多年平均年径流深等值线图上，受气候条件、降水特征以及地形差异的影响，与降水量的分布规律基本一致。这里不再多叙。

2）与下垫面的关系

下垫面特征直接或间接地对年径流产生影响，成为决定年径流地区分布的主要因素，使径流深等值线呈现出与降水量等值线不同的分布特征。①非地带性因素对径流的分布影响显著，使得等值线多数呈封闭半封闭状态，高低值中心毗邻，如芦芽山主峰之间同时存在大于 150 mm 的高值区和小于 25 mm 的低值区；②盆地区均为径流深低值区，由北向南，太原盆地、临汾盆地、运城盆地平均年径流深均小于 25 mm，盆地中心年径流深小于 10 mm。

2. 地表水时间变化特征

1）年际变化

由于汾河流域面积较大和岩溶泉水的调蓄作用，1956～2010 年汾河流域的地表水年际变化比较平缓，年径流深 C_v 等值线分布在 0.5～1.2，以 0.6、0.7、0.8 三条线居多。干流 C_v 值明显偏小，支流 C_v 值相对较大。

2）年内变化

受季风环流影响，汾河流域地表水的年内分配表现为典型的夏雨型，即径流量的丰枯特征和降水量相适应，径流集中程度取决于雨季持续时间和降水量集中程度，同时受下垫面、植被等因素再分配的影响，较之降水变化更趋多样化。自然情况下，多年平均连续最大 4 个月（7～10 月）径流量占年径流量的比例，大部分地区为 60%～80%。另外，丰水年因洪水比例大，所以集中程度较高，枯水年则年内变化较为均匀。

3.2.4　地表水可利用量估算

地表水可利用量是指在可预见的时期内，统筹考虑"三生"用水，在协调河道内外用水的基础上，通过经济合理、技术可行的措施，可供河道外一次性利用的最大水量（不包括回归水重复利用量）。

地表水资源量包括不可以被利用的水量和不可能被利用的水量。不可以被利用是指不允许利用的水量，如必须满足河道内生态环境用水量。不可能被利用水量是指受各种因素和条件的限制，无法被利用的水量。由于汾河流域是水资源短缺和生态环境脆弱的地区，采用倒算法和可利用系数法进行估算。

倒算法是用多年平均水资源量减去不可以被利用水量和不可能被利用水量中的汛期下泄洪水量的多年平均值，得出多年平均水资源可利用量。计算公式为

$$W_{地表水可利用量} = W_{地表水资源量} - W_{河道内最小生态环境需水量} - W_{洪水弃水} \tag{3.1}$$

地表水资源可利用系数 ξ 的确定，选取汾河流域把口水文站作为分析对象，根据 1980~2010 年实测径流量，分析历年难以利用的下泄洪水量和保证河道内生态需水最小基流量占同期地表水量的比例，扣除该比例即为地表水可利用系数，即

$$Q_{地表水} = \xi R \tag{3.2}$$

式中，$Q_{地表水}$ 为地表水可利用量；ξ 为地表水可利用系数；R 为地表水资源量。

在汾河流域水资源评价阶段，仅对地表水可利用量进行了初步的估算。经分析计算，汾河流域地表水可利用系数为 0.717，地表水资源量为 20.67 亿 m³，则地表水可利用量为 14.82 亿 m³。

3.3　地下水资源评价

地下水资源是指地下水体中参与水循环且可以逐年更新的动态水量。地下水资源的开发利用在汾河流域水资源开发利用中居于主要地位，地下水资源的高强度开发对地下水的补给、径流、排泄产生着重要影响。

3.3.1　地下水开发利用现状

1. 水井工程取水量现状

山西省 2007 年进行了机井普查，普查结果表明，汾河流域共有机井 60249 眼，开采地下水水量 124676 万 m³。按使用行业统计：工业机井 2027 眼，开采量 29466 万 m³，占总机井数、开采量的 3.3% 和 23.7%；农业灌溉机井 22764 眼，开采量 69246 万 m³，分别占 37.8% 和 55.6%；城镇生活机井 714 眼，开采量 11455 万 m³，分别占 1.2% 和 9.2%；农村生活机井 34164 眼，开采量 12648 万 m³，分别占 56.7% 和 10.0%；其他机井 580 眼，开采量 1861 万 m³，分别占 1.0% 和 1.5%。按县域统计，拥有机井数量最多的是襄汾县，

达 14709 眼,占流域机井总数的 24.4%;开采地下水水量最多的是河津市,开采量 13258 万 m^3,占流域地下水开采总量的 10.6%(孙玉芳、梁述杰,2013)。

2. 岩溶大泉开发利用现状

汾河流域内有雷鸣寺泉、兰村泉、晋祠泉、洪山泉、郭庄泉、霍泉(又名广胜寺泉)、龙子祠泉和古堆泉等岩溶大泉(表 3.1),这些岩溶大泉的天然平均流量达 28.71 m^3/s,年径流量约为 9.02 亿 m^3,是汾河清水径流的重要组成部分。这些岩溶大泉具有水质好、径流稳定等优点,是汾河流域城市和工农业的重要水源。

表 3.1 汾河流域岩溶大泉基本情况汇总表

泉名	出露地点	泉域面积 /km²	天然资源量 /(m³/s)	可开采资源量 /(m³/s)	水质类型
雷鸣寺泉	宁武管涔山汾河源	377	0.54	0.30	HCO₃-Ca·Mg
兰村泉	太原市尖草坪区上兰村	2500	4.49	3.09	HCO₃-Ca·Mg
晋祠泉	太原市西山悬瓮山下	2030	2.40	1.18	SO₄·HCO₃-Ca·Mg
洪山泉	介休市东 10 km 的洪山镇	632	1.48	0.78	HCO₃·SO₄-Ca·Mg
郭庄泉	霍州市南 7 km 处东湾村至郭庄村的汾河河谷	5600	7.63	5.71	HCO₃·SO₄-Ca·Mg
霍泉(广胜寺泉)	洪洞东北 15 km 霍山前广胜寺	1272	3.83	3.19	HCO₃·SO₄-Ca·Mg
龙子祠泉	临汾尧都区西南 13 km 的西山山前	2250	7.04	3.94	SO₄·HCO₃-Ca·Mg
古堆泉	新绛县古堆村	460	1.30	1.23	SO₄·HCO₃-Ca·Mg
合计		15121	28.71	19.42	

3. 地下水开发引起的生态环境问题

(1)过量开采引发地下水降落漏斗。随着汾河流域城市扩张和经济发展,对水资源的需求量逐年增加,特别是对地下水的开发利用呈快速上升趋势。从开发利用程度看,汾河流域严重超采区面积达 5431.1 km²,占流域总面积的 13.76%。从分布来看,超采区主要分布在地下水补给条件较好、水量丰富的山前冲洪积扇区及盆地中部,这些区域是城市及工农业集中地区,过量开采改变了区域地下水天然流场,形成了多处大面积地下水降落漏斗。

(2)地面沉降。超量开采地下水使含水层中水的浮托力与疏散岩层孔隙水的支持力消失,增大了黏性土或砂性土的压缩性,同时,改变了自然状态下地下水的流向、流速、水力坡度,部分地区增加了地下水潜蚀、搬运能力,使土体压缩,因而产生地面沉降;由于不均匀沉降还导致地裂缝的出现。汾河流域以地下水为主要供水水源的太原、晋中、运城等地均发现不同程度的地面沉降和裂缝。

（3）岩溶大泉水量不断减少。岩溶泉水流量集中，水质优良，是汾河流域的重要供水水源。20 世纪 70 年代以来，由于工农业发展较快，对岩溶水的开发利用量增加，采取群井抽水的方式开采。由于盲目开采，加上气候变干，各泉域降水量较年均降水量减少 3%～10%，直接影响岩溶水的补给，致使岩溶泉水流量处于下降的趋势。

（4）地下水水质污染加剧。不合理开采地下水加剧了地下水的污染程度，大量未经处理的工农业废水和生活污废水直接排入河道、农出，流入水库或渗入地下，导致太原、临汾、运城等部分地区的浅层地下水遭到不同程度污染；在汾河流域盆地，特别是运城盆地，由于盆地中部地下水径流条件差，地下水处于盐分浓缩集聚状态，形成高氟含量的环境。由于饮用高氟水，出现了氟斑牙、氟骨症等氟中毒病症。

3.3.2　水文及水文地质参数分析计算与确定

水文地质参数是地下水资源计算的依据，直接影响评价结果的精度。

1）给水度 μ

给水度是指在重力和毛管力的相互作用下，单位体积内的饱和岩土中自由排出的水体积与该体积的比。应用动态分析法确定汾河流域的给水度，取值结果为黏土 0.020～0.028、亚黏土 0.031～0.039、亚砂土 0.044～0.050、粉细砂 0.055～0.095、中粗砂 0.140～0.190、砂卵（砾）石 0.209～0.270。

2）降水入渗补给系数 α

降水入渗补给系数指降水入渗补给地下水水量与降水量的比值。采用相关图解法确定汾河流域的降水入渗补给系数。计算公式为

$$\alpha_{年}=\mu\sum\Delta h_{次}/P_{年} \tag{3.3}$$

式中，$\mu\sum\Delta h_{次}$ 为年内各次降水入渗补给地下水之和；$P_{年}$ 为年降水量；$\Delta h_{次}$ 为次降水引起的地下水水位升幅值。

3）渠系渗漏补给系数 m

渠系渗漏补给系数指渠系渗漏补给地下水水量与渠首引水水量的比值。计算公式为

$$m_{渠}=Q_{渠补}/Q_{渠首引} \qquad 或 \qquad m=r（1-\eta） \tag{3.4}$$

式中，η 为渠系有效利用系数；r 为修正系数；$Q_{渠补}$ 为渠系渗漏补给地下水量；$Q_{渠首引}$ 为渠首引水量。

4）田间灌溉入渗补给系数 β

田间灌溉入渗补给系数指田间灌溉补给地下水水量与田间引水水量的比值。根据汾河流域实际情况，点绘埋深-灌溉定额-灌溉回归系数相关图，求得不同埋深、不同定额、不同岩性的灌溉回归系数。

5）河道渗漏补给系数 $m_河$

河道渗漏补给系数指河道渗漏补给地下水水量与河道来水水量的比值。计算公式为

$$m_河 = A(\mathrm{e}^{-0.125Q_径} + Q_径^{-0.5})$$

$$A = (1-\lambda) \times (1-\Phi)^L \tag{3.5}$$

式中，$m_河$ 为河道渗漏补给系数；A 为系数；Φ 为单位公里损失率；L 为河道渗漏段长，km；$Q_径$ 为河道来水水量，m³/s。

6）潜水蒸发系数 C

潜水蒸发系数指潜水蒸发量与水面蒸发量的比值。因埋深、土质而有所差别。

7）渗透系数 K

渗透系数是反映含水层渗透、导水性能的水文地质参数。岩性不同，渗透系数不同。

3.3.3　盆地平原区地下水资源量计算

1）补给量的计算

根据汾河流域盆地平原区地下水的补给来源，其总补给量可用下式计算：

$$Q_{总补} = Q_降 + Q_侧 + Q_渠 + Q_田 + Q_河 + Q_井 \tag{3.6}$$

式中，$Q_{总补}$ 为地下水总补给量；$Q_降$ 为降水入渗补给量；$Q_侧$ 为山前侧向补给量；$Q_渠$ 为渠系渗漏补给量；$Q_田$ 为渠灌田间入渗补给量；$Q_河$ 为河道渗漏补给量；$Q_井$ 为井灌回归补给量。

经计算（计算过程略），1980～2010 年汾河流域盆地平原区地下水总补给量多年平均值约为 11.67 亿 m³/a。

2）排泄量的计算

汾河流域盆地平原区地下水总排泄量计算公式为

$$Q_{总排} = \varepsilon + Q_开 + R_g + Q_侧 \tag{3.7}$$

式中，ε 为潜水蒸发量；$Q_开$ 为地下水实际开采量；R_g 为河道开采量；$Q_侧$ 为侧向排泄量。

经计算（计算过程略），1980～2010 年汾河流域盆地平原区地下水总排泄量多年平均值约为 12.52 亿 m³/a。

3）储蓄变化量的计算

地下水储蓄变化量指一个均衡期内地下水总补给量与总排泄量之差。

经计算，1980～2010 年汾河流域盆地平原区地下水储蓄变化量多年平均值为-0.85 亿 m³/a。

3.3.4 山丘区地下水资源量计算

1）一般山丘区

根据山丘区地下水的消耗途径，其补给资源量可按下式计算：

$$Q_补=R_g+ Q_侧+Q_净 \tag{3.8}$$

式中，R_g 为河川基流量；$Q_侧$ 为侧向排泄量；$Q_净$ 为开采净消耗量。

经计算，1980～2010 年汾河流域一般山丘区地下水补给量年平均约为 9.45 亿 m^3/a。

2）岩溶山区

岩溶山区是指天然岩溶泉水流量大于 1 m^3/s 的岩溶分布区。根据岩溶山区地下水的消耗途径，其补给资源量按下式计算：

$$Q_补=Q_泉+ Q_侧+Q_开 \tag{3.9}$$

式中，$Q_泉$ 为岩溶泉水实测流量；$Q_侧$ 为岩溶山区侧向潜流量；$Q_开$ 为岩溶水实际开采量。

经计算，1980～2010 年汾河流域岩溶山区地下水补给量年平均约为 7.66 亿 m^3/a。

总之，1980～2010 年汾河流域山丘区地下水资源量为 17.11 亿 m^3/a。

3）山丘区补给资源量计算

山丘区补给资源量即山丘区降水入渗补给量，可近似认为等于一般山丘区与岩溶山区的各项排泄量之和。

经计算，1980～2010 年汾河流域山丘区多年平均降水入渗补给量为 17.75 亿 m^3/a。

3.3.5 地下水可开采量评价

地下水可开采量是指经济合理、技术可行和利用后不造成地下水水位持续下降、水质恶化、地面沉降等环境地质问题和不对生态环境造成不良影响的情况下，允许从含水层中取出的最大水量。

1）盆地平原区孔隙水可开采量

可开采量的多少，取决于补给条件和水文地质条件。由于汾河流域盆地平原区有较长的开采历史，地下水开发利用程度较高，水文地质研究程度较高，并有较长系列的地下水动态和开采量资料。计算公式为

$$Q_{可开}=\rho Q_{总补} \tag{3.10}$$

式中，$Q_{可开}$ 为多年平均可开采量；ρ 为可开采系数；$Q_{总补}$ 为矿化度小于 2 g/L 的地下水总补给量。

经计算，汾河流域盆地平原区多年平均可开采量为 11.09 亿 m^3/a。

2）岩溶水可开采利用量计算

汾河流域岩溶水资源较为丰富，其排泄形式：一是以岩溶大泉的形式出流地表；二是以地下径流的形式潜流省外。

经计算，汾河流域岩溶水多年平均可开采利用量为 6.34 亿 m^3/a。

3）山丘区孔隙裂隙水可开采量计算

山丘区孔隙水遍布汾河流域，富水性较差，以 1980～2010 年平均开采量代表可开采量。包括工业开采、农业开采、城镇生活和农村人畜用水，再扣除岩溶水的实际开采量，即为山丘区孔隙裂隙水的可开采量。

经计算，汾河流域山丘区孔隙裂隙水的可开采量为 1.42 亿 m^3/a。

综上计算，汾河流域多年平均地下水可开采量为 18.85 亿 m^3/a。

3.4　水资源总量评价

3.4.1　水资源总量

水资源总量为地表水量与降水入渗补给量之和，扣除由降水入渗补给量形成的河川基流量（重复水量）。计算公式为

$$W=R+P_r-R_g \tag{3.11}$$

式中，W 为水资源总量；R 为地表水量（地表水资源量）；P_r 为地下产水量（降水入渗补给量）；R_g 为河川基流量（由降水入渗补给量形成的基流量）。

经计算，1980～2010 年汾河流域多年平均水资源总量约为 30.10 亿 m^3/a。

3.4.2　重复量的计算

重复量是指在计算水资源总量时地表水量与降水入渗补给量间的重复计算量，即由降水入渗补给量形成的河川基流量。计算公式为

$$R_{gi}=b（R_{i-1}/2+R_i)^a \tag{3.12}$$

式中，a，b 均为待定系数；R_{gi} 为第 i 年的河川基流量；R_{i-1} 为第 i 年前一年的地表水量；R_i 为第 i 年的地表水量。

经计算，1980～2010 年汾河流域多年平均河川基流量（即重复量）约为 10.10 亿 m^3/a。

3.4.3　水资源可利用量估算

水资源可利用总量是指在可预见的时期内，在统筹考虑"三生"用水的基础上，通过经济合理、技术可行的措施，在流域水资源总量中可资一次性利用的最大水量。

1）水资源可利用量计算遵循的原则

水资源可利用量计算遵循的原则包括：①水资源可持续利用的原则；②统筹兼顾及优先保证最小生态环境需水的原则；③以流域水系为系统的原则；④因地制宜的原则。

2）水资源可利用量估算

在确定地表水、地下水的可利用量后，计算二者之间的重复量就成为水资源可利用量的关键。重复量主要包括：①山丘区因地下水增加开采而减少的已计入地表水可利用量中的河川基流量；②平原区地下水的渠系渗漏和渠灌田间入渗补给量的开采利用部分，是地表水灌溉消耗后的剩余水量，与地表水可利用量重复；③平原区地下水的回灌回归量的开采利用部分，是地下水本身的重复利用量。

经分析计算，汾河流域地表水与地下水的重复可利用量为7.11亿 m^3，其中，盆地平原区3.20亿 m^3，占45.00%；岩溶山区3.72亿 m^3，占52.32%；一般山丘区0.19亿 m^3，占2.68%。

由以上分析可知，汾河流域地表水可利用量为 14.82 亿 m^3，地下水可开采量为 18.85 亿 m^3，扣除地表水与地下水的重复可利用量 7.11 亿 m^3，则汾河流域水资源可利用量为 26.56 亿 m^3。

3.5 水资源质量评价

3.5.1 地表水质量评价

地表水质量是指地表水体的物理、化学、生物学的特征和性质。地表水质量评价内容包括河流泥沙、天然水化学特征分析、地表水污染状况分析等。随着汾河流域社会经济的发展，水资源利用量不断增大，废污水排放量不断增加，水资源质量受到严重威胁。水量不足、水污染加剧，已成为汾河流域社会经济可持续发展的主要限制因素，影响着人民群众的生产生活。

1）河流泥沙

河流泥沙是水文要素之一，河流的泥沙状况，不仅关系河流本身的发展演变，也反映了流域的环境特征、水土流失程度及水土保持等人类活动对生态环境的影响。汾河流域地处黄土高原东部，约 70%的面积为水土流失区，每年有大量的泥沙输送到汾河，造成严重的土壤侵蚀以及水库、河床的淤积，对水利工程的管理维护、水土保持、生态环境形成了严重影响。

根据资料条件和水文站代表性，选用 3 个主要水文站分析天然输沙量（表 3.2）。天然输沙量是指流域在天然状态下的输沙量，包括控制站的实测输沙量以及水库淤积、农灌引沙、引洪淤灌、河道冲淤等各项还原计算沙量。

表 3.2　主要水文站输沙量与含沙量统计表

站名	控制面积/km²	项目	月份												全年
			1	2	3	4	5	6	7	8	9	10	11	12	
静乐	2799	输沙量/万 t	0.02	0.07	2.17	2.33	14.5	57.5	209	268	32.2	2.54	0.19	0.04	592
		含沙量/(kg/m³)	0.04	0.11	1.43	1.85	15.0	45.6	61.0	41.5	8.56	1.15	0.15	0.05	24.7
义棠	23945	输沙量/万 t	0.25	0.49	4.72	8.13	24.8	30.9	210	434	180	33.4	4.11	0.70	932
		含沙量/(kg/m³)	0.2	0.48	2.69	3.69	11.9	10.1	27.6	30.8	16.5	5.77	1.89	0.49	18.2
河津	38728	输沙量/万 t	7.61	11.2	16.6	24.6	42.7	74.5	523	878	396	106	29.2	9.48	2120
		含沙量/(kg/m³)	1.31	2.23	3.8	6.26	10.8	14.5	36.2	39.9	23	9.59	3.79	1.89	20

资料来源：范堆相，2005

经计算，汾河流域多年平均输沙量为 3730 万 t，占全省输沙量的 12.64%，多年平均输沙模数 937 t/（km²·a），约为全省多年平均输沙模数的 1/2。

2）天然水化学特征分析

天然水化学特征是指基本未受人类活动影响，各类水体在自然界水循环中所形成的化学组成的特征。河流水化学性质由河流补给来源及流域内气候、岩石、土壤、径流速度决定，它反映了河流天然水质状况。

（1）矿化度。汾河上游段矿化度一般小于 300 mg/L，属低矿化度；汾河中下游矿化度为 500～1000 mg/L，属较高矿化度。

（2）总硬度。汾河义棠以上河段总硬度为 150～300 mg/L，为微硬水；义棠以下河段总硬度为 300～450 mg/L，为硬水。

（3）水化学类型。山西省河流天然水化学状况总体较好，以重碳酸盐钙质水为主。汾河中下游部分河段为硫酸类水，汾河入黄口河津断面为硫酸钙 Ⅱ 型水。

3）地表水污染状况分析

（1）入河废污水量。汾河上中游区年废污水入河量 2.55 亿 t，占全省的 37%，入河废污水主要来自太原市，其中，工业废水 0.99 亿 t、生活污水 0.71 亿 t、混合污水 0.85 亿 t；汾河下游区年废污水入河量 0.81 亿 t，占全省的 11.7%，其中，工业废水 0.19 亿 t、生活污水 0.10 亿 t、混合污水 0.52 亿 t。

（2）主要入河污染物。汾河上中游区 COD 入河量 52251 t，占全省 COD 入河量的 39.8%，COD 入河量大于 1000 t 的排污口有 11 处，总量为 41565 t；氨氮入河量 12838 t，占全省氨氮入河量的 58.7%，氨氮入河量大于 200 t 的排污口有 14 处，总量为 11371 t。汾河下游区 COD 入河量 30786 t，占全省 COD 入河量的 23.5%，COD 入河量大于 1000 t

的排污口有 10 处，总量为 24481 t；氨氮入河量 2076 t，占全省氨氮入河量的 9.5%，氨氮入河量大于 200 t 的排污口有 3 处，总量为 1249 t。在人口密集、大中型企业及乡镇企业比较发达的水资源区，逐步增长的城市生活污水、焦化和化肥行业都是 COD 和氨氮的主要污染源。

（3）纳污量。主要来源于两部分：一是通过排污口直接排入；二是通过各支流输入。汾河纳污量 COD 为 8.62 亿 t/a，其中，干流 7.36 亿 t/a，一级支流输入量 1.26 亿 t/a；汾河纳污量氨氮 1.24 亿 t/a，其中，干流 1.16 亿 t/a，一级支流输入量 0.08 亿 t/a。

（4）入河排污口。汾河上中游区 65 个排污口中，超标口 33 个，超标率 50.8%，COD 超标口 31 个，氨氮超标口 23 个；汾河下游区 49 个排污口中，超标口 25 个，超标率 51.0%，COD 超标口 20 个，氨氮超标口 9 个。

4）地表水水质评价

（1）汾河上游。1980～2010 年静乐断面除 2003 年石油类 1 项超标，2005 年、2006 年化学需氧量 1 项略超 0.3 倍和 0.4 倍，而将水质划为Ⅳ类水外，其余年份均符合Ⅱ～Ⅲ类水质标准。古交市的寨上断面水质始终为劣Ⅴ类，超标项目主要为氨氮，超标倍数最低至最高范围为 2006 年的 2.8 倍至 1999 年的 11.6 倍。

（2）汾河中游。30 年来，小店桥断面水质始终为劣Ⅴ类，超标项目达 7 项之多，主要污染物有挥发酚、氨氮、COD、溶解氧、BOD$_5$、亚硝酸盐氮、氟化物、总汞、石油类等。1980～1990 年挥发酚污染非常严重，尤其是 1985～1987 年，年均超标 678 倍，其中 1985 年和 1987 年极值超标倍数高达 2490 倍和 3629 倍。1990～2000 年挥发酚年均超标倍数为 21～230 倍，最大极值超标倍数为 1995 年的 478 倍，较 20 世纪 80 年代有较大的好转。2001～2008 年超标倍数呈明显下降趋势，2006 年、2007 年年均超标仅 0.9 倍和 1.6 倍。30 年来氨氮超标最严重的是 1993 年，年均超标 89 倍，极值超标 448 倍。其余年份氨氮年均超标倍数为 10～60 倍，值得注意的是，近年来超标倍数仍达 30～50 倍，居高不下（梁新阳，2009）。

（3）汾河下游。临汾水质监测断面，30 年来水质劣Ⅴ类时间居多，主要污染物有挥发酚、氨氟、COD、溶解氧、BOD$_5$、亚硝酸盐氮、氟化物等。挥发酚 1988 年年均超标 107 倍，1989 年超标 335 倍，极值超标达 405 倍，是 30 年中污染最严重的年份，其余时间年均超标倍数为 0.7～38 倍。氨氮超标倍数最严重的年份是 2004 年，年均超标 33.6 倍，其余时间年均超标倍数为 1.5～33 倍。该河段较汾河中游的小店桥断面污染程度减轻很多，但值得注意的是，多年来挥发酚的污染始终没有得到有效控制，氨氮污染有加重趋势（梁新阳，2009）。

3.5.2　地下水质量评价

1）地下水天然水化学特征

（1）pH、总硬度分布特征。目前，汾河流域地下水 pH 为 7.0～8.3，山区地下水 pH

大部分为 7.8～8.3，低值区多出现于盆地，其 pH 为 7.3～7.1。地下水总硬度（以 $CaCO_3$ 计）按分布面积统计 80%为 150～300 mg/L，大于 450 mg/L 的高值区主要出现在晋祠泉、太原盆地、运城盆地中部等地。

（2）矿化度分布特征。山丘区地下水矿化度绝大部分在 1000 mg/L 以下，属低矿化度淡水。盆地平原区地下水矿化度差异较大，但以小于 1000 mg/L 的淡水区为主，变化趋势是山前倾斜平原区地下水埋深大，水力条件较好，相应矿化度较低，至盆地中心冲积平原区，地下水埋深逐渐变浅，水力条件逐渐变差，相应矿化度增高。

（3）水化学类型分布特征。目前，汾河流域地下水水化学共有 20 余种类型，其中以重碳酸-钙·镁（HCO_3-Ca·Mg）和重碳酸·硫酸-钙·镁（HCO_3·SO_4-Ca·Mg）分布面积最广，其余类型则不同程度或零星分布于特殊水文地球化学地段和人类活动对地下水影响较大的城市及岩溶泉排泄区。

2）地下水水质评价

目前，汾河流域尚无 I 类水。上中游地区水资源面积为 28214 km^2，其中，II 类、III 类、IV 类、V 类水分布面积分别为 695 km^2、21025 km^2、4723 km^2、1771 km^2，分别占 2.46%、74.52%、16.74%、6.28%。下游地区水资源面积为 11612 km^2，其中，II 类、III 类、IV 类、V 类水分布面积分别为 93 km^2、6241 km^2、4650 km^2、628 km^2，分别占 0.80%、53.75%、40.04%、5.41%。汾河流域从上游到下游存在 II 类、III 类水分布面积逐渐减少，IV 类、V 类水逐渐增多的趋势。

3）地下水污染概况

（1）污染源及污染途径。汾河流域地下水污染源主要来自工业和城镇生活排放的废污水、废渣的点污染源和施用化肥、农药的面污染源，前者是最主要的污染源。污染途径主要有：一是废污水通过排污渠道和排污河沿途入渗，形成对地下水污染；二是大量引用废污水灌溉农田，污水田间入渗形成地下水污染；三是城市生活垃圾、工业垃圾和污水处理厂积聚的污泥等各种固体堆积物对地下水污染；四是农业生产中大面积施用化肥、农药引起潜水水质恶化，进而形成对中深层地下水污染；五是岩溶泉域内煤、铁、石膏、铝土等企业产生的"三废"污染物，随降水入渗补给地下水、地表水在裸露灰岩渗漏段下渗等途径进入岩溶水系统，形成对泉水污染。

（2）主要污染物成因分析。硫酸盐和总硬度污染主要分布在岩溶泉排泄区和盆地靠近岩溶山区的山前地带，如晋祠泉、太原西山山前倾斜平原区、临汾市龙子祠泉的排泄区及山前地带。其成因主要是地下水运动过程中的溶解（$CaCO_3$ 或 $MgCO_3$+H_2O+CO_2 ⟶ Ca^{2+} 或 Mg^{2+}+2HCO_3^-）和水解（$CaSO_4$ ⟶ Ca^{2+}+SO_4^{2-}）作用，造成地下水中硫酸盐和总硬度浓度增高，煤矿、石膏矿的开采，导致含硫物质进入岩溶水含水系统使上述地区地下水受到污染。氨氮来源主要有城镇生活污水、生活垃圾、农业化学肥料、农家肥料，含氮物质经过农业灌溉及降水淋滤进入地下水，随着各种水化学作用的不断进行，大量的有机氮转化为无机氨氮，造成对地下水污染。

4）不同质量的地下水资源量计算

不同质量的地下水资源量计算公式为

$$Q = MF \tag{3.13}$$

式中，Q 为地下水资源量；M 为地下水资源分布模数；F 为计算区面积。

经计算，汾河上中游区多年平均地下水资源量为 14.97 亿 m^3，其中，II 类 0.59 亿 m^3、III 类 9.83 亿 m^3、IV 类 3.12 亿 m^3、V 类 1.43 亿 m^3。汾河下游区多年平均地下水资源量为 9.14 亿 m^3，其中，II 类 0.07 亿 m^3、III 类 5.16 亿 m^3、IV 类 3.38 亿 m^3、V 类 0.53 亿 m^3。

3.6　水资源开发利用评价

3.6.1　供水工程及供水量

1）供水工程

在汾河上中游区，有蓄水工程 1135 座，引水工程 1599 处，提水工程 1348 处，水井工程 25849 眼；在汾河下游区，有蓄水工程 565 座，引水工程 283 处，提水工程 478 处，水井工程 15695 眼。

2）供水量

汾河上中游区多年平均供水量约为 18.09 亿 m^3，按供水工程分类，蓄水工程、引水工程、提水工程、水井工程供水量分别为 2.16 亿 m^3、2.24 亿 m^3、1.29 亿 m^3、12.40 亿 m^3；按供水水源分类，地表水、泉水、地下水供水量分别为 4.98 亿 m^3、0.71 亿 m^3、12.40 亿 m^3。汾河下游区多年平均供水量约为 11.34 亿 m^3，按供水工程分类，蓄水工程、引水工程、提水工程、水井工程分别为 0.67 亿 m^3、2.79 亿 m^3、1.73 亿 m^3、6.15 亿 m^3；按供水水源分类，地表水、泉水、地下水供水量分别为 2.94 亿 m^3、2.25 亿 m^3、6.15 亿 m^3。

3）供水量变化趋势

30 年来汾河流域各类供水工程供水量总体上呈缓慢增长趋势，但供水水源构成发生了较大变化。由于地表径流减少、现有供水工程老化严重，再加上近年来降水量减少导致地表水量减少，使地表水源工程供水能力有所下降，水井工程供水量则呈增加态势，盆地平原区地下水开发利用程度不断提高。

3.6.2　用水量调查评价

1）用水量现状

汾河上中游区国民经济各部门多年平均用水量为 18.09 亿 m^3，其中，工业、农业灌溉、农村生活、城镇生活、林牧渔业平均用水量分别为3.36亿m³、11.52亿m³、0.94亿m³、2.18亿m³、0.09亿m³；汾河下游区国民经济各部门多年平均用水量为11.34亿m³，其中，工业、农业灌溉、农村生活、城镇生活、林牧渔业平均用水量分别为1.97亿m³、8.17亿m³、0.53亿m³、0.36亿m³、0.31亿m³。

汾河流域工业用水量较大的有太原市、临汾市、运城市，用水大户为电力、冶金、煤炭、化工四大行业，用水量合计占到工业用水总量的80%左右。农业灌溉用水量最大的是运城市。国民经济各部门用水量所占比例不同，反映了不同部门用水量的构成，同时也反映了社会经济发展的组成及地域经济的差异。

2）用水量变化趋势分析

近年来，随着产业结构调整、节水和科技水平的提高，汾河流域在发展经济的同时，总用水量呈缓慢增长趋势。城镇生活用水上升较快，工业用水缓慢增长，农业灌溉用水保持平衡，农村生活用水呈增长趋势，林牧渔业用水呈缓慢减少趋势。

3.6.3 耗水量及废污水排放量

耗水量是指在输水、用水过程中，通过蒸发、蒸腾、土壤吸收、居民和牲畜饮用等形式消耗掉而不能回归到地表水体或地下含水层的水量。废污水排放量是工业企业废污水排放量和城镇生活污水排放量的总称。

1）耗水量

（1）工业耗水量。汾河上中游区多年平均工业耗水量为1.68亿m³，其中，电力工业0.62亿m³，一般工业1.06亿m³。汾河下游区多年平均工业耗水量为0.95亿m³，其中，电力工业0.04亿m³，一般工业0.91亿m³。

（2）生活耗水量。汾河上中游区多年平均城镇生活、农村生活耗水量分别为1.08亿m³、0.94亿m³；汾河下游区多年平均城镇生活、农村生活耗水量分别为0.18亿m³、0.53亿m³。

（3）农业灌溉及林牧渔业耗水量。汾河上中游区多年平均农业灌溉、林牧渔业耗水量分别为9.38亿m³、0.09亿m³；汾河下游区多年平均农业灌溉、林牧渔业耗水量分别为6.56亿m³、0.31亿m³。

（4）耗水量汇总。汾河上中游区多年平均耗水量为13.18亿m³，下游区为8.54亿m³。

2）废污水排放量

汾河上中游区多年平均废污水排放量为2.78亿m³，其中，城镇生活排放量为1.10亿m³，工业排放量为1.68亿m³。汾河下游区多年平均废污水排放量为1.19亿m³，其中，城镇生活排放量为0.18亿m³，工业排放量为1.01亿m³。

3.6.4   水资源开发利用程度

水资源开发利用程度是指一段时期内水资源实际开发利用量与水资源可利用量的比值。汾河流域多年平均水资源可利用量为 33.32 亿 m^3，占多年平均水资源总量的 51.28%。在可利用水量中地表水可利用量为 14.82 亿 m^3/a，占地表水资源量的 71.70%；地下水可开采量为 18.85 亿 m^3/a，占地下水资源量的 42.54%。目前，汾河流域水资源平均开发利用程度为 78.65%，其中地表水开发利用率为 75.91%，属于高度开发利用区；地下水平均开发利用率高达 85%，人口、城镇、经济高度集中的太原、临汾、运城等盆地区均出现地下水超采。因此，对于严重缺水的汾河流域，应采取控制地下水开采、强化水资源保护、建设"大水网"工程等措施，实现汾河流域水资源的高效利用、持续利用。

参 考 文 献

范堆相. 2005. 山西省水资源评价. 北京: 中国水利水电出版社

梁新阳. 2009. 山西汾河 30 年水质状况浅析//2009 年促进中部崛起专家论坛暨第五届湖北科技论坛论文集. 2009-11-03

世界气象组织, 联合国教科文组织. 2001. 水资源评价: 国家能力评估手册. 李世明, 张海敏, 朱庆平, 等译. 郑州: 黄河水利出版社, 7

水利部水资源水文司. 1999. SL/T 238—1999 水资源评价导则. 中华人民共和国行业标准, 1999-05-15

孙玉芳, 梁述杰. 2013. 汾河流域地下水保护实践与思考. 山西水利, (4):7~8

UNESCO/WMO. 1988. Water Resources Assessment Activities: Handbook. For National Evaluation. Genva: WMO Secretariat

第4章　汾河流域径流与水土侵蚀过程

4.1　研究进展

  SWAT（Soil and Water Assessment Tool）模型是由美国农业部（USDA）的农业研究中心（ARS）研发的面向流域尺度与长时间尺度的分布式水文模型，是一个基于流域水文过程、具有物理机制，而且集成地理信息系统（GIS）、遥感（RS）和数字高程模型（DEM）的分布式水文模型。SWAT 模型可以在不同土壤条件、土地利用类型、气候状况和人类活动干扰下做出有效的产流、产沙模拟，从而运用于流域水平衡、河流流量预测和非点源污染控制评价等诸多方面的研究，同时其适用于面向水资源管理的长时段模拟，以及具有不同的土壤类型、不同的土地利用/覆被方式和管理条件下的复杂大流域，并且能够在缺乏资料的地区建模（Yang et al.，2008；林桂英等，2009；陈强等，2010）。

  SWAT 模型能有效评价不同尺度土地利用/覆被变化条件下的产流产沙响应。Wischmeier 和 Smith 提出并修正了 USLE 方程，这一阶段的土壤侵蚀研究多是针对 USLE 方程的因子的适应性进行修正。20 世纪 80 年代后期分布式水文模型开发过程中，产水产沙逐渐统一起来，并考虑了其他如养分、农药等的运移。模型研究开始把土壤-植物-大气作为一个物理上一体的动态系统，并按能量、质量的传输过程来测定和分析三者之间的相互作用（赵寒冰，2004）。SWAT 模型在美国、澳大利亚、加拿大、印度、欧盟等国受到广泛关注，国外研究者利用 SWAT 模型来模拟评价流域土地管理措施与土地利用/覆被变化等对径流泥沙的影响。Bochet 等利用 SWAT 模型分析了水土保持措施的水文效应，发现选择合适的水土保持措施可以大幅度降低产沙量。Hernandez 等（2000）研究得出 SWAT 模型能够较好地反映流域土地利用/覆被变化下多年降水径流关系。Tripathi 等（2003）在流域尺度上，利用 SWAT 模型对关键子流域的水土保持治理进行评价和权衡，研究表明 SWAT 模型可以合理分析子流域水土保持措施治理方案。Kirsch 等（2002）将 SWAT 模型应用于美国威斯康星州的 Rock 流域，研究表明改进的耕作措施可以使产沙量减少 20%。Arnold 等（1994）率先用模拟土地利用情景变化的方法来检验 SWAT 模型的水文组件，R^2 达到 0.79～0.94。Srinivasna 和 Arnold（1994）利用 SWAT 模型对得克萨斯州一个小流域进行了水文过程模拟。Bingner（1996）用 SWAT 模型对密西西比河的支流 Goodwin 河流域进行了径流模拟，结果显示 10 年的年径流量模拟值为观测值的 90%，并得出 SWAT 模型更加适合于进行长时间段的流域水文模拟。Peterson 和 Hamlett（1998）应用 SWAT 模型模拟了宾夕法尼亚州东北部 Ariel 河流域的水文响应。Yang 等（2008）将 SWAT 模型中 USLE_P 因子进行修改，对加拿大 Black Brook 流域水土保持措施下产流产沙过程进行了模拟分析。Inamdar 和 Naumov（2006）将 SWAT 模型应用于北美五大湖区流域，模拟了该流域的年平均产沙量，结果表明水土流失最严重的子流域对流域产沙总量的贡献率为 45%，主要是因为流域存在许多大坡度山地。SWAT 模型耦合 MUSLE 方程来计算流域土壤侵蚀量。Kim 等（2009）针对韩国丘陵山地区开发了坡长自动修正模块，提高了 SWAT 模型在丘陵区域应用时的产沙模拟精度。土地利用/覆被变化对径流泥沙产生的影响是 SWAT 模型的主要应用，SWAT 模型的有效性已经得到了国内外许多研究的证明，研究表明 SWAT 模型能很好地应用了不同地区的径流模拟，目前 SWAT 模型在国外主要应用于湿润地区。SWAT 模型能有效模拟评价不同尺度土地利用/覆被变化条件下的产流产沙过程及其水文响应。

国内 SWAT 模型研究起步较晚，相关的研究工作及经验积累还不太丰富，在产流产沙模拟、非点源污染等方面均取得了一些成果，多集中在流域径流的模拟方面。刘昌明和李道峰（2003）借助于 SWAT 模型研究了黄河源区土地利用/覆被变化和气候变化的水文响应，结果表明气候变化是引起黄河源区径流变化的主要原因。王中根和刘昌明（2003）将 SWAT 模型引入我国西北寒区的水文过程模拟中，结合 GSI 成功地进行了分布式日径流过程的模拟，其结果完全满足水资源管理的需要。张蕾娜（2004）运用 SWAT 模型模拟了 20 世纪 80 年代云州水库流域土地利用/覆被状况下的径流过程，与日径流实测值拟合较好。陈军锋和李秀彬（2004）在梭磨河流域对流域土地覆被的现状、流域全无植被、全为林地以及设定的未来最佳的土地覆被状况 4 种情景进行径流模拟，结果表明随着土地覆被状况的好转，径流深减小，且雨季减小幅度比枯季明显。国内 SWAT 模型的应用主要集中在流域径流泥沙模拟与非点源污染研究等方面。李硕（2002）在遥感和 GSI 的支持下，对 SWAT 模型的空间离散化和空间参数化进行了深入研究，并将其应用到江西潋水河流域的径流和泥沙的模拟中。张雪松和郝芳华（2003）应用 SWAT 模型进行中尺度流域的产流产沙模拟试验，得出模型在长期连续径流和泥沙负荷模拟中具有较好的适用性的结论。何长高（2004）对产汇流模型 TOPMODEL 进行了改进，增添了水土保持措施地形因子，根据遥感影像和水土保持规划，并利用改进的模型对不同水土保持措施的水文效应进行了模拟。郝芳华和陈利群（2004）利用情景模拟来分析黄河下游支流土地利用/覆被变化对产流量和产沙量的影响。任希岩和张雪松（2004）指出在 SWAT 应用中，要注意 DEM 分辨率对产流产沙模拟结果的影响，DEM 分辨率对子流域面积或个数提取的影响不大，但对坡度值的提取影响较大。因此模拟流域产流、产沙时，应进行坡度订正（路宾朋，2011；薛天柱等，2011；张圣微等，2010；宋艳华，2006）。

近年来，分布式水文模型取得了长足发展，能够反映出下垫面条件和降水的空间分异性，对流域径流泥沙过程进行有效模拟，可以模拟不同土地利用/覆被变化下径流泥沙的响应，为土地利用/覆被变化的径流泥沙响应研究提供了有效的途径。但分布式水文模型也有一些局限性，不同流域存在不同地理条件，涉及大量参数与数据赋值方法，应用受到一定限制，模拟技术的研究至今仍没有完全统一的系统结论。

SWAT 模型存在着区域性，不同的区域均需进行参数重新率定。从 SWAT 模型的国内外应用情况来看，流域林地、草地等单一植被类型变化下径流泥沙过程的模拟研究较多，多种土地利用/覆被变化下的产流产沙模拟及水文效应研究较少。流域土地利用/覆被变化下径流泥沙效应的影响研究，均是从宏观上比较不同的土地利用/覆被变化对产流产沙的影响。通过预测未来土地利用/覆被变化对其产流产沙水文响应的研究还较为少见。研究区域主要集中在植被覆盖好的河源区、湿润区，针对山西黄土高原矿区这一特殊区域的研究相对较少。研究集中在径流模拟方面，对土地利用/覆被变化下流域土壤侵蚀过程的模拟研究相对缺乏，更缺乏生态恢复水文响应的相关研究（Arnold et al., 1998；Karim et al., 2007；Yang et al., 2008；陈强等，2010；张圣微等，2010；薛天柱等，2011）。

目前，汾河流域的研究主要集中在水资源特征与演变、水环境调查评价与水质污染、河岸带植被类型变化、降雨径流分布式水文模型、土地利用/覆被变化及其驱动力分析、流域环境变迁以及土地利用生态安全特征和生态补偿制度等方面（李林英等，2009；孙西欢等，2008；王尚义等，2008；程红，2009；刘冰，2010）。迄今为止，对汾河流域降雨径流关系，地下水与地表水转换等规律的研究还明显不足，尤其对流域地表过程的相关研究还极度缺乏，应用模型进行流域径流模拟研究还比较少，对流域土壤侵蚀和泥沙量的模拟研究更是缺乏。应用同位素示踪技术与模型模拟相结合对汾河上游地表过程进行研究更是未见报道。因此这方面的系统化研究亟待进一步加强与深入。

结合山西汾河流域面临的严峻水文与生态问题，以汾河上游流域为研究对象，采用野外勘测、调查取样、动态监测与室内实验测定分析相结合的研究手段，综合运用同位素示踪技术、水土化学信息和"3S"技术，以及水文学、生态学和资源环境学等理论方法，将汾河上游流域降水、地表水和地下水等水体纳入一个完整的水文系统，利用同位素示踪技术及水化学信息，揭示汾河上游径流与土壤侵蚀过程机理。结合通过遥感解译得到流域1992年、2000年、2010年三期土地利用/覆被变化数据，分析流域内的土地利用/覆被变化情况，构建汾河上游流域分布式水文模型，就汾河流域1992~2010年径流过程与土壤侵蚀进行模拟研究，揭示汾河流域不同土地利用/覆被变化格局情景下土壤侵蚀的空间格局及其对土地利用/覆被变化格局变化的响应程度，解答汾河上游土地利用覆被变化对汾河上游径流与土壤侵蚀过程的影响及程度。本书的研究将促进对汾河上游地表过程的有效调控，对识清黄土高原地区土壤侵蚀机制有一定理论意义，对黄土高原生态脆弱区生态环境恢复有重要参考价值，为流域水土保持工作和提高各尺度水效益等关键问题提供科学依据与参考，为制定区域可持续发展的对策提供科学的依据，具有一定的现实意义，同时也将拓展水文学和生态学的研究思路和方向。

4.2　方法原理

在收集整理前人成果与相关资料的基础上，理论与现场实验相结合，运用环境同位素技术、水化学分析和模型模拟等方法，在进行野外考察、水样采集，室内样品同位素、水化学与土壤化学分析及数据解译整理,开展了汾河上游径流与土壤侵蚀过程等的相关研究工作(图 4.1)。

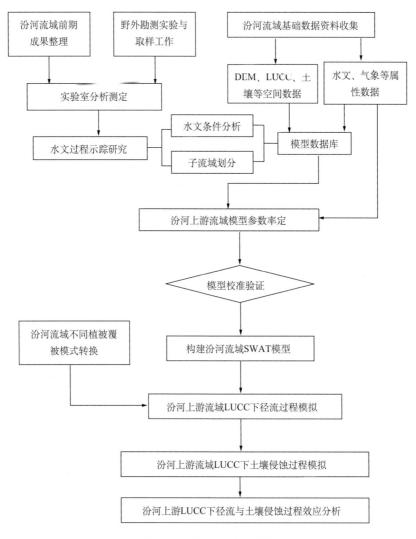

图 4.1 研究技术路线框图

本书中的径流与泥沙模拟采用国际上通用的 SWAT(Soil and Water Assessment Tool)模型。SWAT 模型是一个集成遥感(RS)、地理信息系统(GIS)和数字高程模型(DEM)技术的基于水文过程的、具有较强物理机制的、可以连续模拟的分布式流域水文模型,比较适用面向水资源管理的分布式水文过程模拟。它是在 SWRRB 模型的基础上结合了 CREAMS、GLEAMS、EPIC、ROTO 等模型的优点发展而来,是一个具有较强物理机制的分布式水文模型,可以对不同土壤条件、土地利用类型、气候状况和人类活动干扰下做出有效的产流产沙模拟分析,适用于面向水资源管理的长时段的水文过程模拟。模型由 700 多个数学方程、1000 多个中间变量组成,基于 RS 和 GIS 提供的强大平台,能利用 GSI 和 RS 提供的空间数据信息，模拟复杂大流域中多种不同的水文物理过程，包括水、沙、化学物质和杀虫剂的输移与转化过程。模型可采用多种方法进行流域分割，能够响应降水、蒸发等气候因素和下垫面因素的空间变化以及人类活动对流域水文循环的影响（宋艳华，2006；李宏亮，2007）。SWAT 能对单一流域或具有多级水文联系系统的流域进行径流泥沙模拟，每一个流域起初都要被划分成子流域，然后在土地利用和土壤类型的基础上生成模型的基本运行单元——水文响应单元（HRU）（Arnold et al.，1998；Karim et al.，2007；张圣微等，2010；路宾朋，2011；薛天柱等，2011）。

4.3 数据分析与处理

通过遥感解译得到流域 1992 年、2000 年、2010 年三期土地利用/覆被变化数据，分析流域内的土地利用/覆被变化情况，构建汾河上游流域分布式水文模型，就汾河流域 1992～2010 年径流过程与土壤侵蚀进行模拟研究，揭示汾河流域不同土地利用/覆被变化格局情景下土壤侵蚀的空间格局及其对土地利用/覆被变化格局变化的响应程度，解答汾河上游土地利用/覆被变化对汾河上游径流与土壤侵蚀过程的影响及程度，对识清黄土高原地区土壤侵蚀机制有一定理论意义，对黄土高原生态脆弱区生态环境恢复有重要参考价值，为流域水土保持工作和提高各尺度水效益等关键问题提供科学依据与参考。

本章收集整理了汾河上游流域水文、气象以及自然地理等详细的数据资料，建立输入数据库，并输入水文数据、气象数据、植被数据、土壤属性等大量参数，包括数字地形图、土地利用图和土壤图等。SWAT 模拟计算输入数据主要为栅格、矢量和二维数据表三种数据结构（表 4.1）。其中，输入的 DEM 图、土地利用和土壤图都为 Grid 格式的栅格数据。水文观测资料和气象观测资料等二维属性数据表则需要以 DBF 表文件的格式存储。描述性的点状文件为 Shp 格式的矢量数据，如研究区水文站与气象站的地理位置。本章进行图件数据格式、投影的转换，创建模型输入数据库均是基于 ArcGIS 和 ArcInfo 等软件。

表 4.1 SWAT 模型的输入数据

数据	数据项	尺度	来源
空间数据	DEM 土地利用图 土壤图	1∶10 万 1∶10 万 1∶100 万	中国西部生态与环境数据中心
气象观测数据	降水、气温、风速和相对湿度	逐日数据	山西省气象局
水文观测数据	流量、泥沙	逐月数据	汾河上游流域各水文站
土壤属性数据库	容重、水力传导度和土壤可利用水量等		《山西省土壤志》、中国科学院资源环境科学数据中心

4.3.1 气象数据库建立

气象数据源自研究流域内古交气象站、静乐气象站、娄烦气象站、岚县气象站、宁武气象站和岢岚气象站以及境内的雨量站点的数据资料，其中包括逐日最高气温（℃）、最低气温（℃）、降水（mm）、太阳辐射量[kJ/（m² · d）]、日平均风速（m/s）、相对湿度数据等。时段为 1985 年 1 月至 2010 年 12 月，这些数据均为研究区各站点实测数据（表 4.2～表4.7）。站点包括坝儿沟、白家庄、草城、杜家村、东马坊、东寨、段家寨、圪洞子、海子背、河岔、怀道、静乐、康家会、楼子、宁化堡、坪上、普明、前马龙、上静游、宋家崖、娑婆、堂儿、西马坊、新堡和闫家沟。本章构建了流域气象站点的地理位置、高程.dbf 库文件，同时将流域内各气象站点数据资料的格式转换成.dbf 格式，以满足模型模拟所需（表4.2）。

表 4.2　模拟所用气象站情况表

台站类型	站名	东经/(°)	北纬/(°)	数据序列
气象站	岢岚	111.58	38.70	降水、日最高气温、最低气温（1980～2011年）；日平均风速、相对湿度和日照时数（1980～2011 年）
	娄烦	111.78	38.05	
	静乐	111.90	38.37	
	岚县	111.62	38.28	
	宁武	112.28	39.00	
	河岔	111.85	38.18	
	上静游	111.82	38.17	

气象数据分别按照以下的格式进行手工输入：

1. 逐日降水量

逐日降水量记录表见表 4.3。

表 4.3　逐日降水量记录表

字段名称	字段格式	定义
DATE	日期（yyyymmdd）	降水日期
PCP	浮点数据（f5.1）	降水量（mm）

2. 逐日最高和最低气温

逐日最高和最低气温见表 4.4。

表 4.4　逐日气温记录表

字段名称	字段格式	定义
DATE	日期（yyyymmdd）	日期
MAX	浮点数据（f5.1）	最高气温（℃）
MIN	浮点数据（f5.1）	最低气温（℃）

3. 逐日日照量

逐日日照量记录表见表4.5。

表 4.5　逐日日照量记录表

字段名称	字段格式	定义
DATE	日期（yyyymmdd）	日期
SLR	浮点数据（f8.3）	日照量（MJ/m^2/d）

4. 逐日相对风速

逐日相对风速见表4.6。

表 4.6　逐日相对风速记录表

字段名称	字段格式	定义
DATE	日期（yyyymmdd）	日期
WND	浮点数据（f8.3）	相对风速（m/s）

5. 逐日相对湿度

逐日相对湿度见表4.7。

表 4.7　逐日相对湿度记录表

字段名称	字段格式	定义
DATE	日期（yyyymmdd）	日期
HMD	浮点数据（f8.3）	相对湿度（百分数）

4.3.2　DEM 数据建立

数字高程模型 DEM 是进行流域划分、水系生成和水文过程模拟的基础。本书选用 90 m 分辨率 SRTM 数字高程模型（DEM），原数据为地理坐标，为适应模拟对输入资料的要求，应使所有的空间数据具有相同的地理坐标和投影。本书应用 ArcInfo 的 Grid 模块进行图形的流域边界划分、拼接、投影转换等处理操作，生成模型所需的 DEM 数据资料，将所有空间数据纳入到统一的坐标系统，转化为 Albers 投影。然后利用数字高程模型 DEM 数据来计算子流域坡长、坡度等地形参数，通过汇流分析生成河网属性，确定流域河网特征（图 4.2）。

4.3.3　土地利用数据库的建立

土地利用类型是模型模拟的重要输入数据，它能反映出流域不同的土地覆被及其水文特性，是明确流域径流泥沙过程的基础。本书的土地利用数据来自汾河上游流域遥感影像的解译资料，其影像数据源为 TM 资料。参照中国科学院资源环境数据库中的土地

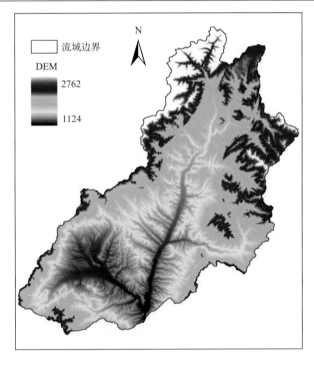

图 4.2 汾河上游区 DEM 图

利用分类系统，对 1992 年、2000 年、2010 年遥感影像，进行人机交互影像解译得到研究区 LUCC 数据。应用 ArcGIS 进行图件合并和流域边界切割，得到汾河上游流域的土地利用类型图。结合野外实地调查，本研究区内共有 6 种一级类型，包括耕地、林地、草地、水域、城乡居住建设用地和未利用地，又可细分为 18 种土地利用类型。同时需要将流域土地利用数据转换成模型所需的土地利用代码。对照 SWAT 模型的土地利用数据库，结合产流模拟的要求，将土地利用进行重新分类（表 4.8）。

表 4.8 汾河上游流域土地利用类型与重新分类编码

原编码	土地利用类型	SWAT 代码	编码	土地利用类型	SWAT 代码
121	山地旱地		32	中覆盖草地	GHYM
122	丘陵旱地		33	低覆盖度草地	GHYL
123	平原旱地	AGRC	41	河渠	WATR
124	坡地旱地		43	水库坑塘	LAKE
21	有林地		46	滩地	WETL
22	灌木林地		51	城镇用地	URHD
23	疏林地	FRSD	52	农村居民点	URLD
24	其他林地		53	其他建设用地	UINS
31	高覆盖草地	GHYH	66	裸岩石砾地	BARE

4.3.4　土壤属性数据库的建立

土壤属性数据库的建立是模型输入的必需参数。SWAT 模型中土壤属性的设定不同于土地利用数据库，没有预先设置的各类土壤的属性数据库，需要研究者建立所研究流域的土壤属性数据库。本书重在对汾河上游流域径流过程和土壤侵蚀过程进行模拟，因此只需构建汾河上游流域土壤的物理属性数据库。

本书采用的土壤数据主要来源于野外实地调查、《山西土壤志》与中国科学院资源环境科学数据中心土壤数据集、汾河上游流域土壤类型（表 4.9）。由于数据中土壤粒径分级采用国际标准土壤粒径分级，而 SWAT 模型土壤粒径分级需要采用美制，因此在建立土壤数据库前，必须先要将国际制分级转化为美制分级。模型输入还需要包括土壤颗粒组成、饱和水力传导系数、土壤水文分组、土壤分层数与各土层厚度等土壤属性数据。

表 4.9　汾河上游区土壤类型与代码表

土壤编码	土壤类型	土壤编码	土壤类型	土壤编码	土壤类型
23110141	棕壤	23115101	黄绵土	23115194	钙质粗骨土
23110144	棕壤性土	23115111	红黏土	23116121	山地草甸土
23111112	褐土	23115122	新积土	23116122	山地草原草甸土
23111113	石灰性褐土	23115181	石质土	23116141	潮土
23111114	淋溶褐土	23115183	中性石质土	23116143	脱潮土
23111118	褐土性土	23115184	钙质石质土	23120112	黑毡土
23112121	栗褐土	23115191	粗骨土	23124101	水
23112122	淡栗褐土				

1. 水文单元组

水文单元组的划分，主要依据各类土壤表层 0.5 m 饱和导水率大小，将不同汾河上游流域内土壤类型的水文单元组划分为 A、B、C、D 四组（表 4.10）。为了使土壤参数的设定更加接近实际，参照《山西土壤志》，对土壤类型的水文组划分做了一些调整（陈腊娇，2006；徐涛，2009；张晓丽，2010）。

表 4.10　土壤水文单元组的划分标准

土壤水文单元	性质	土壤上层 0.5 m 饱和导水率/（mm/h）
A	在完全湿润的条件下具有较高渗透率的土壤，土壤质地主要由砂砾石组成，排水导水能力强（产流低）。如厚层沙、厚层黄土、团粒化粉沙土	>110

续表

土壤水文单元	性质	土壤上层 0.5 m 饱和导水率/(mm/h)
B	在完全湿润的条件下具有中等渗透率的土壤。土壤质地有沙壤质组成，排水导水能力中等。如薄层黄土、沙壤土	14～110
C	在完全湿润的条件下具有较低渗透率的土壤。土壤质地为黏壤土、薄层沙壤土，这类土壤大多有一个阻碍水流向下运动的层，下渗率和导水能力较低。如黏壤土、薄层沙壤土、有机质含量低的土壤、黏质含量高的土壤	1.4～14
D	在完全湿润的条件下具有很低渗透率的土壤。土壤质地为黏土，有很高的涨水能力，大多有一个永久的水位线，黏土层接近地表，其深层土几乎不影响产流，导水能力极低。如吸水后显著膨胀的土壤、塑性的黏土、某些盐渍土	<1.4

2. 分层土壤深度及根系深度值

模型中对应的参数名称为：SOL ZMX（根系深度）、SOL Z（土层厚度），通过对野外不同土壤类型典型剖面的观测进行土壤分层。

3. 土壤各层中黏粒、粉砂、砂粒、砾石的含量等数据

SWAT 模型对黏粒、粉砂、砂粒、砾石的划分标准与中国土壤粒级的划分标准不一致，所以需要将中国土壤粒级的划分标准转换成美制标准后才能输入模型。山西省土壤普查对土壤粒级的划分采用两种分类标准：国际制和苏联的卡钦斯基制，两个标准叠加可以换算得到模型所需的分类标准（表 4.11）。

表 4.11   SWAT 模型的土壤分级制和现有资料分级制的对比

美制标准		卡钦斯基制（现有资料采用）		国际制（现有资料采用）	
名称	采样标准	名称	采样标准	名称	采样标准
黏粒（Clay）	<0.002 mm	黏粒	<0.001 mm	黏粒	<0.002 mm
粉砂（Silt）	0.002～0.05 mm	细粉砂	0.001～0.005 mm	粉砂砾	0.002～0.02 mm
砂砾（Sand）	0.05～2 mm	中粉砂	0.005～0.01 mm	细砂砾	0.02～0.2 mm
砾石（Rock）	>2 mm	粗粉砂	0.01～0.05 mm	粗砂砾	0.2～2 mm
		砂	0.05～0.1 mm	石砾	>2 mm
		砾	>1 mm		

4. 土壤可蚀性系数 *K*

土壤可蚀性系数 *K* 表示土壤本身的抗蚀能力，是评价土壤对侵蚀敏感程度的重要指标，直接影响泥沙模拟的精度，是土壤侵蚀预报模型中的必要参数。众多学者对汾河流

域土壤的可蚀性开展了较多的研究，本书参考《山西土壤志》与汾河流域的研究成果获得汾河流域的可蚀性因子 *K* 值。

5. 田间反照率（Albedo）

这个参数没有观测值，很多学者用 TM、EOSMODIS、 MISR、NOAA/AVHRR 等遥感数据来反演地表反照率，并取得了较为理想的结果，本书参照《山西土壤志》与前人的研究成果，田间土壤反照率均采用 0.22。

本书应用 MATLAB 软件编程进行三次样条插值法计算得到以美制标准为基础的 CLAY、SILT、SAND、ROCK 百分含量，最后应用美国农业部 USDA 开发的土壤水特性计算程序 SPAW（Soil Plant Atmosphere Water Field&Pond Hydrology）来计算土壤有效持水量、饱和水力传导系数和土壤容重等参数（表 4.12）。SPAW 软件是通过土壤数据库的分析，得出土壤物理属性和土壤质地因素之间的统计关系，其计算值和实测值存在很好的拟和关系。应用软件中的 Soil Texture Triangle: Hydraulic Properties Calculator 模块，在输入土壤质地数据后，计算出所需的土壤水文属性参数。通过查阅、整理、计算土壤的属性数据，最终建立汾河上游流域土壤属性数据库（表 4.13，图 4.3）（陈腊娇，2006；杨永强，2007；徐涛，2009；张晓丽，2010）。

表 4.12　土壤数据库主要参数表

参数名称	参数描述	参数名称	参数描述
SNAM	名称	SOL_K	饱和水力传导度
NLAYERS	分层数	SOL_CBN	有机碳含量
HYDGRP	水文分组	CLAY	黏土含量
SOL_ZMX	最大厚度	SILT	粉砂含量
ANION_EXCL	阴离子排出孔隙率	SAND	砂土含量
SOL_CRK	总孔隙度	ROCK	砾石含量
SOL_Z	厚度	SOL_ALB	反照率
SOL_BD	容重	USLE_K	USLE 方程土壤侵蚀系数
SOL_AWC	含水量		

表 4.13　汾河上游流域土壤物理属性表

土壤编码	土壤类型	SWAT 土壤编码	土壤容重 /（g/cm³）	有效水量 /（cm/cm）	饱和导水率 /（mm/h）	最小下渗速率 /（mm/h）	土壤分类
23110141	棕壤	ZR	85.18	0.85	0.05	2.08	C
23110121	棕壤性土	ZRX	93.73	0.56	0.53	11.89	B
23115181	石质土	SZT	97.46	1.40	0.18	20.62	C
23112122	新积土	XJT	100.34	0.42	0.82	14.89	B
23115111	红黏土	HNT	81.14	0.77	0.02	1.11	D
23116122	山地草甸土	SDCD	82.28	0.88	0.20	4.27	B

图 4.3　汾河上游区土壤图

4.3.5　水文数据库建立

流域径流和泥沙数据选用汾河干流上的静乐水文站、河岔水文站以及汾河主要支流——岚河水文站的逐日径流量和含沙量数据（表 4.14，图 4.4），时间段为 1980~2010 年。录入数据后，以 ArcView.dbf 文件的格式存储。以对构建的 SWAT 模型进行参数率定和模型验证。

表 4.14　水文台站位置及数据表

台站类型	站名	东经/(°)	北纬/(°)	数据序列
雨量站	坝儿沟	112.02	38.87	日降水数据（1992~2008 年）
	白家庄	111.68	38.25	
	草城	111.62	38.17	
	东马坊	112.33	38.68	
	杜家村	112.13	38.58	
	东寨	112.10	38.80	
	段家寨	111.98	38.47	
	圪洞子	111.92	38.70	
	海子背	112.20	38.88	
	河岔	111.85	38.18	

续表

台站类型	站名	东经/(°)	北纬/(°)	数据序列
雨量站	怀道	112.25	38.68	日降水数据（1992～2008 年）
	静乐	111.92	38.33	
	康家会	112.18	38.32	
	楼子	111.78	38.30	
	宁化堡	112.08	38.63	
	坪上	111.68	38.45	
	普明	111.57	38.27	
	前马龙	112.02	38.77	
	上静游	111.82	38.17	
	宋家崖	111.97	38.88	
	娑婆	112.20	38.42	
	堂儿	112.23	38.53	
	西马坊	111.78	38.47	
	新堡	111.93	38.60	
	闫家沟	111.55	38.38	
水文站	静乐	111.92	38.33	径流数据（1992～2010 年）泥沙数据（1992～2010 年）
	河岔	111.85	38.18	
	上静游	111.82	38.17	

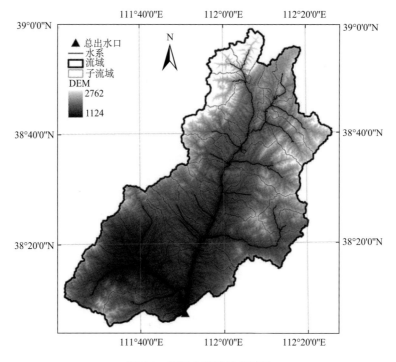

图 4.4　汾河上游流域水系图

4.4　模型构建与运行

4.4.1　模型输入参数的赋值

SWAT 模型的参数化一部分是在子流域尺度上或以子流域为单位实现的，一部分是在水文响应单元的尺度下实现的。SWAT 模型输入参数赋值，首先将参数化过程中获得的运行参数以某种格式的数据文件，然后将数据文件转成模型运行的输入文件。

地形参数是以.dbf 文件形式存储，进行 DEM 地形分析，模型运行时，按照字段名自动提取生成地形输入参数（.hru 文件和.rte 文件）。

土壤参数通过土壤代码，结合土壤属性数据库与土壤图中的网格，在生成水文响应单元时，根据网格值对应的属性值进行土壤空间分布的统计计算，直接从土壤属性表中提取，生成输入文件（.sol 文件）。

气象参数是通过气象站点的字段检索相应的输入数据，生成模型运行的输入文件，气象参数的赋值与土壤参数赋值类似。

4.4.2　模型运行时方法的选择

径流的模拟选择了以日降水观测为基础的 SCS 径流曲线数方法，采用"日降水数据/径流曲线/日"（Daily rain/CN/Daily）演算方法来模拟。因为在确定土壤水文单元组的时候，就已经确定了 CN 值，所以采用以日为时间单位进行模拟。对降水量模拟，模型提供了偏正态分布（skewed normal distribution）或混合指数分布（mixed exponential distribution），本书选择了偏正态分布来模拟降水量，对潜在蒸散发（PET），SWAT 模型提供 Priestly-Taylor 方法、Penman-Monteith 方法和 Hargreaves 方法来模拟，本书选择的是 Penman-Monteith 方法，需要太阳辐射、气温、相对湿度、风速作为输入数据。对河道演算的模拟方法，本书选择了模拟精度略高的 Variable Storage 方法。

4.4.3　汾河上游土地利用/覆被变化分析

本书针对土地利用变化对流域径流与土壤侵蚀的影响，首先需要了解两个时期土地利用/覆被变化的情况。本书采用土地利用转移矩阵描述不同类型间的相互转化过程。土地利用类型的分类将流域的土地利用类型划分为六大类:林地、草地、耕地、水域、城镇建设用地、未利用地。土地利用变化主要包括各流域土地利用类型的数量变化和空间位置转换两个方面，本书主要采用土地利用变化幅度和土地利用转移两个指标来揭示汾河上游流域土地利用/覆被的时空变化特征。通过影像资料解译的 1992 年、2000 年、2010 年的土地利用资料如图 4.5～图 4.7 所示。

基于 1992 年、2000 年、2010 年三期的汾河上游流域土地利用/覆被矢量数据，应用 GIS 的空间分析功能，提取各土地利用类型的属性值，通过空间叠加分析流域土地利用/覆被的时空变化特征，得到汾河上游 1992 年、2000 年、2010 年三期各类土地利用的分

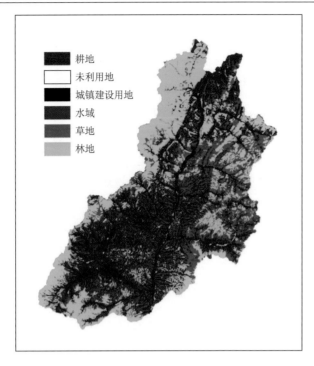

图 4.5　汾河上游区 1992 年土地利用图

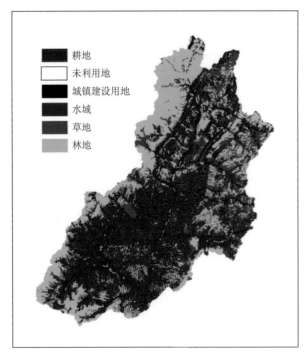

图 4.6　汾河上游区 2000 年土地利用图

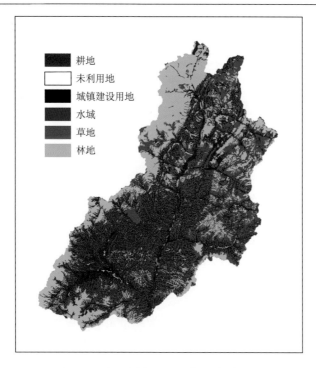

图 4.7　汾河上游区 2010 年土地利用图

布面积、所占比例以及变化幅度。马尔可夫链（Markov Chain Analysis）是一种特殊的随机运动过程，本书采用马尔可夫链来计算汾河上游土地利用类型的转移。用马尔可夫链描述土地利用类型的转移，通过创建汾河上游流域土地利用变化转移矩阵来实现，而该矩阵是预测后来时期变化的基础。利用马尔可夫模型对汾河上游流域土地利用变化过程进行空间分析，得出汾河上游流域 1992 年、2000 年、2010 年土地利用/覆被类型转移矩阵和转移面积（表 4.15、表 4.16）。

表 4.15　汾河上游区 1992～2000 年土地利用/覆被类型转移矩阵　　　（单位：km²）

		2000 年							
		耕地	林地	草地	水域	城镇建设用地	未利用地	总计	比例/%
1992 年	耕地	1424.78	24.07	81.96	0.83	1.09	0	1632.74	36.49
	林地	22.47	1147.41	46.16	0.02	0.15	0	1216.22	27.37
	草地	62.06	77.15	1466.04	0.03	0.67	0	1505.95	34.13
	水域	1.17	0.06	0.11	57.05	0	0	58.40	1.31
	城镇建设用地	0.23	0.06	0.01	0	30.91	0	31.22	0.70
	未利用地	0	0	0	0	0	0	0	0
	总计	1510.73	1248.75	1594.29	57.93	32.83	0	4444.53	
	比例/%	33.99	28.10	35.87	1.30	0.74	0		

表 4.16　2000～2010 年土地利用/覆被类型转移矩阵　　　　（单位：km²）

		2010 年							
		耕地	林地	草地	水域	城镇建设用地	未利用地	总计	比例/%
2000 年	耕地	1495.31	0.07	0.24	0.33	13.31	1.47	1510.73	33.99
	林地	1.70	1241.36	3.73	0.64	1.12	0.20	1248.75	28.10
	草地	0.33	0.05	1589.43	0.28	3.34	0.86	1594.29	35.87
	水域	0	0	0	57.70	0.24	0	57.93	1.30
	城镇建设用地	0	0	0	0	32.83	0	32.83	0.74
	未利用地	0	0	0	0	0	0	0	0
	总计	1497.34	1241.49	1593.40	58.94	50.84	2.52	4444.53	
	比例/%	33.69	27.93	35.85	1.33	1.14	0.06		

通过建立土地利用转移矩阵，可以直观地看出土地利用类型动态演化趋势与演化幅度。表 4.15 和表 4.16 反映了研究区 1992 年、2000 年、2010 年各土地利用类型的面积动态分布情况，可以看出，草地、耕地和林地是本区主要的土地利用类型，三者面积占流域比例超过 97%，其中草地面积最大，其次为耕地和林地。15 年间各类型的变化不大，耕地和草地呈微弱减少趋势，而林地在 1992～2000 年略有增加，耕地、林地、草地、水域和城镇建设用地分别从 1506 km²、1216.2 km²、1506 km²、58.42 km²、31.24km² 变为 1510.8 km²、1248.3 km²、1594.8 km²、57.96 km²、32.86km²，其中有 1424.8 km²、1147.9 km²、1467 km²、57.06 km²、30.92 km² 保持不变。而后基本保持不变；城镇建设用地有所增加，尤其 2000 年以后。从表 4.15、表 4.16 可以看出，汾河上游流域近 20 年来的土地利用变化特征主要表现在：①草地面积呈增加趋势。草地面积从 1992 年的 1506 km² 增加到 2010 年的 1593.40 hm²，增加了 87.40 hm²。②建设用地面积呈增长趋势。从 1992 年的 31.24 km² 增加到 2010 年的 50.84 hm²，增加了 19.60 hm²。③耕地减少相对更加明显，呈大幅度减少趋势，从 1992 年的 1632.8 hm² 到 2010 年的 1497.34 hm²，减少了 135.46 hm²。主要受退耕还林还草等水土保持措施的影响。④林地的面积呈增长趋势，从 1992 年的 1216.2 hm² 到 2010 年的 1241.49 hm²，增加面积相对较小，为 25.29 hm²，其增加来源主要为耕地和草地。汾河流域的土地利用变化特征主要表现在耕地、林地、草地三种土地利用类型间的相互转化是研究区最主要的土地利用变化形式；耕地减少主要受退耕还林还草等水土保持措施的影响。另外在耕地、林地和草地的二级类型之间也存在相互转化。从表 4.15 和表 4.16 可以看出，总体特征是 1992 年、2000 年、2010 年三个时期的土地利用结构以草地为主，其次是耕地与林地，其他类型的比例较小。总体来说，耕地、草地、林地内部的转移近 20 年来最为剧烈。

4.4.4　基于 DEM 的汾河流域河网水系提取

流域河网水系信息的提取是划分子流域、获取流域信息进行水文模拟的基础，采用 TOPAZ（Topographic Parameterization）软件包进行数字地形分析，按最陡坡原则计算流域水流流向，生成河道网（图 4.8）。

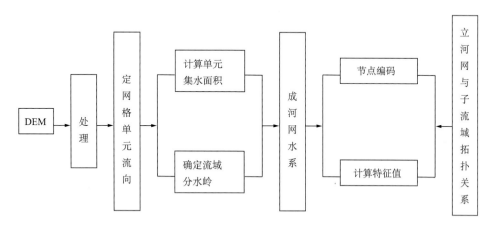

图 4.8　河网水系提取流程图

1. DEM 数据预处理

本书在进行流域地形分析之前，采用填洼法对 DEM 数据进行预处理。如果 DEM 中某一栅格高程低于周围高程值，水流则不能流出，使河网产生断线，不能自动生成连续的数字水系，这主要是由垂直和水平分辨率、DEM 生成过程的内插和输出结果的取整及高程数据的误差造成的。

2. 流向分析

流向分析是确定栅格单元的流向，本书采用 D8 算法，计算汾河上游流域 DEM 矩阵中每个网格单元与其周围 8 个网格单元之间的坡度，选取坡度中最陡的高程下降方向作为水流向，从而确定水流方向矩阵。

3. 流域汇流计算

在流向确定的基础上，计算出流入到每个网格点上的网格数，从而生成每个网格单元的集水面积，用汇入的网格数表示集水面积大小。然后给出闭合流域出口断面的准确地理位置，从流域出口单元开始并沿着与流向相反方向，找到所有能够通过出口的单元，最后确定出流域边界（陈腊娇，2006；盛前丽，2008；唐丽霞，2009；张晓丽，2010）。

4. 河网水系的生成

在确定河网水系时,首先要给定河道的临界集水面积阈值,也叫最小集水面积闭值,是形成永久性河道所必需的面积。如果上游集水面积超过该集水面积阈值的单元定义为河道,小于该值则不可能产生足够的径流形成水道。本书是将汾河上游流域水系图经投影转换,统一坐标系,叠加到 DEM 图上,使勾绘出的水系与实际相符合(陈腊娇,2006;杨永强,2007;徐涛,2009;张晓丽,2010)。

5. 河网水系参数的提取

在流域河网水系生成后,可以确定每一河段集水面积,河道上游末端节点及流域分水线,从而建立汾河上游流域河网节点、河道之间的拓扑关系,包括河段高程、坡度、上游集水面积及其他信息,然后依据 DEM 计算出汾河上游流域的坡向、坡长与坡度等特征(图 4.9)。

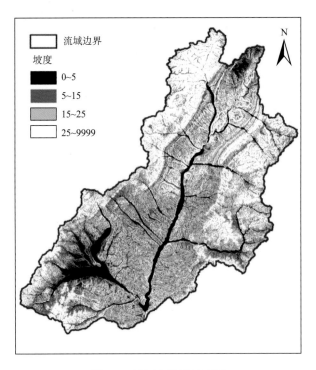

图 4.9　汾河上游区坡度图

4.4.5　子流域的划分

子流域划分的首要工作是确定子流域的出口点位置,本书中汾河上游流域出口点的地理位置坐标已知,子流域的范围就是汇聚于该点上游所有栅格单元所占据的区域。水文响应单元(HRU)是模型最基本的计算单位,是指流域下垫面特征相对均匀和单一的区域，只含有一种土地利用类型和一种土壤类型的计算单元，这个单元中的所有网格具有相似的水文特征。每个 HRU 又可以有土壤、冠层、浅层含水层和深层含水层，其中土壤部分又可进一步划分成若干层来计算。划分 HRU 前，先进行土壤图与土地利用/覆被变化图的叠加分析，确定每个子流域内土地利用/覆被变化和土壤的分布特征。本书采用优势土地利用/覆被优势土壤方法，在子流域中划分出多个 HRU，然后将土地利用/覆被变化图和数字土壤图进行叠加分析，计算每个子流域中各种土地利用方式所占子流域中的百分比。设定一个土地利用面积比阈值，以去掉子流域中面积比较小的土地利用/覆被部分，大于该阈值的被保留下来，被去掉部分以面积比分配到保留下来的覆被中。当子流域土地利用类型确定后，再针对每一种土地利用类型统计其上的土壤类型所占有的面积百分比。同样设定一个土壤面积比阈值，大于该值的土壤类型被保留下来，而被去掉的土壤类型同样以面积比分配到保留下来的土壤中。最后生成的每一个 HRU 均是土壤类型和土地利用类型的组合体（陈腊娇，2006；杨永强，2007；盛前丽，2008；唐丽霞，2009；徐涛，2009；张晓丽，2010）。

本书在实地调查、资料收集与整理的基础上，以 GIS 技术为支撑，运用 ArcSWAT2009 工具，建立了研究区空间数据库（包括数字高程模型、土地利用图、土壤类型图等空间数据）和属性数据库（包括气象、土壤等）。按照最陡坡度原则和最小汇水面积阈值的概念，基于 DEM 进行研究区子流域划分，提取流域的数字水系，以流域面积 1000 hm^2 为阈值，结合土壤空间分布以及土地利用图，设定土地利用类型在子流域的占有比例为 20%，坡度在子流域的占有比例为 10%，土壤类型在土地利用类型中的占有比例为 10%。根据水资源图件，计算出各子流域的高程、面积、坡度、形状系数等基本数据，并将每个子流域与图件上的河流相对应，共将汾河上游流域划分为 47 个子流域，上静游水文站集水区有 11 个子流域，河岔水文站集水区有 36 个子流域（图 4.10），体现出实际河流特性及分布状况，并结合土地利用/覆被变化、土壤空间分布图以及坡度，划分研究区水文响应单元（HRU）。模型构建后，流域产汇流模拟应用 Daily rain/CN/Daily 算法，河道演算用 Variable Storage 法，潜在蒸散量的模拟运用 Penman-Monteith（P-M）公式。

4.4.6　模型构建及评价

1. 参数的敏感性分析

为了认清影响流域水文过程的关键因子，以有针对性地进行校准模型，首先必须进行参数敏感性分析。由于参数太多以及模型的空间特性，确定每个参数的准确值非常不易，确定出模型的敏感性，并以模型效率最优的方法进行参数率定，尽可能使重要参数准确。参数敏感性试验通过敏感性试验得到影响模拟结果最关键的几个参数，并对这些影响模型的关键参数进行率定和验证。本书应用对汾河上游流域进行全局参数敏感性分析方法（LH-OAT 法）进行参数敏感性试验，LH-OAT 法是将参数敏感度表示为一个无量纲的指数，反映了模型输出结果随模型参数的微小改变而变化的影响程度或敏感性程

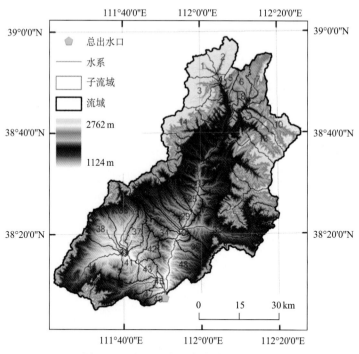

图 4.10　汾河上游子流域划分 DEM 图

度，LH-OAT 法计算的是模型参数的相对敏感度，算法可根据多种指标函数来评估各个参数的相对敏感度。汾河上游流域参数敏感性排序见表 4.17。本书对汾河上游流域敏感性排在前 10 位的参数结合实际，进行率定和验证。从表 4.17 可以看出，对于汾河上游流域径流模拟结果，河道河床有效水力传导度对径流量影响最为敏感，其次是浅层地下水回归流阈值深度和土壤饱和水力传导度对径流影响最为敏感。其他参数依次为：SCS径流曲线数、基流回归常数、土壤水植被可利用量和土壤蒸发补偿系数等。

表 4.17　模型调节参数表

参数名称	参数描述	参数名称	参数描述
CN_2	径流曲线数	SOL_AWC	土壤可利用水量
GW_DELAY	地下径流延迟时间	ESCO	土壤蒸发补偿系数
GW_REVAP	浅层地下水再蒸发系数	ALPHA_BF	基流消退系数
REVAPMN	深层地下水再蒸发系数	LAT_TIME	土层测流延迟时间
SURLAG	地表径流延迟时间	GW_QMN	最小基流出流阈值
SLOPE	子流域坡度	BIOMIX	生物混合效率系数
SLSUBBSN	子流域坡长	C_{USLE}	植被覆被因子
CH_EROD	河道可侵蚀系数	OV_N	坡面的曼宁系数
SPCON	最大挟沙能力函数的线性系数	SMFMN	最小融雪系数
SPEXP	最大挟沙能力函数的幂指数	SMFMX	最大融雪系数
APM	MUSLE 方程中峰值流量调整系数		

在径流模拟中，影响 SWAT 模型产汇流过程的参数有 26 个，而模型结果对参数的敏感性各不一致，只有调整那些最为敏感的参数才比较合理。参数分为分布式参数和集总式参数，其中分布式参数随下垫面的不同而取不同的值，集总式参数则在全流域取同一个值。分布式参数的取值要充分反映下垫面空间变异性，为此，参数的变化方式为原参数乘以某比值。

经过参数敏感性分析，得到影响汾河上游区径流模拟结果精度的 8 个重要参数（表 4.18）。ALPHA_BF、CN$_2$、CH_K2 和 ESCO 对研究区径流的模拟影响最为显著，分别排在前四位；SOL_K、SOL_Z、CANMX 和 SOL_AWC 可以认为是较敏感参数，分别排在第 5～8 位。

表 4.18 汾河上游流域参数敏感性排序

参数	名称	输入文件	上限值	下限值	敏感度排序
ALPHA_BF	基流消退系数	*.gw	0	1	1
CN$_2$	径流曲线数	*.mgt	30	98	2
CH_K2	河道有效水力传导度	*.rte	−0.01	500	3
ESCO	土壤蒸发补偿系数	*.bsn	−0.01	1	4
SOL_K	土壤饱和水力传导度	*.sol	0	2000	5
SOL_Z	土壤深度	*.sol	0	3500	6
CANMX	最大植被截留量	*.hru	0	10	7
SOL_AWC	土壤可利用水量	*.sol	0.01	0.4	8

对于泥沙模拟，地表径流是控制河流中泥沙负荷输入的主要因素，另外还有一些参数会影响泥沙进入河道的运动过程，包括 USLE_P（USLE 方程水土保持因子）、SLSUBBSN（USLE 方程水土保持因子）、SLOPE（HRU 的坡度）和 USLE_C（USLE 方程耕作管理因子）。

2. SWAT 模型校准与验证

当模型的结构和输入参数确定后，需要对模型进行参数校准（Calibration）和验证（Validation）。因为任何模型在对模拟的过程进行数学表达时，不可能完全基于过程的物理实质，模型的准确性和可靠性是有限的。因此模型的关键一步就是进行参数校准，参数校准是对一些模型参数、初始和边界条件以及限制条件进行合理调整的过程，以使模型计算模拟结果更加符合实测数据。当不能或者难以获得参数值时，参数校准是非常有用的。通常将所整理提取的数据资料系列分为两部分，其中一部分用于模型参数校准。在模型的参数校准完成后，应用参数校准以外的另一部分数据资料进行模型的验证，以评价模型的适用性。模型参数验证是检验所建立的模型以及率定后的参数是否符合实际（陈腊娇，2006；谢媛媛，2006；莫菲，2008；许琴，2010；陆志翔等，2012a，2012b）。

在本书中包括了径流过程和土壤侵蚀过程模拟，按照先校准径流后校准泥沙的顺序，当径流模拟达到要求后，再率定与泥沙相关的参数。

本书涉及研究区域内降雨、径流、渗漏、蒸散等水量平衡关系以及水土流失情况，需对小流域中的产流量以及产沙量进行校正。SWAT 模型校准分为产流量的校准与产沙量的校准两部分。

最后需要对建立和率定后的模型效果进行评价。本书参照已有研究对模型评价选择 Nash-Sutcliffe 效率系数 NES、确定性系数 r^2（相关系数 r 的平方）和相对误差 R_E 作为标准来评价模型参数率定和模型验证的效果。各评价系数计算方法如下。

（1）效率系数 NSE：Nash 与 Sutcliffe 在 1970 年提出的模型效率系数（Nash 系数），用来评价模型模拟的精度，通过模拟值与实测值的比较，直观地体现实测与模拟过程的拟合程度，表达式为

$$\text{NSE} = 1 - \frac{\sum_{i=1}^{n}(q_{\text{obs}} - q_{\text{sim}})^2}{\sum_{i=1}^{n}(q_{\text{obs}} - \overline{q}_{\text{obs}})^2} \tag{4.1}$$

式中，q_{obs} 为观测值；q_{sim} 为模拟值；$\overline{q}_{\text{obs}}$ 为平均观测值；n 为观测的次数。NSE 值的变化范围为 $-\infty \sim 1$，越接近于 1，说明模型模拟效果越好。当 $q_{\text{obs}} = q_{\text{sim}}$ 时，NSE=1；如果 NSE 为负值，说明模型模拟值比直接使用测量值的算术平均值更不具有代表性。一般认为效率系数达到 0.5 以上即表示模型能较好地刻画该流域的水文过程（许琴，2010；陆志翔等，2012a）。

（2）相对误差 R_E：模拟值和实测值的误差，评价模拟值与实测值的差异程度。表达式为

$$R_E = \frac{\sum_{i=1}^{n}(q_{\text{obs},i} - q_{\text{sim},i})}{\sum_{i=1}^{n} q_{\text{obs},i}} \tag{4.2}$$

式中，R_E 为模型模拟相对误差；$q_{\text{obs},i}$ 为观测值；$q_{\text{sim},i}$ 为模拟值；n 为观测的次数。R_E 越接近于 0 时，说明模拟效果与实测值吻合得更好。

（3）确定性系数 r^2：测定变量之间线性相关程度和相关方向的代表性指标。表达式为

$$r^2 = \left(\frac{\sum_{i=1}^{n}(q_{\text{obs},i} - \overline{q}_{\text{obs}})(q_{\text{sim},i} - \overline{q}_{\text{sim}})}{\sqrt{\sum_{i=1}^{n}(q_{\text{obs},i} - \overline{q}_{\text{obs}})^2 \sum_{i=1}^{n}(q_{\text{sim},i} - \overline{q}_{\text{sim}})^2}} \right)^2 \tag{4.3}$$

式中，q_{obs} 为观测值；q_{sim} 为模拟值；$\overline{q}_{\text{obs}}$ 为平均观测值；$\overline{q}_{\text{sim}}$ 为平均模拟值，相关系数

r 越大越好，即模型模拟结果与实测值相关性越好。

确定性系数 r^2 是描述流域模拟值对实测值的拟合精度的无量纲统计参数，其取值范围为 0～1，越接近于 1，表明模型的效率越高，一般认为确定性系数达到 0.7 以上为比较准确，确定性系数的评定标准见表 4.19（许琴，2010；陆志翔等，2012a）。

表 4.19 确定性系数的评定标准

等级	甲等	乙等	丙等
标准	>0.9	0.7～0.9	0.5～0.69

4.5 土地利用/覆被变化下径流过程模拟研究

SWAT 模型对水文过程的模拟分为两个部分：一是陆面水文循环过程，即产流和坡面汇流过程，是确定主河道水量、泥沙量、流向、化学物质与营养成分多少的各水分循环过程；另一部分是水循环的水面部分，即和汇流相关的各水分循环过程，决定泥沙、水分等在流域河网中向出口的输移过程，包括水沙输移、营养物质在河道中的变化及输移过程。

SWAT 中模拟的水文循环基于水量平衡方程：

$$SW_t = SW_0 + \sum_{i=1}^{t} (R_{day} - Q_{surf} - E_a - W_{seep} - Q_{gw})_i \tag{4.4}$$

式中，SW_t 为土壤最终含水量，mm；SW_0 为土壤前期含水量，mm；t 为时间步长，d；R_{day} 为第 i 天降水量，mm；Q_{surf} 为第 i 天的地表径流，mm；E_a 为第 i 天的蒸发量，mm；W_{seep} 为第 i 天存在于土壤剖面底层的渗透量和测流量，mm；Q_{gw} 为第 i 天地下水出流量，mm。

4.5.1 地表径流计算

应用 SWAT 模型中提供的 SCS 曲线（the Soil Conservation Service curve）方法计算地表径流，综合考虑了流域降雨、土壤类型、土地利用方式、管理水平和前期土壤湿润状况（AMC）与径流间的关系，建立了产流计算公式。方程如下：

$$Q_{surf} = \frac{(R_{day} - I_a)^2}{(R_{day} - I_a + S)}, \quad R_{day} > I_a \tag{4.5}$$

式中，Q_{surf} 为地表径流量，mm；R_{day} 为日降水量，mm；I_a 为初始损失水量，包括形成地表径流前的表层蓄水，冠层截流，mm；S 为潜在渗漏量，mm。

S 在空间上受土壤、土地利用、管理和坡度的影响，时间上受土壤含水量变化的影响。S 的计算公式为

$$S = 25.4 \times \left(\frac{1000}{CN} - 10 \right) \tag{4.6}$$

式中，CN 为日径流曲线数值，而 I_a 通常约等于 $0.2S$。

因此径流方程转化为

$$Q_{surf} = \frac{(R_{day} - 0.2S)^2}{(R_{day} + 0.8S)}, \quad R_{day} > 0.2S \tag{4.7}$$

式（4.5）可以写为：当 $R_{day} > I_a$。时，有地表径流产生。

SCS 曲线系数和土地利用、土壤的渗透性与降雨前土壤含水量等因素有关。

4.5.2　地下径流（Base Flow）

SWAT 模型中把地下水分为两个含水层，浅层潜水含水层和深层承压含水层。浅层地下径流为本流域内的河流提供回归流，深层地下径流为流域外的河流提供回归流。

4.5.3　下渗计算（Infiltration）

下渗计算，主要考虑两个参数：初始下渗率和最终下渗率。下渗的量由降水量与表面径流之差得出。使用 Green-Ampt 渗漏方程计算入渗速率。当土壤含水量超过田间持水量而且下层土壤尚未达到饱和状态时，水分在土壤剖面中将持续运动。模型计算每层土壤中水的流动采用的土壤蓄水演算技术，下渗量由该层土壤含水量、土壤饱和水传导率、田间持水量来控制（张海斌，2006；贺维，2007；徐涛，2009）。

每一个土层内入渗水量的计算：

$$\begin{aligned} SW_{ly,excess} &= SW_{ly} - FC_{ly}, \quad SW_{ly} > FC_{ly} \\ SW_{ly,excess} &= 0, \quad SW_{ly} \leqslant FC_{ly} \end{aligned} \tag{4.8}$$

式中，$SW_{ly,excess}$ 为日土层渗水量，mm；SW_{ly} 为日土层内含水量，mm；FC_{ly} 为日土层内田间持水量，mm。

应用蓄满产流机制计算上层土壤水分向下运动的水量，也就是从上层向下层的入渗量。

$$W_{perc,ly} = SW_{ly,excess} \times \left\{ 1 - \exp\left[\frac{-\Delta t}{TT_{perc}}\right] \right\} \tag{4.9}$$

式中，$W_{perc,ly}$ 为日从上土层向下土层的入渗量，mm；$SW_{ly,excess}$ 为日土层渗水量，mm；Δt 为模拟时间步长（时间间隔），h；TT_{perc} 为渗漏水分运动时间，h。

土层内入渗水的运动时间的计算：

$$TT_{perc} = \frac{(SAT_{ly} - FC_{ly})}{K_{sat}} \tag{4.10}$$

式中，SAT_{ly} 为土层完全饱和时的含水量，mm；FC_{ly} 为日土层内田间持水量，mm；K_{sat} 为土层内饱和导水率，mm/h。

应用蓄满产流机制计算上层土壤水分向下运动的水量，也就是从上层向下层的入渗量。

4.5.4　壤中流计算

壤中流是指地表以下、地下水以上部分的径流,与土壤水分的下渗是同时进行的,采用动力蓄水模型计算,考虑了地形坡度、土壤导水率和土壤含水量的时空变化。

4.5.5　蒸散发计算

蒸散发包括流域裸露土壤、河面、湖面与植物覆盖的土壤表层的散发,以及植物叶片的蒸散。模型模拟分为植物蒸腾和土壤水蒸发。实际植物蒸腾为潜在蒸散量和叶面积指数的线性方程。模型使用了 Hargreaves 法、Priestley-Taylor 法和 Penman-Monteith 法三种方法计算潜在蒸散量土壤水分的实际蒸发量(ET)由土壤厚度和含水量的指数关系式计算,潜在土壤水蒸发用潜在蒸散发和叶面指数估算(张海斌,2006;贺维,2007;盛前丽,2008;徐涛,2009)。

4.5.6　传输损失计算

传输损失在 SWAT 模型中采用的是 SCS 的 Lane's Method 来计算,河道的传输损失量是河道长度、宽度和降雨历时的函数。当支流河道中发生传输损失时,对洪峰量和径流量也做了相应的调整。

本书将模拟初期作为模型运行的启动(Setup)阶段,然后根据数据获取的完整性,再将数据系列分为校准和验证阶段。选用 1992～2010 年静乐站、河岔站与上静游站三个水文控制断面进行径流过程与土壤侵蚀过程模拟,其中 1992～1995 年数据用作校准阶段(Calibration),1996～1999 年数据用作验证阶段(Validation)。本书利用汾河上游流域径流实测数据对模拟年均径流量进行校准,调整对模型模拟结果敏感度最大的两个参数,模型参数率定是手动调参和 SUFI2 自动调参相结合,以最大限度地减小年平均径流量模拟值的相对误差,先用 SUFI2 自动参数率定算法(SUFI2 法是用于参数率定和不确定性分析的工具,它可以考虑引起参数不确定性的所有因素,模型驱动项、模型概化、参数和观测数据的不确定性等),率定一个范围,然后进行手动调参,逐个进行微调,将实测值与模拟值年均误差调整到 10%以内,使得模拟和实测相接近,之后再调整敏感度相对较大的其他参数,对模拟出的月均径流量进行微调,使月均值的 $r^2 > 06$,且 $R^2 > 0.5$,最后来评价模型的可行性。

汾河上游区指汾河干流兰村以上流域范围,兰村水文站以上流域面积 7705 km²,上游为山丘区,建有两座大型水库(汾河一库、汾河二库),1956～2000 年多年平均河川径流量 38308 万 m³,1980～2000 年多年平均河川径流量 28791 万 m³,2004 年地表水利用量 16048 万 m³(包括汾河水库供水量 14967 万 m³,扣除太原引黄供水量 4433 万 m³),按全区平均可利用系数 66.6%计算,地表水可利用量 25513 万 m³,全区地表水开发利用系数 41.9%,开发利用程度 62.9%,属于高开发利用区,还有开发利用潜力 9465 万 m³。汾河上游区 C_v 值为 0.7～0.8。汾河水库—兰村区间,因其河道为漏水段,使得区间径流变化剧烈，C_v 值在 1.0 以上。河流之间因其地域、河流形状、集水面积不同，径流的年际变化特征各异，差别十分明显。年径流极值比的地区分布规律与变差系数 C_v 值相一致，极值比大 C_v 值相应也大，反之 C_v 值小。本书将汾河上游流域 1992 年的土地利用/覆被变化数据作为研究区 1992～1999 年的植被情况，模拟过程中，将 1992～1995 年为模型校准期，1996～1999 年为模型验证期。空间上，考虑静乐水文站、河岔水文站和上静游水文站的拟合情况。各站的径流拟合情况如图 4.11～图 4.13 所示。

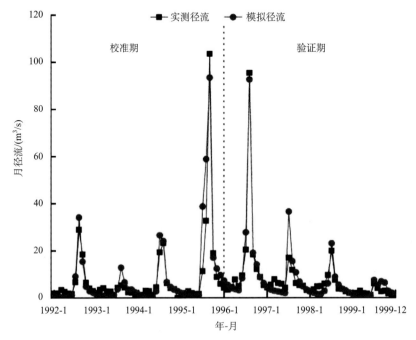

图 4.11　静乐站率定期与验证期月径流观测值与模拟值对比

　　利用校准期 1992～1995 年径流量数据，将汾河上游流域模拟径流量与径流量实测数据进行校准。经校准后，模型的径流模拟效率系数 NSE 静乐站与河岔站在校准期均达到 0.84，上静游站 NSE 达到 0.51。线性回归系数 r^2 在校准期静乐站为 0.87、河岔站为 0.85、上静游为 0.72，说明 SWAT 模型在汾河上游流域模拟径流过程的模拟效果达到显著相关水平。利用 1996～1999 年汾河上游流域实测的径流数据对校准后的模型进行验证。其中根据模型模拟的 1996～1999 年汾河上游流域的逐月产流量实测值与模拟值的线性回归系数 r^2 静乐站与河岔站在验证期均达到 0.93、上静游站为 0.74。模型的径流模拟效率系数 NSE 静乐站在验证期达到 0.92、河岔站达到 0.86、上静游为 0.52。将校准期与验证期的月径流量的实测值和模拟值进行对比验证，校准期和验证期的相对误差小于 0.03，相关系数都接近 0.8，模拟精度比较高，模型能够比较准确地模拟流域径流过程，说明 SWAT 模型在模拟径流过程上适用于汾河上游流域。

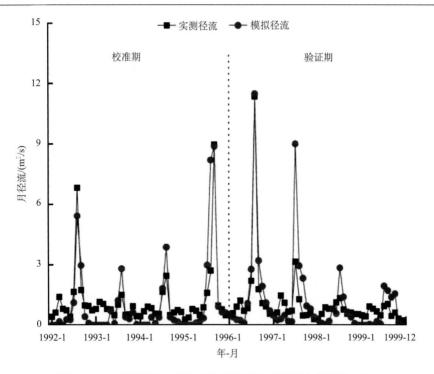

图 4.12　上静游站率定期与验证期月径流观测值与模拟值对比

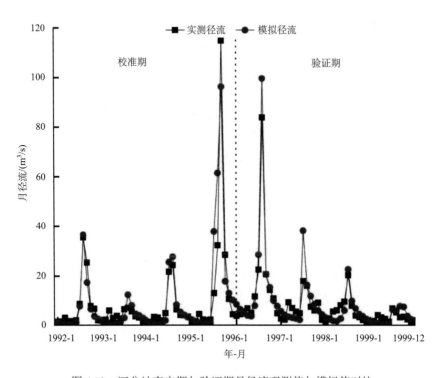

图 4.13　河岔站率定期与验证期月径流观测值与模拟值对比

根据模拟结果对汾河上游静乐站、河岔站和上静游站 1992~2008 年月平均径流量与年均径流量的模拟值和实测值进行对比分析，从图 4.14~图 4.16 可以看出，三个台站的年径流拟合除个别年份的丰水季节存在不足外，整体拟合效果较好。同时从图 4.14~图4.16 中可看出，除个别月份实测值与模拟结果偏差较大外，大多数月份的模拟值与实测值均非常接近，月平均流量的模拟值与实测值符合较好。另外上静游站的拟合效果稍差，尤其是枯水季节。三个水文台站的年径流模拟的评价系数见表 4.20。从表 4.20 可知，静乐站和河岔站的效率系数 NSE 和决定性系数 r^2 均不低于 0.85，甚至达到 0.93，模拟值整体偏大，但最大误差不超过 12%，可以看出汾河干流区模型模拟效果良好。而对于支流，从上静游站的评价系数来看，模拟效果一般，NSE 在 0.5 以上，r^2 超过 0.7，相对误差均小于 20%。模拟结果显示，汾河上游实测的径流变化过程与模拟的径流较为一致，干季的模拟效果整体上要好于雨季的模拟效果，在雨季模拟的径流总体偏大于实测值，而在2004~2008 年干季模拟的径流值与实测值相比偏小，这主要是因为这一时期，在汾河上游头马营进行了引黄水调用，故对其模拟结果造成影响。从 SWAT 模型模拟的效果来看，SWAT 模型在汾河上游流域有较好的适用性，其模拟效果较为理想。

表 4.20　模型径流模拟评价系数

测站	校准期（1992~1995 年）			验证期（1996~1999 年）		
	NSE	r^2	R_E/%	NSE	r^2	R_E/%
静乐站	0.85	0.87	−7.2	0.92	0.93	−4.6
河岔站	0.85	0.85	−1.2	0.86	0.93	−8.4
上静游站	0.51	0.72	−6.9	0.52	0.74	−7.5

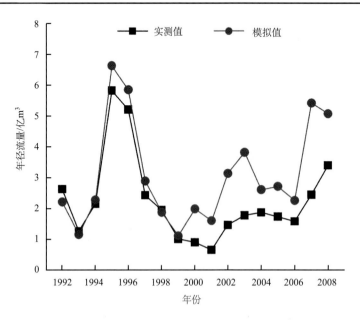

图 4.14　静乐站 1992~2008 年径流量观测值与模拟值对比

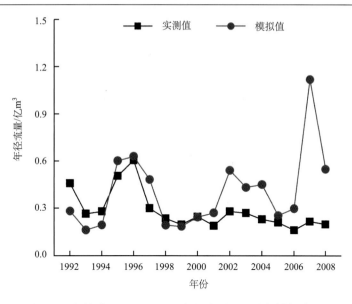

图 4.15　上静游站 1992～2008 年径流量观测值与模拟值对比

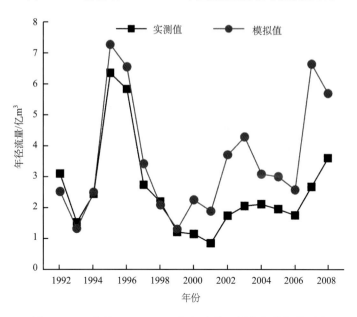

图 4.16　河岔站 1992～2008 年径流量观测值与模拟值对比

4.6　土地利用/覆被变化下土壤侵蚀过程模拟研究

泥沙、营养物质等在流域土壤侵蚀过程中被输移到水体中，研究土壤侵蚀过程对于流域水土保持、生态环境恢复等具有重要意义。本书对每个 HRU 的侵蚀量和泥沙量采用修正的通用土壤侵蚀方程 MUSLE 模型（the Modified Universal Soil Loss Equation）进行计算（Wischmeier and Smith, 1965；邹松兵等，2012）。在 MUSLE 方程中用径流因子代替降雨能量因子，采用径流量来计算侵蚀和产沙量，优点在于提高了模型产沙量预测的计算精度，不再需要输移比（Delivery Ratio）参数，而且可以计算出每一次峰值的产生量。土壤侵蚀包括土壤颗粒的剥蚀过程与泥沙在径流中的输移两个连续过程。模型提供径流量、峰值与子流域面积一起用来体现径流侵蚀能力。有径流发生时，每一天的作物管理系数都要重新计算。作物管理系数由地上生物量、地表残留以及最小植物系数计算得到。径流的流量和流速不仅能反映降雨能量因子，而且可以反映泥沙的输移过程。水文模型支持径流量和峰值径流速度，结合子流域面积，可以用来计算土壤侵蚀力（武思宏，2007；刘健，2008；施练东，2009；路宾朋，2011）。

改进的通用土壤流失方程（MUSLE）计算，公式为

$$Y = 11.8(Q \times \mathrm{pr})^{0.56} K_{\mathrm{USLE}} \times C_{\mathrm{USLE}} \times P_{\mathrm{USLE}} \times LS_{\mathrm{USLE}} \tag{4.11}$$

式中，Y 为土壤侵蚀量，t；Q 为地表径流，mm；pr 为洪峰径流，m³/s；K_{USLE} 为土壤侵蚀因子；C_{USLE} 为植被覆盖和作物管理因子；P_{USLE} 为保持措施因子；LS_{USLE} 为地形因子。

$$\mathrm{sed} = 11.8(Q_{\mathrm{surf}} q_{\mathrm{peak}} \mathrm{area}_{\mathrm{hru}})^{0.56} K_{\mathrm{USLE}} \times C_{\mathrm{USLE}} \times P_{\mathrm{USLE}} \times LS_{\mathrm{USLE}} \times \mathrm{CFRG} \tag{4.12}$$

式中，sed 为土壤侵蚀量，t；Q_{surf} 为地表径流，mm；q_{peak} 为洪峰径流，m³/s；$\mathrm{area}_{\mathrm{hru}}$ 为 HRU 面积，hm²；K_{USLE} 为土壤侵蚀因子；C_{USLE} 为植被覆盖和作物管理因子；P_{USLE} 为保持措施因子；LS_{USLE} 为地形因子；CFRG 为粗碎屑因子。各因子的计算方法详见邹松兵等（2012）。

4.6.1　土壤侵蚀因子 K_{USLE}

当其他侵蚀影响因子不变时，K 因子反映不同类型土壤抵抗侵蚀能力的高低，它与土壤机械组成、渗透性、结构、有机质含量等物理性质有关。当土壤颗粒粗、渗透性大时，K 值就低，反之则高，K 值的变化幅度为 0.02～0.75。K 值直接测定方法是：在标准小区没有任何植被、完全休闲、无水土保持措施的情况下，降雨后收集由于坡面径流而冲蚀到集流槽内的土壤，烘干、称重，由以下公式计算得到 K 值（武思宏，2007；杜丽娟，2008；刘健，2008；王林，2008；施练东，2009；路宾朋，2011）。

$$K_{\mathrm{USLE}} = f_{\mathrm{csand}} \cdot f_{\mathrm{cl\text{-}si}} \cdot f_{\mathrm{orgc}} \cdot f_{\mathrm{hisand}} \tag{4.13}$$

式中，f_{csand} 为粗糙沙土质地土壤侵蚀因子；$f_{\mathrm{cl\text{-}si}}$ 为黏壤土土壤侵蚀因子；f_{orgc} 为土壤有机质因子；f_{hisand} 为高沙质土壤侵蚀因子。

各因子计算公式如下：

$$f_{\mathrm{csand}} = 0.2 + 0.3 \cdot \exp\left[-0.265 \cdot m^2 \cdot \left(1 - \frac{m_{\mathrm{silt}}}{100} \right) \right]$$

$$f_{\mathrm{cl\text{-}si}} = \left(\frac{m_{\mathrm{silt}}}{m_{\mathrm{c}} + m_{\mathrm{silt}}} \right)^{0.3}$$

$$f_{\text{orgc}} = 1 - \frac{0.25 \cdot \text{orgC}}{\text{orgC} + \exp(3.72 - 2.95 \cdot \text{orgC})}$$

$$f_{\text{hisand}} = 1 - \frac{0.7 \cdot \left(1 - \dfrac{m^2}{100}\right)}{\left(1 - \dfrac{m_s}{100}\right) + \exp\left[-5.51 + 22.9 \cdot \left(1 - \dfrac{m_s}{100}\right)\right]} \qquad (4.14)$$

式中，m_s 为粒径在 0.05～2.00 mm 沙粒的百分含量；m_{silt} 为粒径在 0.002～0.05 mm 的粉砂粒百分含量；m_c 为粒径<0.002 mm 的黏土百分含量；orgC 为各土层中有机碳含量，%。

4.6.2　植被覆盖和作物管理因子 C_{USLE}

植被覆盖和作物管理因子 C_{USLE} 是指植物覆盖和作物措施对土壤侵蚀的综合反映，其含义是在地形、土壤与降水条件相同的情况下，种植作物或林草地的土地和连续休闲地土壤流失量的比值，最大取值 1.0。由于植被覆盖受植物生长期影响，模型通过下面的方程调整 C_{USLE}：

$$C_{\text{USLE}} = \exp[\ln 0.8 - \ln(C_{\text{USLE,mn}})] \times \exp(-0.00115\,\text{rsd}_{\text{surf}}) + \ln(C_{\text{USLE,mn}}) \qquad (4.15)$$

式中，$C_{\text{USLE,mn}}$ 为最小植被覆盖和作物管理因子值；rsd_{surf} 为地表植物残留量，kg/hm²。$C_{\text{USLE,mn}}$ 因子可以由已知年平均值，通过以下方程计算：

$$C_{\text{USLE,mn}} = 1.463\ln(C_{\text{USLE,aa}}) + 0.1034 \qquad (4.16)$$

式中，$C_{\text{USLE,aa}}$ 为不同植被覆盖的 C_{USLE} 年均值（武思宏，2007；刘健，2008；路宾朋，2011）。

4.6.3　保持措施因子 P_{USLE}

P_{USLE} 是有保持措施与无保持措施的土壤流失的比值，保持措施包括带状种植、梯田和等高耕作。带状种植是中耕作物和小粒谷类作物的等距带状种植。等高耕作对中低强度降水侵蚀具有防治水土流失的作用，但对于高强度降水，其作用很小。等高耕作对 3%～8%坡度防治水土流失最为有效（杜丽娟，2008；王林，2008；路宾朋，2011）。

4.6.4　地形因子 LS_{USLE}

地形因子 LS_{USLE} 的计算公式如下：

$$LS_{\text{USLE}} = \left(\frac{L_{\text{hill}}}{22.1}\right)^m \times [65.41 \times \sin^2(\alpha_{\text{hill}}) + 4.56 \times \sin\alpha_{\text{hill}} + 0.065] \qquad (4.17)$$

式中，L_{hill} 为坡长；m 为坡长指数；α_{hill} 为坡度，°。

坡长指数 m 的计算公式如下：

$$m = 0.6 \times [1 - \exp(-35.835\,\text{slp})] \qquad (4.18)$$

式中，slp 为水文响应单元的坡度，slp = tan（α_{hill}）

　　流域泥沙来源主要包括两部分：一是来源于子流域或水文响应单元，另一部分是来源于河道径流冲刷侵蚀产生的泥沙。土壤侵蚀模拟的校准，首先要考虑泥沙总量，然后调整泥沙峰值与时间分布。参数确定以后，运行模型，得到汾河上游流域不同年份及不同区域的土壤侵蚀情况。径流模拟好后，对泥沙进行校准，泥沙模拟情况如图 4.17～图 4.19 所示（上静游站和河岔站缺少 1994 年的资料，故只采用了 1996～1999 年的泥沙资料检验模型效果）。

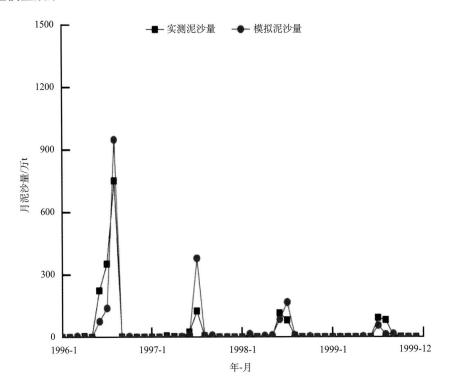

图 4.17　　静乐站 1996～1999 年月泥沙量观测值与模拟值比较

　　表 4.21 给出了河岔站、静乐站与上静游站土壤侵蚀过程模拟校准和验证的评价系数值。校准期的相关系数均在 0.82 以上，效率系数均在 0.79 以上，验证期效率系数均在 0.81 以上，相关系数均在 0.83 以上。因为泥沙的变化性比较大，泥沙量的数值都很大，相对来说拟合度偏低。通过验证后，SWAT 模拟汾河上游流域产沙的线性回归系数达到 0.85，模拟效率系数 E_n 达到 0.79 以上，说明模型在汾河上游流域土壤侵蚀过程的模拟精度较高，模拟效果较好。从图 4.17～图 4.19 可以看出，汾河流域的水土流失主要发生在 7～9 月的丰水季节，基本上集中了整个雨季产沙量的 80%，主要因为 7～9 月这个时段降雨多，且降雨强度大而产生大量的径流携带泥沙进入河道形成大量产沙，造成了汾河流域大量的水土流失。这 3 个月的模拟结果对整个雨季产沙量的模拟结果最为重要，图中充分显示了流域土壤侵蚀的季节特征。

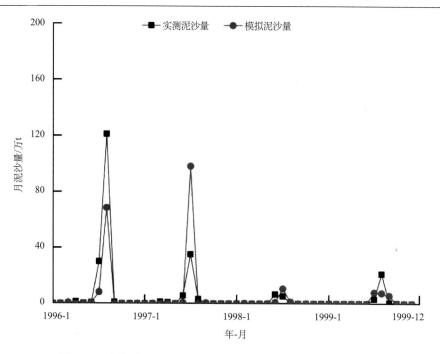

图 4.18 上静游站 1996～1999 年月泥沙量观测值与模拟值比较

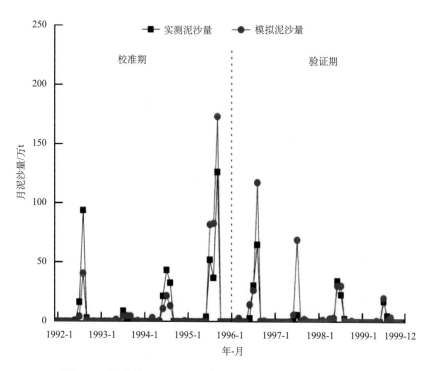

图 4.19 河岔站 1992～1999 年月泥沙量观测值与模拟值比较

表 4.21　土壤侵蚀过程模拟评价系数

测站	校准期（1992～1995 年）			验证期（1996～1999 年）		
	NSE	r^2	R_E/%	NSE	r^2	R_E/%
静乐站	0.79	0.84	−4.6	0.81	0.85	−7.3
河岔站	0.82	0.85	−3.9	0.84	0.83	−4.2
上静游站	0.80	0.82	10.2	0.81	0.86	11.1

　　图 4.20～图 4.22 根据模拟结果对静乐站、河岔站与上静游站 1992～2008 年年泥沙量的模拟值和实测值序列进行对比。可以看出，泥沙量模拟值与实测值变化的情况基本一致。从表 4.21 可知，泥沙的模拟效果不及径流模拟效果理想，尤其在 1992～1995 年，但是在 1996～1999 年，模拟效果较好，尤其是汾河干流区，静乐站和河岔站的效率系数和决定性系数 R^2 均在 0.7 以上，最大达 0.86，并且相对误差在 8% 以下。而上静游站模拟效果稍差。总的来说，本书所构建的模型能较好地模拟汾河上游区的径流和泥沙情况，也就表明，可以利用模型进行其他相关的模拟分析。

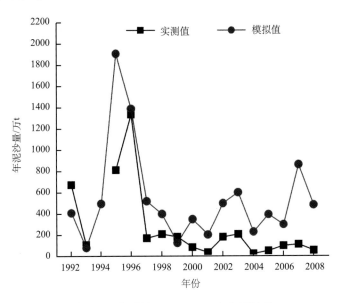

图 4.20　静乐站 1992～2008 年年泥沙量

4.7　土地利用/覆被变化下径流泥沙对比分析

　　采用相同的参数集以及调水情景，比较在 1999 年、2000 年、2010 年土地利用情况下，汾河上游区 1992～2008 年的入库径流和泥沙情况（1992～1995 年视为模型预热期）。三种土地利用情景下的径流见表 4.22～表 4.24。从表中可以看出，在不同土地利用情景下，年总径流变化较小，有的年份增加，有的年份减小，三者多年平均径流量分别为 3.540

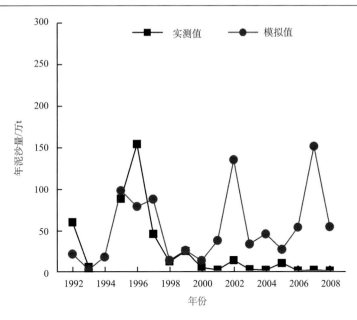

图 4.21　上静游站 1992～2008 年年泥沙量

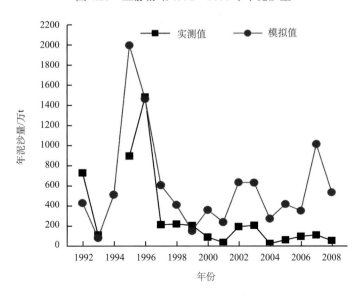

图 4.22　河岔站 1992～2008 年年泥沙量

亿 m^3、3.547 亿 m^3、3.552 亿 m^3，整体上有微弱增加；不同土地利用情景下泥沙变化情况与径流变化不尽相同，泥沙均呈减少的趋势。1992 年土地利用情景下的多年平均泥沙量为 597.227 万 t，而 2000 年和 2010 年土地利用情景下的多年平均泥沙量分别为 580.529 万 t 和 555.87 万 t。总的来说，径流略微增加，泥沙稍有减少。

　　另外，为了探讨汾河干流和岚河对入库径流和泥沙量贡献的变化，下面比较两期土地利用情景下河岔站和上静游站的径流和泥沙量。

　　河岔站在不同土地利用情景下的径流和泥沙变化见表 4.22。从表 4.22 可以看出，河岔站年径流呈微弱增加趋势。在 1992 年土地利用情景下,多年平均径流量为 3.11 亿 m³,而在 2000 年和 2010 年土地利用情景下的多年平均径流量分别为 3.116 亿 m³ 和 3.119 亿 m³。泥沙情况,三种土地利用情景下整体呈减少的形势。1992 年土地利用情景下,多年平均泥沙量为 543.052 万 t,而后两者分别减少至 519.696 万 t 和 499.327 万 t。

表 4.22　不同土地利用河岔站 1992～2010 年年总径流量和泥沙量

年份	径流量/亿 m³			泥沙量/万 t		
	1992 年	2000 年	2010 年	1992 年	2000 年	2010 年
1992	2.224	2.220	2.240	408.432	388.893	372.959
1993	1.161	1.163	1.162	82.172	80.131	77.779
1994	2.285	2.273	2.284	493.849	471.548	452.360
1995	6.657	6.641	6.632	1901.680	1858.330	1778.103
1996	5.872	5.866	5.863	1384.754	1306.681	1253.620
1997	2.906	2.924	2.925	519.279	504.024	485.301
1998	1.886	1.892	1.898	397.765	363.631	350.109
1999	1.115	1.114	1.123	126.615	118.556	113.794
2000	2.000	1.999	2.009	349.026	337.268	324.706
2001	1.613	1.617	1.619	203.099	200.909	194.217
2002	3.148	3.157	3.160	499.326	463.559	447.639
2003	3.835	3.847	3.854	599.106	582.658	559.628
2004	2.625	2.649	2.643	229.572	229.612	222.335
2005	2.727	2.728	2.734	393.845	368.591	355.140
2006	2.273	2.283	2.288	299.504	283.616	274.251
2007	5.440	5.462	5.437	860.586	812.903	779.716
2008	5.098	5.126	5.148	483.278	463.922	446.897
2009	5.110	5.212	5.072	767.354	623.513	582.421
2010	5.477	5.343	5.238	594.157	623.141	697.983
平均值	3.110	3.116	3.119	543.052	519.696	499.327

　　上静游站在不同土地利用情景下的径流和泥沙变化见表 4.23。从表 4.23 可以看出,同样河岔站年径流呈微弱地增加。上静游站径流量明显小于河岔站和表 4.24,在 1992 年土地利用情景下,多年平均径流量仅为 0.407 亿 m³,而在 2000 年和 2010 年土地利用情景下的多年平均径流量分别为 0.408 亿 m³ 和 0.409 亿 m³。泥沙情况,三种土地利用的泥沙效应与径流变化稍有不同,从 1992～2008 年,1992 年土地利用情景下的泥沙量均小于 2000 年土地利用情景下的泥沙量,前者多年平均泥沙量为 53.119 万 t,后者为 59.551 万 t,但是 2010 年土地利用情景下的多年平均泥沙量介于二者之间,为 55.951 万 t。

表 4.23 不同土地利用上静游 1992～2010 年年总径流量和泥沙量

年份	径流量/亿 m³			泥沙量/万 t		
	1992 年	2000 年	2010 年	1992 年	2000 年	2010 年
1992	0.284	0.285	0.289	21.858	24.872	23.089
1993	0.164	0.165	0.167	2.921	4.196	3.866
1994	0.195	0.195	0.198	18.256	19.176	18.280
1995	0.603	0.610	0.610	98.313	112.095	105.066
1996	0.631	0.635	0.634	78.966	91.287	86.133
1997	0.485	0.491	0.493	87.743	101.780	95.532
1998	0.194	0.196	0.199	14.315	19.550	18.178
1999	0.187	0.188	0.189	26.185	29.291	27.253
2000	0.245	0.243	0.246	13.798	16.835	15.969
2001	0.272	0.278	0.282	38.086	45.482	42.820
2002	0.543	0.550	0.545	135.528	152.383	142.525
2003	0.435	0.425	0.432	33.720	35.350	33.254
2004	0.453	0.459	0.461	45.940	55.345	51.700
2005	0.255	0.254	0.256	27.330	28.356	26.557
2006	0.299	0.298	0.300	53.857	57.642	54.860
2007	1.120	1.115	1.108	151.673	161.013	151.603
2008	0.551	0.547	0.539	54.540	57.710	54.491
2009	0.630	0.571	0.527	56.472	63.843	59.442
2010	1.215	1.048	1.001	95.340	79.856	95.382
平均值	0.407	0.408	0.409	53.119	59.551	55.951

表 4.24 不同土地利用/覆被变化下河岔站 1992～2010 年年总径流量和泥沙量

年份	径流量/亿 m³			泥沙量/万 t		
	1992 年	2000 年	2010 年	1992 年	2000 年	2010 年
1992	2.514	1.721	1.443	74.400	113.25	98.564
1993	3.473	2.435	1.752	176.370	302.653	241.814
1994	2.525	2.523	2.549	431.517	415.134	396.586
1995	1.332	1.336	1.338	85.100	84.365	81.675
1996	2.502	2.490	2.505	514.391	493.355	471.775
1997	7.279	7.266	7.263	2 000.659	1 971.458	1 883.740
1998	6.552	6.546	6.543	1 467.713	1 402.567	1 341.706
1999	3.422	3.447	3.450	609.025	608.338	582.010
2000	2.090	2.098	2.108	412.101	383.214	368.312

年份	径流量/亿 m³			泥沙量/万 t		
	1992 年	2000 年	2010 年	1992 年	2000 年	2010 年
2001	1.309	1.309	1.320	152.849	147.930	141.111
2002	2.256	2.253	2.266	362.843	354.131	340.696
2003	1.892	1.901	1.908	241.217	246.437	237.071
2004	3.715	3.731	3.731	637.248	618.934	591.581
2005	4.295	4.298	4.314	632.986	618.197	592.985
2006	3.092	3.122	3.118	275.552	285.039	274.099
2007	3.003	3.004	3.013	421.514	397.405	381.952
2008	2.582	2.591	2.598	353.550	341.524	329.275
2009	6.645	6.660	6.626	1 016.482	978.969	933.626
2010	5.692	5.717	5.733	538.108	521.997	501.599
平均值	3.540	3.547	3.552	597.227	580.529	555.870

联合表 4.22～表 4.24,可以得到,汾河上游区的径流量及其变化主要由汾河干流决定,泥沙贡献同样为汾河干流。在两种土地利用情景下,河岔站和上静游站多年径流均呈增加的趋势,所以汾河上游区的总径流也呈增加的趋势;而泥沙情况不尽相同,河岔站多年平均为减小,而上静游站增加,但研究区的泥沙主要来源为汾河干流,所以总泥沙量减小。

4.8　不同情景下径流与土壤侵蚀过程模拟预测

流域径流过程与土壤侵蚀过程主要受气候和下垫面的影响,为了排除汾河上游流域气候因子对土地利用/覆被变化的影响,本书采用汾河上游流域 1994～2010 年固定气候因子,只改变模型中土地利用/覆被变化因子来定量分析汾河上游流域土地利用/覆被变化对产流和产沙过程的影响。保持 1994～2010 年的气候不变,即气象数据库不变的情况下,建立多种不同的土地利用/覆被情景,模拟汾河上游流域不同土地利用/覆被情景下的径流过程与土壤侵蚀过程,旨在定量评估土地利用/覆被变化对流域径流过程与土壤侵蚀的影响,为黄土高原的水土流失治理与生态恢复提供参考与科学依据。为定量分析 1994～2010 年土地利用/覆被变化对径流过程与土壤侵蚀过程的影响,预测汾河上游流域未来土地利用/覆被变化下将产生的径流与泥沙效应,建立以下情景模型:①情景 1(A1),山地旱地和坡地旱地转变成有林地;②情景 2(A2),山地旱地和坡地旱地转变成中覆盖度草地;③情景 3(A3),所有旱地转变成有林地;④情景 4(A4),所有旱地转变成中覆盖度草地。采用 1992～2010 年的气象数据,利用所构建建立的流域水文模型,模拟径流和输沙量。

基于以上不同土地利用/覆被变化情况下，汾河流域的径流和泥沙效应的模拟结果，设置以下四种情景（A1、A2、A3 和 A4）作为未来的土地利用/覆被变化情况，并且同样利用 1994~2010 年的气候条件进行模拟，比较不同情景的径流和泥沙效应。四种情景均是基于流域 2010 年的土地利用/覆被变化情况，一些土地利用类型发生变化，具体情况见表 4.25。

表 4.25　四种不同土地利用/覆被变化情景

情景	具体变化
A1	山地旱地和坡地旱地转变成有林地
A2	山地旱地和坡地旱地转变成中覆盖度草地
A3	所有旱地转变成有林地
A4	所有旱地转变成中覆盖度草地

四种土地利用/覆被变化情景下的径流和泥沙效应见表 4.26～表 4.28。

表 4.26　不同情景下全流域的径流量和泥沙量

年份	径流量/亿 m³				泥沙量/万 t			
	A1	A2	A3	A4	A1	A2	A3	A4
1994	2.480	2.501	2.381	2.392	339.028	341.819	281.908	264.843
1995	1.334	1.336	1.317	1.312	66.416	66.931 7	58.090 7	52.229 3
1996	2.457	2.462	2.403	2.394	413.75	415.022	359.348	332.869
1997	7.108	7.162	6.969	7.014	1536.4	1537.94	1356.3	1306.89
1998	6.492	6.495	6.438	6.423	1125.97	1127.2	979.239	940.533
1999	3.419	3.419	3.378	3.365	500.863	501.445	416.138	396.017
2000	2.071	2.076	2.067	2.046	312.23	312.58	294.724	272.021
2001	1.301	1.305	1.280	1.278	124.016	124.091	111.502	103.637
2002	2.206	2.227	2.151	2.153	286.497	286.738	253.002	232.826
2003	1.866	1.881	1.799	1.811	188.99	189.227	155.651	145.922
2004	3.655	3.683	3.567	3.560	490.551	490.933	413.256	391.256
2005	4.226	4.257	4.119	4.109	492.184	492.764	443.194	413.104
2006	3.081	3.096	2.996	2.981	232.961	233.322	195.483	185.585
2007	2.951	2.984	2.887	2.912	312.222	312.454	275.209	258.13
2008	2.543	2.573	2.472	2.487	279.137	279.548	239.908	225.179
2009	6.471	6.547	6.203	6.276	756.838	757.413	605.911	573.308
2010	5.641	5.714	5.528	5.629	417.088	417.583	350.146	324.703
平均值	3.488	3.513	3.409	3.420	463.244	463.942	399.353	377.591

表 4.27　不同情景下静乐站的径流量和泥沙量

年份	径流量/亿 m³				泥沙量/万 t			
	A1	A2	A3	A4	A1	A2	A3	A4
1994	2.170	2.191	2.086	2.094	316.179	318.965	267.652	248.409
1995	1.157	1.159	1.141	1.136	62.623	63.138	54.745	48.092
1996	2.239	2.245	2.196	2.185	397.937	399.194	348.934	321.039
1997	6.490	6.541	6.405	6.440	1441.373	1442.884	1299.579	1244.110
1998	5.815	5.819	5.796	5.777	1046.556	1047.761	928.074	884.452
1999	2.895	2.895	2.875	2.860	412.501	413.060	359.464	335.006
2000	1.860	1.866	1.855	1.836	295.124	295.473	280.721	256.411
2001	1.107	1.110	1.097	1.090	99.413	99.478	92.818	82.861
2002	1.949	1.969	1.903	1.900	271.765	272.000	242.902	221.059
2003	1.579	1.594	1.547	1.549	149.718	149.944	133.927	121.559
2004	3.101	3.124	3.059	3.049	372.119	372.443	337.246	308.860
2005	3.775	3.806	3.705	3.696	464.013	464.591	423.360	390.609
2006	2.608	2.623	2.570	2.564	185.347	185.694	165.360	151.773
2007	2.675	2.706	2.630	2.647	287.629	287.850	262.186	243.425
2008	2.243	2.271	2.210	2.212	233.232	233.621	213.169	195.463
2009	5.317	5.399	5.203	5.279	633.153	633.699	541.389	502.519
2010	5.072	5.139	5.022	5.101	368.373	368.856	324.436	295.803
平均值	3.062	3.086	3.018	3.024	413.944	414.627	369.174	344.203

表 4.28　不同情景下河岔站的径流量和泥沙量

年份	径流量/亿 m³				泥沙量/万 t			
	A1	A2	A3	A4	A1	A2	A3	A4
1994	0.290	0.290	0.277	0.280	22.358	22.363	14.097	16.288
1995	0.168	0.168	0.167	0.167	3.764	3.764	3.316	4.114
1996	0.196	0.196	0.189	0.190	14.768	14.783	10.027	11.471
1997	0.600	0.601	0.545	0.557	94.481	94.507	56.348	62.449
1998	0.632	0.630	0.599	0.603	77.616	77.641	50.449	55.408
1999	0.491	0.491	0.469	0.472	87.267	87.289	56.105	60.471
2000	0.200	0.199	0.201	0.198	17.081	17.083	13.978	15.588
2001	0.186	0.187	0.175	0.180	24.539	24.549	18.623	20.723
2002	0.246	0.246	0.236	0.241	14.711	14.717	10.079	11.749
2003	0.279	0.280	0.244	0.254	39.239	39.250	21.691	24.335
2004	0.529	0.533	0.485	0.489	117.112	117.171	75.307	81.756
2005	0.425	0.426	0.388	0.386	28.073	28.075	19.771	22.441
2006	0.458	0.458	0.411	0.402	47.550	47.565	30.059	33.756

续表

年份	径流量/亿 m³				泥沙量/万 t			
	A1	A2	A3	A4	A1	A2	A3	A4
2007	0.254	0.256	0.235	0.242	24.350	24.361	12.851	14.551
2008	0.290	0.292	0.252	0.265	45.747	45.769	26.614	29.603
2009	1.073	1.068	0.917	0.912	121.535	121.563	63.500	69.833
2010	0.524	0.529	0.461	0.481	48.511	48.523	25.560	28.773
平均值	0.402	0.403	0.368	0.372	48.747	48.763	29.904	33.136

从表 4.26～表 4.28 可以看出，全流域在相同气候背景（1994～2010 年流域气候）和不同土地利用/覆被变化情况下的产流产沙情况，其中 2010 年情景下径流量最大，达到 3.552 亿 m³，A3 情景下的径流量最小，为 3.409 亿 m³。而 1992 年情景下的泥沙量最大，为 597.227 万 t，A4 情景下的泥沙量最小，为 377.591 万 t。另外结果表明径流量减小并不完全代表泥沙量减小，而径流量增加也并不意味着泥沙量增大。这与植被功能以及降雨情况密切相关。

从流域侵蚀泥沙总量来看，A4 情景下所有旱地转变成中覆盖度草地的土壤侵蚀量最小，退耕还草的防治水土流失效果要优于退耕还林的效果（表 4.29）。在保土方面的效果，草地要优于林地。通过汾河上游流域 1994～2010 年不同土地利用/覆被情景下径流

表 4.29　四种 LUCC 情景下径流量和泥沙量矩阵

径流量/泥沙量	1995	2000	2010	A1	A2	A3	A4
1995	3.540 / 597.227	0.007	0.012	−0.052	−0.027	−0.131	−0.12
2000	−16.698	3.547 / 580.529	0.005	−0.059	−0.034	−0.138	−0.127
2010	−41.357	−24.659	3.552 / 555.87	−0.064	−0.039	−0.143	−0.132
A1	−133.983	−117.285	−92.626	3.488 / 463.244	0.025	−0.079	−0.068
A2	−133.285	−116.587	−91.928.	0.698	3.513 / 463.942	−0.104	−0.093
A3	−197.874	−181.176	−156.517	−63.891	−64.589	3.409 / 399.353	0.011
A4	−219.636	−202.938	−178.279	−85.653	−86.351	−21.762	3.420 / 377.591

注：表格对角线为各种情景下的径流量（上部，单位为亿 m³）和泥沙量（下部，单位为万 t），表格左下部分为各种情景之间的泥沙差（表格纵轴上情景的量减去横轴上情景的量），表格右上部分为各种情景之间的径流差（表格横轴上情景的量减去纵轴上情景的量）

与土壤侵蚀过程的模拟发现，在汾河上游流域的生态环境恢复过程中，退耕还草是非常关键而且必要的。土地利用/覆被变化导致水土流失程度的变化，所以在汾河上游流域应该加强对林地与草地的有效保护，减小城镇建设用地不断扩张的趋势，同时加强对荒地开垦利用的控制工作。植树种草可以有效涵养汾河流域水源，增加地表植被覆盖以防止流域土壤侵蚀，进而从根本上控制水土流失，具有明显的生态环境效应。

4.9　本章小结

本章通过环境同位素技术、水化学分析和模型模拟等方法，对汾河上游径流与土壤侵蚀过程进行研究后得出以下结论。

（1）汾河上游流域河水、亚高山草甸水、疏林灌丛水、山地草原带水、地下水和降水之间存在相互补给排泄关系，说明汾河上游流域河水由多种水源混合补给。汾河水库水混合了上游来水与引黄水，为多种水体的混合水。从上游到下游存在明显的递增趋势。造成汾河流域河水中 $\delta^{18}O$ 和 δD 规律性变化的主要原因是各水体经过蒸发引起的同位素分馏，越往下游，气温越高，降水越少，则引起的同位素分馏效应越大。从汾河源头至汾河水库，随海拔不断变化，水体中同位素也不断发生变化，总体趋势是，随着海拔不断降低，其同位素值不断富集，存在一定的海拔效应。

（2）汾河上游区的土地利用类型以草地、耕地和林地为主，并且从 1992～2010 年，各种土地利用类型的变化不大，耕地、林地、草地三种土地利用类型间的相互转化是研究区最主要的土地利用变化形式。耕地、草地和水域分别减少了 22 km²、11.2 km²、0.46 km²，林地和城镇建设用地分别增加了 32.1 km²、1.62 km²。林地增加主要来源于耕地和草地，耕地减少相对更加明显，主要受退耕还林还草等水土保持措施的影响。另外在耕地、林地和草地的二级类型之间也存在相互转化。耕地呈持续微弱减少趋势，主要受退耕还林还草等水土保持措施的影响。

（3）构建的汾河上游区 SWAT 土壤侵蚀模拟模型，模拟效果较好。汾河干流上的静乐站和河岔站的效率系数和决定性系数均不低于 0.85，最高达 0.93，模拟值整体偏大，但最大误差不超过 8%，岚河上的上静游站的效率系数和决定性系数稍低，但也分别大于 0.5 和 0.7，相对误差均小于 8%。泥沙的模拟效果不及径流模拟效果理想，但静乐站和河岔站的泥沙模拟效率系数和决定性系数仍在 0.7 以上，最大达 0.86，并且相对误差在 8% 以下。总的来说，模型模拟符合要求，可以作为一个有力的径流过程与土壤侵蚀过程模拟工具，在本流域开展进一步的研究。

（4）基于已构建好的汾河上游区 SWAT 径流泥沙模型，将 1992 年、2000 年、2010 年三期土地利用数据作为驱动数据，对土地利用/覆被变化下的径流泥沙进行模拟，得到较之 1992 年的土地利用下的径流泥沙量，2000 年土地利用情景下的多年平均径流增加了 0.007 亿 m³，到达 3.547 亿 m³，多年平均泥沙量减少为 580.529 万 t，减少了 16.698 万 t。2010 年总体上是径流量呈现微弱增加，而泥沙量减少。另外通过比较河岔站和上静游站的径流泥沙变化，二者径流变化一致，均呈增大趋势，但是泥沙变化不同，前者持续减少，而后者先减少后增大；但河岔站增加更大，决定了整个研究区的径流变化；与河岔站的多年平均泥沙量呈减少的趋势，不同的是，上静游站在 2000 年土地利用情景下的多年平均泥沙量多于 1992 年土地利用下的产沙量，但由于上静游站的变化量小于河岔站，所以研究区的泥沙变化情况也与河岔站一样。而整体上流域的径流泥沙变化主要由汾河干流决定。

（5）本书设置四种不同的土地利用/覆被变化情景（A1、A2、A3 和 A4）对流域径流和泥沙效应进行预测，结果显示径流从大到小依次为 A2、A1、A4 和 A3；而泥沙从大到小依次为 A2、A1、A3 和 A4，表明流域径流与泥沙变化并不完全一致。在三期土地利用/覆被变化情景下，径流泥沙变化因区域而异，因年份而异，由此可知，流域的产流产沙不仅受下垫面的影响，还受降水情况的影响，以及人类活动的影响，如调水工程等。

汾河流域水土侵蚀过程的研究仍需加强。汾河上游区在水土流失影响下，很多区域沟壑纵横，地表破碎，DEM 数据的分辨率对地形的表达极为重要，而地形又影响流域的产流产沙。SWAT 模型所需的气象驱动数据包括日尺度的降水、日最高最低气温、平均风速、太阳辐射和相对湿度。而在 1992～1999 年只有降水和气温数据，故模型中采用 Hargreaves 公式模拟潜在蒸散发量，模拟的潜在蒸散发量偏低，在以后的研究中需完善数据。

此外，本流域从 2002 年起，引黄入汾工程开始调水，2000～2008 年多年平均调水量超过 0.6 亿 m^3，接近汾河上游区入库径流的 30%。但由于缺少详细的日调水资料，模型中采用平均调水量，这与实际情况存在差异，这也是影响模拟结果的一方面。

参 考 文 献

陈军锋, 李秀彬. 2004. 土地覆被变化的水文响应模拟研究. 应用生态学报, 15(5): 833～836

陈腊娇. 2006. 基于 SWAT 模型的土地利用/覆被变化产流产沙效应模拟——以陇东马莲河流域为例. 杭州: 浙江师范大学硕士学位论文

陈鹏飞. 2010. 黄土丘陵沟壑区小流域水沙变化与土地利用格局演变的耦合研究. 北京: 北京林业大学博士学位论文

陈强, 苟思, 秦大庸, 等. 2010. 一种高效的 SWAT 模型参数自动率定方法. 水利学报, 41(1): 113～119

陈小凤, 张利平. 2009. 基于 VIC 模型与 SWAT 模型的径流模拟对比研究. 中国农村水利水电, 12: 4～6

陈宗宇, 万力, 聂振龙, 等. 2006. 利用稳定同位素识别黑河流域地下水的补给来源. 水文地质工程地质, 6: 9～14

程国栋, 肖洪浪, 赵文智, 等. 2009. 黑河流域水-生态-经济系统综合管理研究. 北京: 科学出版社, 76～134

程红. 2009. 汾河上中游分区水资源特点及演变趋势分析. 地下水, 31(4): 70～73

崔伟. 2007. 娄烦县1994～2004年土地利用/覆被变化分析. 太原: 山西大学硕士学位论文

崔伟, 王尚义, 张红, 等. 2008. 汾河上游地区 14 年间土地利用/土地覆被变化特征分析. 山西大学学报, 31(1): 141～146

杜丽娟. 2008. 水土保持补偿机制研究. 北京: 北京林业大学博士学位论文

范堆相. 2005. 山西省水资源评价. 北京: 中国水利水电出版社, 10~34

冯伟. 2012. 山西汾河水库水情自动测报系统的改进开发. 太原: 太原理工大学硕士学位论文

傅伯杰, 邱阳, 王军. 2002. 黄土丘陵小流域土地利用变化对水土流失的影响. 地理学报, 57(6): 717~
　　722

甘义群, 李小倩, 周爱国. 2008. 黑河流域地下水氘过量参数特征. 地质科技情报, 27(2): 86~92

顾慰祖. 1996. 论流量过程线划分的环境同位素方法. 水科学进展, 7(2): 105~111

顾慰祖, 邓吉友. 1998. 阿拉善高原地下水的稳定同位素异常. 水科学进展, 9(4): 333~337

郝芳华, 陈利群. 2004. 土地利用变化对产流和产沙的影响分析. 水土保持学报, 18(3): 5~8

何长高. 2004. 关于水土保持生态修复工程中几个问题的思考. 中国水土保持科学, 2(3): 99~102

贺维. 2007. SWAT 模型在晋西黄土区小流域中的应用研究. 北京: 北京林业大学硕士学位论文

黄奕龙, 傅伯杰, 陈利顶. 2003. 生态水文过程研究进展. 生态学报, 23(3): 35~41

黄志霖, 傅伯杰, 陈利顶, 等. 2005. 黄土丘陵区不同坡度、土地利用类型与降水变化的水土流失分异.
　　中国水土保持科学, 3(4): 11~26

康尔泗, 程国栋, 董增川. 2002. 中国西北干旱区冰雪水资源与出山径流. 北京: 科学出版社, 248~304

李宏亮. 2007. 基于 SWAT 模型的土地利用/覆被变化对水文要素的影响研究——以大清河山区部分为
　　例. 石家庄: 河北师范大学硕士学位论文

李林英, 齐实, 王棣, 刘劲. 2009. 汾河上游河岸带植被类型变化对土壤粒级组成及土壤水分的影响. 东
　　北林业大学学报, 37(6): 23~25

李鹏. 2012. 汾河上游径流时间序列成分分析和特性研究. 太原: 太原理工大学硕士学位论文

李生海. 2008. 鄂尔多斯白垩系盆地北区地下水水化学演化的同位素示踪. 长春: 吉林大学硕士学位论文

李硕. 2002. GIS 和遥感辅助下流域模拟的空间离散化和参数化研究与应用. 南京: 南京师范大学博士学
　　位论文

李永生, 张李拴, 武鹏林. 2004. 一个基于 GIS 的分布式非线性水文模型. 太原理工大学学报, 35(6):
　　739~742

李元寿, 王根绪, 王一博, 等. 2006. 长江黄河河源区覆被变化下降水的产流产沙效应研究. 水科学进展,
　　17(5): 616~623

林桂英, 曾宏达, 谢锦升. 2009. SWAT 模型在流域 LUCC 水文效应研究中的应用. 水资源与水工程学报,
　　20(6): 44~48

刘冰. 2010. 汾河河源区土地利用/覆被变化及其驱动力分析. 太原: 山西大学硕士学位论文

刘昌明, 李道峰. 2003. 基于 DEM 的分布式水文模型在大尺度流域应用研究. 地理科学进展, 22(5):
　　437~445

刘建梅, 裴铁璠, 王安志, 等. 2005. 高山峡谷地区森林流域分布式降雨-径流模型的构建与验证. 应用
　　生态学报, 16(9): 1638~1644

刘健. 2008. 渭河流域非点源氮污染分布式模拟研究. 西安: 西安理工大学硕士学位论文

刘相超. 2006. 基于环境同位素技术的流域水循环研究——以怀沙河为例. 北京: 中国科学院研究生院
　　博士学位论文

刘相超, 宋献方, 夏军, 等. 2005. 东台沟实验流域降水氧同位素特征与水汽来源. 地理研究, 24(2):
　　196~205

刘玉红, 张卫国. 2008. 基于 GIS 的土壤侵蚀研究系统框架的设计. 安徽农业科学, 36(8): 3463~3464

刘志雨. 2005. AerTOP: ToPKAPI 与 GSI 紧密连接的分布式水文模型系统. 水文, 25(4): 18~22

柳富田. 2008. 基于同位素技术的鄂尔多斯白垩系盆地北区地下水循环及水化学演化规律研究. 长春:

吉林大学博士学位论文

陆志翔, 蔡晓慧, 邹松兵, 等. 2012a. SWAT 模型在伊犁河上游缺资料区的应用. 干旱区地理, 35(3): 399～407

陆志翔, 邹松兵, 尹振良, 等. 2012b. 缺资料流域 SWAT 适宜性模型校准新方法及应用. 兰州大学学报(自然科学版), 48(1): 1～8

路宾朋. 2011. 南方丘陵区域土壤侵蚀的 SWAT 模型模拟. 福州: 福建师范大学硕士学位论文

马金珠, 李相虎, 黄天明. 2005. 石羊河流域水化学演化与地下水补给特征　资源科学, 27(3). 117～122

莫菲. 2008. 六盘山洪沟小流域森林植被的水文影响与模拟. 北京: 中国林业科学研究院博士学位论文

牛振国, 李保国. 2002. 参考作物蒸散量的分布式模型. 水科学进展, 13(3): 303～307

潘军峰, 张江汀, 梁永平. 2008. 山西省岩溶泉域水资源保护. 北京: 中国水利水电出版社, 11～85

庞靖鹏, 刘昌明, 徐宗学. 2007. 基于 SWAT 模型的径流与土壤侵蚀过程模. 水土保持研究, 14(6): 88～94

瞿思敏, 包为民. 2008. 同位素示踪剂在流域水文模拟中的应用. 水科学进展, 19(4): 588～596

任希岩, 张雪松. 2004. DEM 分辨率对产流产沙模拟影响研究. 水土保持研究, 11(l): 1～5

盛前丽. 2008. 香溪河流域土地利用变化径流效应研究. 北京: 北京林业大学博士学位论文

施练东. 2009. 汤浦水库数字流域水质管理模型研究. 杭州: 浙江大学硕士学位论文

宋珉. 2011. 汾河水库上游流域面污染负荷研究. 太原: 太原理工大学硕士学位论文

宋献方, 刘相超, 夏军, 等. 2007. 基于环境同位素技术的怀沙河流域地表水和地下水转化关系研究. 中国科学 D 辑: 地球科学, 37: 102～110

宋艳华. 2006. SWAT 辅助下的径流模拟与生态恢复水文响应研究. 兰州: 兰州大学硕士学位论文

孙西欢, 张柏治, 王志璋. 2008. 汾河上游流域分布式水文模型的构建. 水土保持通报, 28(3): 89～92

唐丽霞. 2009. 黄土高原清水河流域土地利用/气候变异对径流泥沙的影响. 北京: 北京林业大学博士学位论文

田立德, 马凌龙, 余武生, 等. 2008. 青藏高原东部玉树降水中稳定同位素季节变化与水汽输送. 中国科学 D 辑: 地球科学, 38(8): 986～992

田立德, 姚檀栋, Whit J W C, 等. 2005. 喜马拉雅山中段高过量氘与西风带水汽输送有关. 科学通报, 50(7): 670～672

王博. 2012. 汾河水库上游流域土壤侵蚀过程研究. 山西水利, 10: 10～11

王福刚. 2006. 同位素技术在黄河下游悬河段河南段水循环特征研究中的应用. 长春: 吉林大学博士学位论文

王根绪. 2005. 流域尺度生态水文研究综述. 生态学报, 25(4): 892～903

王浩, 严登华, 贾仰文, 等. 2010. 现代水文水资源学科体系及研究前沿和热点问题. 水科学进展, 21(4): 479～485

王辉. 2009. 渭河源区土地利用变化的产流、产沙效率响应. 兰州: 兰州大学硕士学位论文

王惠, 药占山, 李林英, 等. 2007. 森林河溪植被带建设农业调查规划, 32(5): 64～67

王林. 2008. 基于 SWAT 模型的晋江流域产流产沙模拟. 福州: 福建师范大学硕士学位论文

王宁练, 张世彪, 贺建桥, 等. 2009. 祁连山中段黑河上游山区地表径流水资源主要形成区域的同位素示踪研究. 科学通报, 54: 2148～2152

王尚义, 李玉轩, 田国珍. 2008. 汾河上游土地利用生态安全特征分析. 太原师范学院学报(自然科学版), 7(1): 121～126

王仕琴, 宋献方, 肖国强. 2009. 基于氢氧同位素的华北平原降水入渗过程. 水科学进展, 20(4): 459～501

王中根, 刘昌明. 2003. SWAT 模型的原理、结构及应用研究. 地理科学进展, 22(1): 79～86

仵彦卿, 张应华, 温小虎, 等. 2004. 西北黑河下游盆地河水与地下水转化的新发现. 自然科学进展, 14(12): 1428～1433

武思宏. 2007. 晋西黄土区嵌套流域生态水文过程模拟研究. 北京: 北京林业大学硕士学位论文

夏哲超, 潘志华, 安萍莉. 2007. 生态恢复目标下的生态需水内涵探讨. 中国农业资源与区划, 28(4): 6～10

谢媛媛. 2006. 黄土高原典型流域土地利用/森林植被变化的水文生态响应研究. 北京: 北京林业大学硕士学位论文

徐海量. 2005. 流域水文过程与生态环境演变的耦合关系——以塔里木河流域为例. 乌鲁木齐: 新疆农业大学博士学位论文

徐涛. 2009. 甘肃葫芦河流域的径流分布式模拟. 兰州: 兰州大学硕士学位论文

许琴. 2010. 水土保持措施对水资源的影响研究. 南昌: 南昌大学硕士学位论文

薛天柱, 马灿, 魏国孝, 等. 2011. 甘肃梨园河流域 SWAT 径流模拟与预报. 水资源与水工程学报, 22(4): 28～33

杨金龙. 2012. 汾河流域经济空间分异与可持续发展研究. 太原: 山西大学硕士学位论文

杨启红. 2009. 黄土高原典型流域土地利用与沟道工程的径流泥沙调控作用研究. 北京: 北京林业大学博士学位论文

杨永刚, 肖洪浪, 赵良菊, 等. 2011a. 流域生态水文过程与功能研究进展. 中国沙漠, 31(5): 2～6

杨永刚, 肖洪浪, 邹松兵, 等. 2011b. 高寒水源集水区水文过程研究. 水科学进展, 22(5): 30～36

杨永强. 2007. 无定河流域土地利用/森林植被格局演变对侵蚀产沙的影响研究. 北京: 北京林业大学硕士学位论文

姚华荣, 崔保山. 2006. 澜沧江流域云南段土地利用及其变化对土壤侵蚀的影响. 境科学学报, 26(8): 1362～1371

尹观, 倪师军, 范晓, 等. 2004. 冰雪溶融的同位素效应及氘过量参数演化. 地球学报, 25(2): 157～160

于磊, 朱新军. 2007. 基于 SWAT 中尺度流域土地利用变化水文响应模拟研究. 水土保持研究, 14(4): 53～57

余新晓, 张学霞, 李建军, 等. 2006. 黄土地区小流域植被覆盖和降水对侵蚀产沙过程的影响. 生态学报, 26(1): 1～8

喻锋, 李晓兵, 陈云浩, 等. 2006. 皇甫川流域土地利用变化与土壤侵蚀评价. 生态学报, 6: 1947～1956

袁再健, 蔡国强, 秦强, 等. 2006. 鹤鸣观小流域不同土地利用方式的产流产沙特征. 资源科学, 28(1): 70～74

原志华. 2009. 近 50 年来汾河水沙演变规律及驱动力研究. 西安: 陕西师范大学硕士学位论文

岳跃破. 2011. 阿坝大骨节病区地表水同位素地球化学特征. 成都: 成都理工大学硕士学位论文

张光辉. 2004. 黑河流域水循环演化与可持续利用对策. 地理与地理信息科学, 20(1): 62～66

张光辉, 聂振龙, 王金哲, 等. 2005. 黑河流域水循环过程中地下水同位素特征及补给效应. 地球科学进展, 20(5): 511～519

张光辉, 聂振龙, 谢悦波, 等. 2005. 甘肃西部平原区地下水同位素特征及更新性. 地质通报, 24: 149～155

张海斌. 2006. 基于 SWAT 模型的小流域产沙产流的研究——以三峡地区张家冲小流域为例. 武汉: 华中农业大学硕士学位论文

张蕾娜. 2004. 白河流域土地覆被水文效应的分析与模拟. 北京: 中国科学院地理科学与资源研究所

张圣微, 雷玉平, 姚琴, 等. 2010. 土地覆被和气候变化对拉萨河流域径流量的影响. 水资源保护, 26(2): 39～44

张晓丽. 2010. 基于 SWAT 模型的黄水河流域水文模拟研究. 济南: 山东师范大学硕士学位论文

张雪松, 郝芳华, 杨志峰, 等. 2003. 基于 SWAT 模型的中尺度流域产流产沙模拟研究. 水土保持研究, 10(4): 38～42

张应华, 仵彦卿, 温小虎, 等. 2006. 环境同位素在水循环研究中的应用. 水科学进展, 17(5): 738～747

张应华, 仵彦卿. 2007. 黑河流域中上游地区降水中氢氧同位素与温度关系研究. 干旱区地理, 30: 16～21

张应华, 仵彦卿. 2009. 黑河流域中上游地区降水中氢氧同位素研究. 冰川冻土, 31(1): 34～40

章新平, 王晓云, 杨宗良, 等. 2009. 利用 CLM 模拟陆面过程中稳定水同位素季节变化. 科学通报, 54(15): 2233～2239

赵寒冰. 2004. 流域地理过程分布式物理模型体系的集成和应用研究. 南京: 南京师范大学博士学位论文

赵文智, 程国栋. 2001. 生态水文学——揭示生态格局和生态过程水文机制的科学. 冰川冻土, 23(4): 450～457

邹松兵, 陆志祥, 龙爱华, 等. 2012. ArcSWAT 2009 理论基础. 郑州: 黄河水利出版社

Andrew J L. 2009. Hydrograph separation for karst watersheds using a two-domain rainfall–discharge model. Journal of Hydrology, 364: 249～256

Aravena R, Suzuki O, Pena H, et al. 1999. Isotopic composition and origin of the precipitation in Northern Chile. Applied Geochemistry, 14: 411～422

Arnold J G, Srinivasan R, Muttiah R S, et al. 1998. Large area hydrologic modeling and assessment(Part Ⅰ): Model de-velopment. Journal of American Water Resources Associ-ation, 34(1): 73～89

Arnold J G, Williams J R, Srinivasan R, King K W, Griggs R H. 1994. SWAT: Soil Water Assessment Tool. Grassland, Soil and Water Research Laboratory in Agricultural Research Service of U. S. D. A. Temple, TX

Axel Bronstert. 2004. Rainfall-runoff modelling for assessing impacts of climate and land-use change. Hydrological Processes, 18(3): 567～570

Bajjali W. 2006. Recharge mechanism and hydrochemistry evaluation of groundwater in the Nuaimeh area, Jordan, using environmental isotope technique. Hydrogeology Journal, 14: 180～191

Bartarya S K, Bhattacharya S K, Ramesh R. 2002. $\delta^{18}O$ and δD systematics in the surficial waters of the Gaula river catchment area, India. Journal of Hydrology, 167: 369～379

Benony K. 2006. Hydrochemical characterization of groundwater in the Accra plains of Ghana. Environmental Geology, 50(3): 299～311

Bhatia M P, Das S B, Kujawinski E B. 2011. Seasonal evolution of water contributions to discharge from a Greenland outlet glacier: insight from a new isotope-mixing model. Journal of Glaciology, 57(205): 929～941

Bingner R L. 1996. Runoff simulated from Goodwin Creek watershed using SWAT. Transactions of the ASAE, 39(1): 85～89

Buttle J M. 1994. Isotope hydrograph separations and rapid delivery of pre2event water from drainage basins. Progress in Physical Geography, 18: 16～41

Cartwright I, Weaver T R. 2005. Hydrogeochemistry of the Goulburn Valley region of the Murray Basin, Australia: implications for flow paths and resource vulnerability. Hydrogeol Journal, 13(5): 752～770

Casermeiro M A, Molina J A, Hernando C J, et al. 2004. Influence of serubson runoff and sediment loss in soils of Medeterranean climate. Catena, 57: 91～107

Casper M C, Volkmann H N, Waldenmeyer G. 2003. The separation of flow pathways in a sandstone catchment of the northern black forest using DOC and a nested approach. Physics and Chemistry of the

Earth, 28: 269~275

Catherne C G, Alan F M, Katharine J M. 2010. Hydrological processes and chemical characteristics of low-alpine patterned wetlands, south-central New Zealand. Journal of Hydrology, 385(3): 105~119

Celle J H, Travi Y, Blavoux B. 2001. Isotopic typology of the precipitation in the Western Mediterranean region at three different scales. Geophysical Research Letters, 28: 1215~1218

Cho S H, Moon S H, Lee K S, et al. 2003. Hydrograph separation using[18]O tracer in a small catchment, Cheongdo. Journal of the Geological Society of Korea, 39(4): 509~518

Craig H. 1961. Isotopic variations in meteoric waters. Science, 133: 1702~1703

Drever J I. 1997. The geochemistry of natural waters. Prentice Hall: New Jersey, 436

Edmunds W M, Ma J, Aeschbach-Hertig W, et al. 2006. Groundwater recharge history and hydrogeochemical evolution in the Minqin Basin, northwest China. Applied Geochemistry, 21(12): 2148~2170

Eichinger B E. 1980. Configuration statistics of Gaussian molecules. Macromolecules, 13: 1~11

Eung S L. 2001. A four-component mixing model for water in a karst terrain in south-central Indiana, USA. Using solute concentration and stable isotopes as tracers. Chemical Geology, 179: 129~143

Frederickson G C, Criss R E. 1999. Isotope hydrology and time constants of the unimpounded Meramec river basin, Missouri. Chemical Geology, 157: 303~317

Fritz P, Cherry J, Weyer K U, et al. 1976. Storm runoff analyses using environmental isotopes and major ions. Interpretation of EnvironmentalIsotope and Hydrolochemical Data in Groundwater Hydrology 1975, Workshop Proceedings, IAEA, Vienna, 111~130

Gat J R, Matsui E. 1991. Atmospheric water balance in the Amazon Basin: an isotopic evapo-transpiration model. Journal of Geophysical Research, 96: 13179~13188

Gates J B, Edmunds W M, Darling W G, Ma J Z, Pang Z H, Young A A. 2008. Conceptual model of recharge to southeastern Badain Jaran Desert groundwater and lakes from environmental tracers. Applied Geochemistry, 23: 3519~3534

Gonfiantini R. 1986. Environmental isotopes in lake studies. In: Fritz P, Fontes J C (eds.). Handbook of Environmental Isotope Geochemistry: V2. Amsterdam: the Terrestrial Environment Elsevier Press, 113~168

Gonzalez J C, Raventos J, Eehevarria M T. 1997. Comparison of sediment ratio curves for plants with different architectures. Catena, 29: 333~340

Guan B J. 1986. Numerical calculation for tritium value of meteoric precipitation in China. Engineering Geology and Hydrogeology, (4): 38~41

Han D M, Liang X, Jin M G, et al. 2010. Evaluation of groundwater hydrochemical characteristics and mixing behavior in the Daying and Qicun geothermal systems, Xinzhou Basin. Journal of Volcanology and Geothermal Research, 189: 92~104

Harrington G A, Cook P G, Herczeg A L. 2002. Spatial and Temporal Variability of Ground Water Recharge in Central Australia: A Tracer Approach. Ground Water, 40(5): 518~528

Heppell C M, Chapman A S. 2006. Analysis of a two-component hydrograph separation model to predict herbicide runoff in drained soils. Agricultural Water Management, 79: 177~207

Hernandez M, Miller S N, Goodrich D C, et al. 2000. Modeling runoff response to land cover and rainfall spatial variability in semi-arid watersheds. Environmental Monitoring and Assessment, 64: 285~298

Huth A K, Leydecker A, Sichman J O, et al. 2004. A two component hydrograph separation for three high elevation catchments in the Sierra Nevada, California. Hydrological Processes, 18: 1721~1733

Inamdar S, Naumov A. 2006. Assessment of sediment yields for a mixed-la nduse great lakes watershed: lessons from field measurements and modeling. Journal of Great Lake Research, 32(3): 471~488

James A L, Roulet R T. 2006. Investigating the applicability of end-member mixing analysis(EMMA)across scale: a study of eight small, nested catchments in a temperate forested watershed. Water Resources Research, 42(8): 375~387

Jones J P. 2006. An assessment of the tracer-based approach to quantifying groundwater contributions to streamflow. Water Resources Research, (42): 2407~2416

Karim C A, Yang J, Maximov I, et al. 2007. Modelling hydrology and water quality in the pre-alpine/alpine Thur watershed using SWAT. Journal of Hydrology, 333: 413~430

Karimi H, Raeisi E, Bakalowicz M. 2005. Characterising the main karst aquifers of the Alvand basin, northwest of Zagros, Iran, by a hydrogeochemical approach. Hydrogeology Journal, 13: 787~799

Kattan Z. 2008. Estimation of evaporation and irrigation return flow in arid zones using stable isotope ratios and chloride mass-balance analysis: Case of the Euphrates River, Syria. Journal of Arid Environments, 72: 730~747

Katz B G, Coplen T B, Bullen T D. 1997. Use of chemical and isotopic tracers to characterize the interactions between ground water and surface water in mantled karst. Ground Water, 35: 1014~1028

Kevin W T, Brent B W, Thomas W D E. 2010. Characterizing the role of hydrological processes on lake water balances in the Old Crow Flats, Yukon Territory, using water isotope tracers. Journal of Hydrology, 386(4): 103~117

Kim J G, Park Y, Yoo D S, et al. 2009. Development of a SWAT patch for better estimation of sediment yield in steep sloping watersheds. Journal of the American water Resources Association, 45(4): 963~972

Kirsch K, Kirsch A, Arnold J G. 2002. Predicting sediment phosphorus loads in the rock river basin using SWAT. Transaction of ASAE, 45(6): 1757~1769

Kortatsi B K. 2006. Hydrochemical characterization of groundwater in the Accra plains of Ghana. Environmental Geology, 50(3): 299~311

Lee E S. 2001. A four-component mixing model for water in a karst terrain in south-cent ral Indiana, USA, using solute concent ration and stable isotopes as tracers. Chemical Geology, 179: 129~143

Li C W, Liu S R, Sun P S, et al. 2005. Analysis on landscape pattern and eco-hydrological characteristics at the upstream of Minjiang River. Acta Ecologica Sinica, 25(4): 692~705

Liu C M, Xia J. 2004. Water problems and hydrological research in the Yellow River and the Huai and Hai River basins of China. Hydrological processes, 18(12): 2197~2210

Liu F J, Parmenter R, Paul D B, et al. 2008. Seasonal and interannual variation of streamflow pathways and biogeochemical implications in semi-arid, forested catchment in valles caldera, New Mexico. Ecohydrology, 1(3): 239~252

Liu Y H, Fan N J. 2008. Characteristics of water isotopes and hydrograph separation during the wet season in the Heishui River, China. Journal of Hydrology, 353: 314~321

Long A J. 2009. Hydrograph separation for karst watersheds using a two-domain rainfall-discharge model. Journal of Hydrology, 364: 249~256

Lorup J K, Refsgaard J C, Mazvimavi D. 1998. Assessing the effect of land use change on catchment runoff by combined use of statistical tests and hydrological modeling: Case studies from Zimbabwe. Journal of Hydrology, 205: 147~163

Machavaram M V, Whittemore D O, Conrad M E. 2006. Precipitation induced stream flow: An event based chemical and isotopic study of a small stream in the Great Plains region of the USA. Journal of Hydrology, 330: 470~480

Marfia A M, Krishnamurthy R V, Atekwana E A, et al. 2004. Isotopic and geochemical evolution of ground and surface waters in karst dominated geological setting: a case study from Belize, Central America. Applied Geochemistry, 19: 937~946

Markus C C, Holger N V. 2003. The separation of flow pathways in a sandstone catchment of the Northern Black Forest using DOC and a nested Approach. Physics and Chemistry of the Earth, 28: 269~275

Maurya A S, Shah M, Deshpande R D. 2011. Hydrograph separation and precipitation source identification using stable water isotopes and conductivity: River Ganga at Himalayan foothills. Hydrological Processes, 25(10): 1521~1530

Merlivat L, Jouzel J. 2006. Global climatic interpretation of the deuterium-oxygen 18 relationship for precipitation. Journal of Geophysical Research, (84): 5029~5033

Mul M L, Mutiibwa R K, Uhlenbrook S. 2008. Hydrograph separation using hydrochemical tracers in the Makanya catchment, Tanzania. Physics and Chemistry of the Earth, 33: 151~156

Onstad C A, Jamieson D G. 1970. Modeling the effects of land use modifications on runoff. Water Resources Research, 6(5): 1287~1295

Paolo D, Francesco L, Amilcare P. 2010. Ecohydrology of Terrestrial Ecosystems. Bioscience, 60(11): 898~907

Payne B R, Leontiadis J, Dimitroulas C A, et al. 1978. Study of the Kalamos springs in Greece with environmental isotopes. Water Resources Research, 14(4): 653~658

Peterson J R, Hamlett J M. 1998. Hydrologic calibration of the SWAT model in a watershed containing fragipan soils. Journal of the American Water Resources Association, 34(3): 531~544

Rodhe A. 1984. Groundwater contribution to stream flow in Swedish forested till soil as estimated by oxygen. Isotope hydrology, Vienna, IAEA, 55~66

Roots T L. 1995. Ecology and climate: research strategies and implications. Science, 269: 334~341

Santiago M, Silva C, Mendes F, et al. 1997. Characterization of groundwater in the Cariri by environmental isotopes and electric conductivity. Radiocarbon, 39: 49~59

Srinivasna R, Amold J G. 1994. Integration of a basin-seale water quality model with GIS. Water Resoucres Bulletin, 30(3): 453~462

Stumpp C, Maloszewski P, Stichler W. 2009. Environmental isotope(δ^{18}O)and hydrological data to assess water flow in unsaturated soils planted with different crops. Journal of Hydrology, 369(2): 198~208

Su Y H, Feng Q. 2008. The hydrochemical characteristics and evolution of groundwater and surface water in the Heihe River Basin, northwest China. Journal of Hydrology, 16: 167~182

Tan S B K, Lo E Y M, Shuy E B. 2009. Hydrograph separation and development of empirical relationships using single-parameter digital filters. Journal of Hydrologic Engineering, 14(3): 271~279

Tayoko K, Yoshio T. 2003. Intra-and inter-storm oxygen-18 and deuterium variations of rain, throughfall, and stemflow, and two-component hydrograph separation in a small forested catchment in Japan. Journal of Forest Research, 8(3): 179~190

Tripathi M P, Panda R K, Raghuwanshi N S. 2003. Identification and Prioritisation of Critical Sub-watersheds for Soil Conservation Management using the SWAT Model. Biosystems Engineering, 85(3): 365~379

Uliana M M, Banner J L, Sharp J M. 2007. Regional groundwater flow paths in Trans-Pecos, Texas inferred from oxygen, hydrogen, and strontium isotopes. Journal of Hydrology, 3: 334~346

Ursino N. 2005. The influence of soil properties on the formation of unstable vegetation patterns on hillsides of semiarid catchments. Advances in Water Resources, 28(9): 956~963

Vogel J C. 1970. Carbon-14 dating of groundwater. In: Isotopes Hydrology 1970, IAEA Symposium 129, Vienna, 225~239

Wassenaar L I, Athanasopoulos P, Hendry M J. 2011. Isotope hydrology of precipitation, surface and ground waters in the Okanagan Valley, British Columbia, Canada. Journal of Hydrology, 411(1-2): 37~48

Wassenaar L I, Hendry M J, Aravena R, Fritz P. 1990. Organic carbon isotope geochemistry of clayey deposits and their associated porewaters, southern Alberta. Journal of Hydrology, 120(1-4): 251~270

Weyhenmeyer C E, Burns S J, Waber H N. 2002. Isotope study of moisture sources, recharge areas, and groundwater flow paths within the eastern Batinah coastal plain, Sultanate of Oman. Water Resources Research, 38(10): 1184~1206

Winston W E, Criss R E. 2003. Oxygen isotope and geochemical variations in the Missouri River. Environmental Geology, 43(5): 546~556

Wischmeier W H, Smith D D. 1965. Predicting rainfall-erosion losses from cropland east of the Rocky Mountains. Washington, DC: USDA. Agricultual Handbook, 1184~1206

Wu P, Tang C Y, Zhu L J, Liu C Q, Cha X F, Tao X Z. 2009. Hydrogeochemical characteristic of surface water and groundwater in the karst basin, Southwest China. Hydrological Processes, 23(14): 2012~2022

Yamanaka T, Tsujimura M, Oyunbaatar D, et al. 2007. Isotopic variation of precipitation over eastern Mongolia and its implication for the atmospheric water cycle. Journal of Hydrology, 333(1): 21~34

Yang J, Peter R, Abbaspour K C, et al. 2008. Comparing uncertainty analysis techniques for a SWAT application to the Chaohe Basin in China. Journal of Hydrology, 358(1-2): 1~23

Yang Y G, Xiao H L, Wei Y P, et al. 2011. Hydrologic processes in the different landscape zones of Mafengou River basin in the alpine cold region during the melting period. Journal of Hydrology, 409: 149~156

Yuri A T, Peiffer L. 2009. Hydrology, hydrochemistry and geothermal potential of El Chichón volcano-hydrothermal system, Mexico. Geothermics, 38: 370~378

Zamana L V. 2012. Isotopes of hydrogen and oxygen in nitrogen hot springs of Baikal Rift Zone in terms of interaction in the water-rock system. Doklady Earth Sciences, 442(1): 81~85

第5章 汾河流域水文过程研究

5.1 研究进展

5.1.1 水文过程研究进展

流域水文规律一直是水文学研究的重点和基础问题，流域产汇流机制的研究更是水文规律研究中最重要的一个问题。水文过程研究长期停留在由分析现有的实测降雨径流资料得到的模拟上，诸如降雨和径流的对应关系，径流成分形成机制，流域汇流速度的计算，坡面水流的存在形式等（康尔泗等，2002；Markus and Holger，2003； Ursino，2005；王浩等，2010）。目前，国内外在水文研究方面的进展主要在水文和气候的相互作用方面，在冰川积雪融化、土壤水和多年冻土、蒸散发和水量平衡、气象和水文耦合、气候变化的影响等研究成果也较多，而对水文过程和生态系统关系的研究还有待于进一步加强。杨针娘等（2000）在黑河上游冰沟流域进行了寒区水文观测实验，对寒区径流形成及产流模式、冻土水文过程等方面进行了研究，并对内陆河径流特征、祁连山冰川水资源及其在河流中的作用，冰川变化与气候变化以及高空气温变化的关系进行了研究。蓝永超（2008）根据水文气象台站的观测数据，利用定级分类、滑动平均和波谱分析等方法，对黑河出山径流的年际变化特征进行了分析。在山区水文过程的观测和研究中，在认识径流形成和变化特征以及模拟研究方面已取得了长足的进展，其中包括冰川径流形成的物理过程、积雪和冻土水文以及山区径流概念性水文模型等方面（王根绪，2005；张应华、仵彦卿，2007）。

径流分割至今仍是水文学上一个有待突破的重要课题，主要是研究径流的不同组分及组成比例，其分割结果对流域降雨径流关系分析、单位线分析和坡地产汇流分析有重要作用。在水文计算和水文预报中，其分割结果对降雨径流关系模拟、流域汇流以及河道流量演算、流域水资源评价调查和水量水质的管理等有重要意义。国内外学者对此作了大量的研究，提出了许多分割方法，如图解法、参数分割法、水文模拟法、Boussinesq方程法和数字滤波法等。实际应用中，每种分割方法都有各自的使用范围，使用者都是根据自己的需求和各种方法的特点选用所需的分割方法，以达到预期的精度和效果（Mortatti and Moraes，1997；Hjalmar and Slaymaker，1998；Clow et al.，2003；Darling and Talbot，2003；Jose，2005；Chen，2006；Hammond，2006；Eckhardt，2008；Harald and Hans，2009）。图解法是根据经验在流量过程线上直接分割，不便于进行定量计算，经验性与主观性较强，且精度难以保证。图解法虽然主观性强，精度难以保证，但因其方法简单、直观，仍然被国内外广泛运用。近年来基流分割中有一种数学化的倾向，似乎是构造的数学公式越复杂，参数越多，就越能刻画基流过程（Zuhair and Eiswirth，2006；

Marloes and Mutiibwa，2008）。实际并非如此，数学只是客观规律的表达工具，不是客观规律本身。左海凤（2007）应用 BFI 程序对河川基流量进行计算机分割，该方法能够克服传统基流分割方法的人为性，但缺乏物理基础。Eckhardt（2005）将数字滤波技术应用到基流分割中，此方法脱离水文规律，不具有物理基础，但该方法却具有客观、操作容易和参数少等优点。日本学者用坦克模型去刻划基流和壤中流，SWAT 和 VIC 模型采用 ARNO 地下水模块来模拟地下水径流。美国天气局 Sittner 等提出用线性水库演算地下径流过程的地下水演算法。用水文模型分割基流，其难点在于其可靠性和适用性。模型参数的率定、估算以及选取困难，模型公式复杂、参数多且有些参数需通过计算机大量试算和优选才能确定。

　　笔者认为径流分割是非常困难的，径流分割方法很多，但每种分割方法都有其假定条件和限制因素，致使它们分割径流存在很多问题，各种分割方法都存在着各自的优缺点，主要原因是无法通过实验对径流分割和水源划分的结果进行科学论证，加上流域条件和径流组成的不同，使各种分割方法都有不合理的地方。因此需要研究一种符合既具有基本水文规律和水文过程、精确度高、具有物理基础和意义，又避免主观任意性的分割方法。同位素方法正迎合了这些需求，同位素技术在流域水文过程研究中的应用，能有效地避免对自然状况模拟的失真问题，获得水文的真实规律。同位素示踪技术可以为土壤水流规律研究、水文模型结构与参数识别提供更详细的信息，是未来水文学发展的一个重要方向。

　　水文过程是生态系统演替的主要驱动力和生态过程的主要控制因素，目前在水文和植被相互作用研究方面，开展了生态格局和生态过程的水文学机制问题，以及临界、最适合饱和生态需水量等问题（赵文智、程国栋，2001；黄奕龙等，2003；Li et al.，2005；徐海量，2005；Edmunds et al.，2006；Machavaram et al.，2006；夏哲超等，2007）。目前对于生态水文功能的研究多集中于森林植被水文方面，也取得了不少成果，虽然对其中的一些结论还有争议，但在森林生态系统的涵养水源、保持水土与抵御洪涝灾害等方面的作用已得到共识（Dooge，1995；刘世荣等，1996；Chapin，1997；Cheng，1999；Marc et al.，2001；Zhou，2001；Macumber，2003；彭立，2007；金晓媚等，2008；李卫红等，2008），然而对其他植被系统的研究较少。不同的植被格局对流域的水文效应产生不同的影响和作用，目前大多数研究主要集中在单一的景观格局对流域径流的影响，这是不全面的，应将集水区内不同植被带组成及空间分布格局考虑在内，进行全流域的系统研究。目前开展水文效应研究的方法主要有植被 NDVI 指数、"3S" 技术与生态水文模型等。程慧艳（2007）运用植被 NDVI 指数和景观格局指标对黄河源区草甸草原进行生态功能研究。李崇巍（2005）基于"3S"技术和模型模拟方法，对岷江上游植被空间分布格局及其生态水文功能进行空间分析研究。陈仁升等（2006a）建立了 DWHC 耦合模型，模拟高寒山区的水文过程，分析了灌丛、森林与水文之间的相互作用关系。杨国靖和肖笃宁（2004）结合 ArcGIS 和水文模型对大野口河流域和海潮坝河流域的森林景观格局与水文特征进行了比较分析。Krysanova 等（2007）利用已有的水文模型和生

态模型耦合构建了 SWIM 模型。还有其他研究者进行了相似的研究工作（Kremer et al.，
1996；刘丽娟，2004；Sophocleous，2007），但都没有将流域内各种植被系统分布格局
考虑在内，进行全流域的水文过程与生态系统关系研究。目前用于生态水文过程研究的
模型主要有：BIOM-BGC、DOLY、HYBRID 3.0、TEM 4.0、BIOME4、DGVM、DUNESIM、
RUTTER、PHILIP 和 SPAC 等模型，但大多数模型仍将水文过程与生态过程分割开来，
多数模型具有尺度性，只能在某一尺度上使用，而应用到其他尺度存在再参数化和精度
问题（王让会、张慧芝，2005；徐海量，2005；Krysanova et al.，2007）。GIS 和 RS 的
发展极大地推动了生态水文模型的发展，由于各类高精度生态环境空间数据的日益完善
及空间和时间分辨率遥感数据的普及，基于 GIS 及 RS 的生态水文模型成为可能，应用
GIS、RS 和数学模型耦合为量化生态水文变化提供了帮助。水文过程-生态系统的稳定
性、水文过程-生态系统协调机制之间的关系组成了基本的水文生态关系，从水文学的角
度来研究水文过程和生态系统的关系是一个重要的途径。近些年，在用卫星监测祁连山
积雪、冻土水文功能、黑河上游融雪径流预报等方面取得了多项研究成果。黑河流域水
文水资源研究在出山径流模拟与预测、地下水动态监测、水资源与生态环境的关系以及
水资源合理开发利用等方面也获得了长足的发展。

5.1.2　同位素水文研究进展

从 20 世纪 50 年代起,国外开始应用同位素技术研究水文学和水文地质学相关问题。
1953 年联合国原子能委员会（IAEA）陆续在世界各地建立了降水同位素监测台站。1961
年 Craig 确定了氢氧同位素标准（SMOW）并发现了大气降水的氢氧线性关系，这些都
为以后的研究奠定了基础。随后利用降雨过程中的水化学变化研究降雨径流过程已趋于
完善。伴随着水化学的应用，同位素技术也逐渐应用到降雨径流过程中来。20 世纪 70
年代后期和 80 年代，在利用 δD、$\delta^{18}O$ 和 H^3 进行水循环各个环节的定性和定量研究方面
取得了许多显著成果。在非饱和带土壤水和浅层地下水的蒸发和降水入渗补给方面的研
究成果十分突出（Vogel，1970；Fritz et al.，1976；Eichinger，1980；Rodhe，1984；Gonfiantini，
1986；Guan，1986）。20 世纪 90 年代，为了加强同位素技术在地下水系统的水动力特征
和水文地质参数方面的定量评价工作，开发更接近于实际条件的同位素数学模型，IAEA 发
起了两次国际协作研究计划，即"CRP（Co-ordinated Research Project/Programme）研究计
划"。第一次 CRP 计划于 1990～1993 年完成，研究主题是"水文学中用于定量评价的
同位素数学模型"。IAEA 于 1996～1999 年进行了第二次 CRP 计划，研究的主题是"利
用同位素分析地下水的流动和运移"。20 世纪 90 年代的同位素技术研究中，以色列的
E.M.Adar 开发的混合单元模型（Compartment Mixing-cell Model），即 CMC 模型，使得
同时联合使用环境同位素数据、水化学数据与地下水水力数据，进行地下水系统补给关
系的定量研究成为现实（Aravena and Suzuki，1990；Elsenbeer et al.，1995；Roots，1995；
Drever，1997；Mikio and Masahiko，1997；Santiago et al.，1997；Frederickson and Criss，
1999）。目前国际原子能组织和联合国教科文组织（UNESCO）发动起联合同位素水文

计划（JIIHP），重点是促进同位素在水文学中的应用，发展认识水文过程实用技术，提高水资源评价、利用和管理，已列入国际水文计划（IHP）Ⅵ阶段第二议题"综合流域和含水层动态"中。

我国同位素水文学研究工作始于20世纪50年代末，是在应用水化学方法进行水问题研究的基础上发展起来的。60年代同位素技术主要应用于地下卤水、医疗矿水的寻找和评价等领域。70年代得到我国学者的普遍关注，国际同位素水文地质方面取得新成就。80～90年代我国开展了一系列环境同位素的研究工作。同位素技术在水文地质学和水文学的各个领域都得到了应用，并取得了一系列成果。利用地下水中某些离子的比值及水中特殊成分的含量，对地下水的起源、成因进行了研究。1983年，我国启动了中国大气降水同位素监测研究课题，经过8年的监测工作，建立了中国大气降水同位素数据库，并分析了大气降水的稳定同位素的时空变化规律，求出了中国大气降水线（$\delta D=7.74\delta^{18}O+6.48$）和各区域的稳定同位素特征值（张光辉等，2005；宋献方等，2007；瞿思敏、包为民，2008）。

近些年，国外研究者在运用同位素 D、^{18}O 和 H^3 进行水循环各个环节的定性和定量研究方面，如流域系统边界确定、地下水起源、流域不同水体之间水力联系和不同地貌单元径流对河川径流的贡献率等研究取得了许多显著成果（Aravena et al.，1999；Buttle，1994）。在流域降水径流过程研究方面，同位素 D 和 ^{18}O 被用来研究流域降水和径流之间的转化关系，综合反映从降雨到径流对水文过程的影响。Longinelli 等（2008）对降水期间的流量和 $\delta^{18}O$ 随时间变化进行研究，估计了河水暴涨时雨水和地下水的比例。Machavaram 等（2006）应用同位素示踪和水文方法研究了降雨对径流的影响。

在应用同位素技术确定地表径流及地下径流的来源与组成并进行水源划分方面也取得了一系列成果（Subyani，2004；Gates et al.，2008；Long，2009）。Lee（2001）针对喀斯特地形采用一个四水源的混合模型进行水源划分，将水源分为降雨、土壤水、喀斯特水和地下水。Eung（2001）应用四元混合模型和稳定同位素方法研究美国印第安纳州石灰岩地区的地下水流运动。Tayoko 和 Yoshio（2003）利用雨水和径流等中 D 和 ^{18}O 的差异，应用两水源水文模型对日本森林覆盖区进行研究。Machavaram 等（2006）采用三水源两种示踪剂过程线分割模型对流域洪水进行划分，将流量过程线划分为三种具有物理基础的水源。在同位素技术确定流域地表和地下水的来源、特性及其组成，并进行水源划分研究方面。James 和 Roulet（2006）研究了地下水补给的空间和时间分布，确定了地下水的演化过程。Weyhenmeyer 等（2002）运用降水同位素组成的高程效应，确定了主要补给面积和地下水流路径并评价了不同高程处的地下水补给比例。Payne 等（1978）运用泉水中稳定同位素组成的变化，描述了泉水的补给面积和高程，确定了泉水的补给来源。Mul 等（2008）提出应用水化学与同位素相结合评价地下水的补给量和径流，通过氯化物质量守恒方法确定地下水的补给。Lee（2001）针对喀斯特地形采用混合模型进行水源划分，将水源分为降雨、土壤水、喀斯特水和地下水。相关研究还可见众多学者（Gat and Matsui，1991；Stratton and Goldstein，2000；Bartarya et al.，2002；Winston and Criss，

2003；Huth et al.，2004；Cartwright and Weaver，2005；Heppell and Chapman，2006；Merlivat and Jouzel 2006；Uliana et al.，2007；Liu，2008；Catherne et al.，2010）的研究成果，这些方法主要是基于质量平衡和同位素浓度平衡方程而提出的。

采用同位素研究流域地下水和地表水等各种水体之间转化关系方面，Stumpp 等（2009）通过同位素示踪，识别了地下水、地表水与大气降水三者之间的转化关系。Benony（2006）通过对地表水、地下水样品同位素的分析，确定了地下水、地表水与大气降水三者之间的转化关系。Harrington 等（2002）通过对地下水中化学组成、稳定同位素的比率分析，评价地下水资源的可再生性，同时对其来源进行了讨论。Katz 等（1997）运用地下水和地表水之间在同位素和水化学组成上的明显区别，为研究地表水和地下水系统提供了定量研究方法。近年来国内外水文地质学家用同位素技术解决了干旱、半干旱地区地下水，尤其是深部古地下水的成因和形成机制，识别了古地下水的补给来源，描述地下水流动路径及其可能发生的入渗、混合以及水岩相互作用等问题（Celle et al.，2001；Kendall and Coplen，2001；Casper et al.，2003；Cho et al.，2003；Darling and Talbot，2003；Liu，2004；Bajjali，2006；Jones，2006；Yamanaka et al.，2007；Liu，2008；Yuri and Peiffer，2009；Han et al.，2010）。

国内在运用同位素方法研究流域水循环方面取得了一系列成果，主要集中在水循环机理的实验研究及中国特异地区的流域水循环应用研究上。顾慰祖（1996）对流量过程线中不同径流组成进行划分，研究了实验流域降雨径流关系，并揭示出流域水文系统同位素条件的复杂性。张应华和仵彦卿（2009）对黑河流域中上游地区降水的氢氧同位素特征进行分析，阐明了该区降水的氢氧同位素分布特征。刘相超等（2005）运用同位素技术在华北山区典型实验流域研究了大气降水的雨量效应、高程效应，并确定了降水季节的水汽来源。Liu 和 Fan（2008）研究了黑水河湿季水同位素特征，并进行水文分割研究。陈宗宇等（2006）对比山区河流，戈壁带地下水，细土平原潜水样品以及张掖降水的 $\delta^{18}O$ 和 δD 得出，山区河流是盆地地下水的主要补给来源。田立德等（2002）利用那曲河流域降水及河流水体中氧稳定同位素初步研究了该流域的水循环问题。Wu 等（2009）进行了喀斯特流域地表水和地下水转化系统定量研究。尹观等（2004）对 d 参数意义进行了论述，并利用地下水 d 参数研究了温泉水、地热水的年龄，对冰川积雪溶融过程中同位素效应及氘过量 d 参数进行了研究。甘义群等（2008）利用氘过量值（d 值）特征得出张掖盆地平原浅层地下水主要是由大气降水补给，张掖盆地和酒泉盆地的地下水是以冰川积雪融水和基岩裂隙水补给为主。田立德等（2005）利用降水和河水的 d 值，研究了青藏高原南北部大气降水不同的水汽来源和水汽循环。相关研究还可见王宁练等（2009）、瞿思敏和包为民（2008）、张光辉等（2005）、王福刚（2006）、马金珠等（2005）、刘相超（2006）、顾慰祖和邓吉友（1998）的研究成果。同位素技术也在生态水文学研究领域，包括各种植被类型的水分利用效率研究，植物水分利用效率的时空变化，不同生活型植物水分利用效率的差异，不同环境梯度下植物水分利用效率的差异，水分利用效率的影响因素，植物水分利用源与水分利用效率关系等方面研究中展现其独特优势与其应用前景，利用稳定同位素技术对不同区域的荒漠、森林、草原、沙漠农田、河岸等植被生态系统植被水分来源、水分利用效率的时空变化，土壤水分的时空变化以及根系吸水等诸多领域的研究已有较多的报道，已经取得众多研究成果，在今后水文生态的研究中必将发挥更大的潜力和应用。国内同位素水文的应用研究主要在降雨同位素分布、蒸发引起的同位素分馏和降雨径流关系等方面，而对水文过程研究相对薄弱（张光辉等，2005；章新平等，2009）。

综上所述，这些研究加强了同位素水文方法与传统水文方法的综合利用。通过定期取样对流域径流中的氢氧同位素进行分析，不但可以研究流域径流的变化与大气降水在时间、空间上的配置，还可以了解流域大气降水中同位素的变化规律，与全球类似地区流域中的同位素变化规律进行对比，可以更深入地了解流域水文循环过程的演变过程。在流域水文过程的研究中，同位素示踪技术为研究地下水的起源、年龄和流动途径及补给组成比率等提供了直接信息，为进一步认识地下水补给和更新变化规律提供了重要科学依据。同位素技术还被广泛地应用于水文分割和径流转换等方面的研究。近年来，国内外研究者应用同位素与地球化学示踪剂解决了地下水的成因与形成、补给来源、补给高程、地表水和地下水等不同水体水力联系，以及坝基渗漏等问题（Kortatsi，2006；王仕琴等，2009）。同时也被运用于流域水流路径的鉴别、驻留时间和水文系统特点等研究，还应用于研究降雨/降雪、融冰、湖泊、高程、干旱、蒸发、喀斯特等对流域水文过程的影响等方面。在水循环各环节定性和定量研究，降雨流量过程线分割、确定径流路径、驻留时间、径流组成来源贡献以及水文系统特点等诸多水文学问题的研究中得到了应用，并取得了诸多成果，同时也被应用于辨别区域水汽来源、大气降水、植物水分利用效率等方面（Uhlenbrook et al.，2002；Marfia et al.，2004；Karimi et al.，2005；Pilla et al.，2006；Su and Feng，2008；Kevin et al.，2010）。同位素技术在解决上述问题中起到了独特作用，这些研究加强了同位素方法与传统水文方法的结合。

5.2　方法原理

5.2.1　同位素分析

同位素组成是指物质中某一元素的各种同位素的相对含量。自然界水体在蒸发和冷凝过程中，由于构成水分子氢氧同位素的物理化学性质不同，造成不同水体中同位素组成的变化，这种现象称为同位素分馏作用，通过仪器可以精确地测定这种变化过程。水由氢氧两种元素构成，且有各自相应的稳定同位素。水中的 ^{18}O 和 D 同位素含量可用同位素丰度、同位素比值、同位素千分偏差等不同方式表示。同位素比值是指研究对象中某元素的两种同位素含量之比，以 R 表示。同位素比值常用重同位素含量与轻同位素含量之比。在自然界中，稳定同位素组成的变化很小，因此一般用 δ 值来表示元素的同位素含量，而非同位素丰度和同位素比值，实际应用中常用样品中同位素比值与标准样品同位素比值的千分偏差（δ）来表示。当 $\delta^{18}O$ 和 δD 为正值时，表示样品比 SMOW 标准

富集了 $\delta^{18}O$ 和 δD，当为负值时，表明样品中的两种同位素比 SMOW 标准中贫化。氢氧同位素国际标准样品是"标准平均海水"，SMOW（Standard Mean Ocean Water），它是 Craig 根据世界三大洋中深度 500～2000 m 范围内的海水按等体积混合的平均同位素组成定义的（Craig, 1961）。实际应用中，通常采用国际原子能机构（IAEA）制定的 V-SMOW 作为标准样，与 SMOW 标准基本一致。

氘过量参数 d 亦称氘盈余，由 Dansgaard（1964）提出，并被定义为：$d = \delta D - 8\delta^{18}O$。不同地区大气降水的 d-excess 值，可以较直观地反映该地区大气降水蒸发、凝结过程的不平衡程度。d-excess 值实际上是一个大气降水的重要的综合环境因素指标。研究 d-excess 的变化，可以揭示降水的水汽来源及其水循环方式的时空变化，以及水汽蒸发源地气候特征的变化，深入研究古水的 d-excess 变化，有望揭示古气候的演化特征（晁念英等，2004）。

5.2.2 水化学分析方法

天然水在与周围环境长期相互作用过程中形成了独特的水化学特征，在一定程度上记录着水循环方面的水体赋存条件、渗流途径和补给来源等，可以为探讨地下水形成机理、补给来源和水力联系提供理论支持。低矿化水中常以 HCO_3^-、Ca^{2+}、Mg^{2+} 为主，高矿化水则以 Cl^- 和 Na^+ 为主，中等矿化的地下水中，阴离子常以 HCO_3^- 为主，主要阳离子则可以是 Na^+，也可以是 Ca^{2+}。一般来说，从补给区到排泄区，经历着由较低 Na^+，Cl^- 和较高 HCO_3^- 含量向较高 Na^+，Cl^- 和较低 HCO_3^- 含量过渡的变化趋势。水岩作用程度越强烈，其水化学组分含量越高。由于水体受到混合、蒸发等多种作用的共同影响，使用单一离子浓度往往无法判别其物质来源，而两种可溶组分的元素或元素组合的比值（即 X/Y）则能消除水体中稀释或蒸发效应的影响，可用来讨论物质来源和不同水体混合过程。

1）Gibbs 图解法

不同径流组分可以通过径流中化学示踪剂进行鉴别，径流路径不同，其水化学特点也不同。水中化学离子浓度反映了径流路径中的水岩相互作用过程。为了直观地研究水化学离子的主要来源、形成原因，通常用 Gibbs 的半对数坐标图解（Gibbs, 1970）进行分析，纵坐标以对数表示 TDS，横坐标以算术值表示质量浓度比阳离子 $Na^+/(Na^+ + Ca^{2+})$ 或阴离子 $Cl^-/(Cl^- + HCO_3^-)$ 的值，全球所有水离子组分值几乎全部落在图中的框中。

2）Mg^{2+}/Ca^{2+}、Na^+/Ca^{2+} 当量浓度比例系数法

Mg^{2+}/Ca^{2+} 和 Na^+/Ca^{2+} 当量浓度比值常用来区分溶质的大致来源。以方解石风化溶解作用为主的水一般具有相对较低的 Mg^{2+}/Ca^{2+} 和 Na^+/Ca^{2+} 值；以白云岩风化溶解作用为主的水具有较低的 Na^+/Ca^{2+} 值和较高的 Mg^{2+}/Ca^{2+} 值；水中的 Mg^{2+}/Ca^{2+} 值可以被用作一种检测参数来辨别地下水来源（Wu et al.，2009；Appelo and Postma，1994）。因此，根据以上离子比值可以识别水中化学组分的主要来源，揭示水化学成因的大致机理。

3）（$Ca^{2+}+Mg^{2+}$）/（Na^++K^+）当量浓度比例系数法

水中的（$Ca^{2+}+Mg^{2+}$）/（Na^++K^+）当量浓度比值可以作为判别流域不同岩石风化相对强度的指标。碳酸盐风化控制的河流（$Ca^{2+}+Mg^{2+}$）/（Na^++K^+）值较高。Cl^-/Na^+值较低，而 HCO_3^-/Na^+ 较高，表明河流水化学组成受到蒸发岩溶解影响强。（Na^++K^+）和 Cl^-的相互关系能够反映出离子是否发生硅酸盐矿物溶解反应。若水中（Na^++K^+）近似等于了 Cl^-，水中的 K^+ 和 Na^+离子主要来源于岩盐溶解；若水中 Na^++K^+ 远远大于 Cl^-，水中的 K^+ 和 Na^+离子除来源于岩盐的溶解以外，受到硅酸盐矿物溶解的影响。

4）（$Ca^{2+}-SO_4^{2-}+Mg^{2+}$）/$HCO_3^-$ 当量浓度比例系数法

因为石膏或硬石膏溶解产生等量的 Ca^{2+}和 SO_4^{2-}离子，因此从水溶液的 Ca^{2+}总量中减去 SO_4^{2-}的量，即为白云石溶解的量。因此水中的（$Ca^{2+}-SO_4^{2-}$）和 Mg^{2+}应该全部来自白云石的溶解，并且（$Ca^{2+}-SO_4^{2-}+Mg^{2+}$）和 HCO_3^- 当量浓度比例值应该落在它们的 $1:1$ 等量线上。

5）（$Ca^{2+}+Mg^{2+}$）/（$HCO_3^-+SO_4^{2-}$）当量浓度比例系数法

天然条件下，根据其溶解的化学反应式，方解石、白云石等碳酸盐风化所产生的Ca^{2+}和Mg^{2+}的当量浓度之和与 HCO_3^- 应该大体一致，因此Ca^{2+}和Mg^{2+}的当量浓度之和与 HCO_3^- 当量浓度的比值常被用来判断区域内化学风化的类型。（$Ca^{2+}+Mg^{2+}$）/（$HCO_3^-+SO_4^{2-}$）$\gg 1$，则指示水中的Ca^{2+}和Mg^{2+}主要来源于碳酸盐矿物的溶解；（$Ca^{2+}+Mg^{2+}$）/（$HCO_3^-+SO_4^{2-}$）$\ll 1$，则指示硅酸盐或硫酸盐矿物的溶解；（$Ca^{2+}+Mg^{2+}$）/（$HCO_3^-+SO_4^{2-}$）≈ 1，则表示既有碳酸盐的溶解又有硫酸盐的溶解。

5.2.3　PHREEQC 模拟

PHREEQC 软件可以在模拟运算中直接得到地下水中主要矿物的饱和度指数（Saturation Index，SI），饱和度指数的计算一方面使水溶液中各组分的化学形态及含量分布定量化，更客观地反映溶液中各组分的实际存在形式，并为进一步的模拟运算提供中间数据。另一方面计算结果可为模拟计算的参数调整和模型选择提供依据。饱和指数计算的基本依据是质量作用定律，SI 的表达式为（Plummer et al.，1990；仵彦卿等，2004；马金珠等，2005）

$$SI=\lg IAP/K \tag{5.1}$$

式中，IAP 为离子活度积；K 为平衡常数。以方解石为例，通常用矿物的 lgSI 与 0 的关系来确定地下水中该种矿物可能发生的反应，如：lgSI＞0 时，表示水中该矿物过饱和，发生沉淀；lgSI＜0 时，水将溶解该矿物（如果含水层中存在）；lgSI=0 时，地下水中该矿物的溶解处于平衡状态。

在实际的水文地球化学问题中，往往地下水的化学组分是已知的，而其形成和演化的过程是未知的，反向地球化学模拟为解决这一问题提供了有效的途径。它建立在质量守恒模型的基础上，通过实测的初始和终点的水化学组分、同位素资料等求出系统所发生的质量迁移。它的原理是依据观测反应途径上两个水溶液组分间的差异，确定可能的地球化学作用。根据这一原理，选择不同时期的地下水化学资料进行模拟计算，就可反映出人类活动对水-岩作用方向的影响和控制，揭示地下水化学环境的演化机制。

5.2.4　样品采集与现场测定

项目组于 2011 年 6 月～2014 年 12 月在汾河上游典型小流域大庙沟流域不同景观带进行野外考察和积雪、冻土、土壤水、降水、河水和地下水等的样品采集。同时在采样现场用 YSI-63 手持式电导仪进行了 EC、pH、水温和盐度的测定。所有样品用 parafilm 密封，带回实验室，置于 4 ℃环境保存至实验分析。取样点分布位置如图 5.1 和图 5.2 所示。

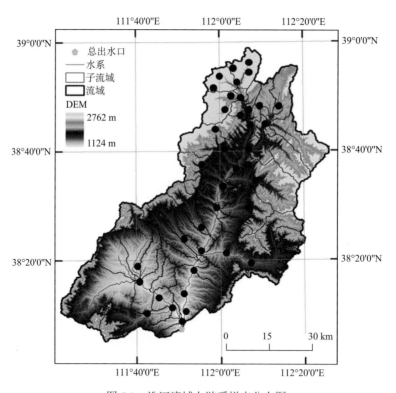

图 5.1　汾河流域上游采样点分布图

5.2.5　实验室测定

所有样品的稳定同位素 D 和 ^{18}O 分析在中国科学院寒区旱区环境与工程研究所内陆河流域生态水文与流域科学重点实验室完成，水样用 EuroPyrOH-3000 元素分析仪与 Isoprime 质谱仪经上联机工作,经高温裂解及还原炉反应后在线测定稳定同位素 D 和 ^{18}O

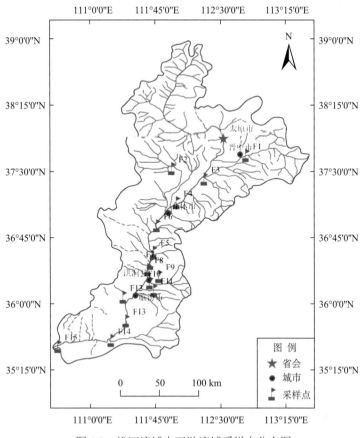

图 5.2　汾河流域中下游流域采样点分布图

值及样品元素含量，每个样品重复测定 6 次。采集的土壤水和冻土水用低温真空蒸馏法提取。测定结果以相对于 V-SMOW 标准的千分差表示，用 V-SMOW 标准校正。δD 和 $\delta^{18}O$ 测定精度分别小于±1‰和±0.2‰。

　　样品中的 $\delta^{18}O$ 和 $\delta^{15}N$ 值在中国农业科学院农业环境与可持续发展研究所环境稳定同位素实验室（AESIL，CAAS）测定，将转化为 N_2O 气体的 NO_3^- 通过 Gilson 自动进样器输送至痕量气体分析仪 Trace Gas，提取纯化和捕集 N_2O 气体，该过程中不存在同位素的分馏，最后通过 Isoprime100 同位素比质谱仪测定氮氧同位素。元素的同位素含量通常用样品中同位素比值与标准样中同位素比值的千分偏差值（δ）来表示。标准样为国际同位素标准样品 USGS32KNO$_3$、USGS34KNO$_3$、USGS35NaNO$_3$。经校正后，USGS32、USGS34 的 $\delta^{15}N$ 分析精度分别为 0.05‰和 0.09‰，远高于仪器的 $\delta^{15}N \leqslant 0.5‰$的分析精度要求，结果重复性良好。

　　同位素比值用重同位素含量与轻同位素含量之比，用样品同位素比值与标准样品同位素比值的千分偏差值（δ）来表示元素同位素含量。R_{sample} 和 R_{smow} 分别为样品与标准样品中重轻同位素含量比值。氢氧同位素国际标准样品是 SMOW，采用（IAEA）制定的 V-SMOW 作为标准样，与 SMOW 标准基本一致。

$$\delta^{18}O(‰) = \frac{(^{18}O/^{16}O)_{sample} - (^{18}O/^{16}O)_{SMOW}}{(^{18}O/^{16}O)_{SMOW}} \times 1000$$

$$\delta D(‰) = \frac{(D/H)_{sample} - (D/H)_{SMOW}}{(D/H)_{SMOW}} \times 1000$$

$$(5.2)$$

野外采集的水样的水化学测定在山西大学黄土高原研究所完成，样品在采集后一个月内完成分析测定。主要测试内容：K^+、Na^+、Ca^{2+}、Mg^{2+}、SO_4^{2-}、Cl^-、HCO_3^-和NO_3^-。K^+、Na^+、Ca^{2+}、Mg^{2+}等阳离子使用PE-2380 型原子吸收光谱仪测定；阴离子SO_4^{2-}、F^-、Cl^-和NO_3^-使用Dionex-100离子色谱仪测定。选取部分样品用滴定法未检测到CO_3^{2-}，现场测定水样pH，其变化范围为6.8～9.2，平均值为7.41，在这样的条件下，CO_3^{2-}几乎不存在。HCO_3^-离子浓度在现场或者采集后24小时内采用稀硫酸-甲基橙滴定方法测定。总溶解固体（TDS）含量为各离子含量总和减去1/2 HCO_3^-的含量计算，样品的分析测定精度为±3%（杨永刚等，2011）。

野外采集的土壤样，土壤化学分析在中国科学院寒区旱区环境与工程研究所水土化学分析实验室完成，分析项目包括：8 大离子 K^+、Na^+、Ca^{2+}、Mg^{2+}、SO_4^{2-}、Cl^-和HCO_3^-、NO_3^-以及电导率、矿化度和总溶解固体（TDS），水溶性盐分析包括电导率、全盐量、阴离子（Cl^-、SO_4^{2-}、HCO_3^-、NO_3^-）和阳离子（Na^+、K^+、Ca^{2+}、Mg^{2+}）的测定。对土样先进行浸提抽滤，粒度用吸管法，电导率用电导仪测定，Ca^{2+}和Mg^{2+}用 EDTA 络合滴定法，K^+和 Na^+用火焰光度法测定（火焰光度计 6410），CO_3^{2-}和HCO_3^-用双指示剂中和滴定法测定，Cl^-用硝酸汞滴定法测定，SO_4^{2-}用 EDTA 间接络合滴定法测定。

5.3　汾河上游流域水文过程研究

5.3.1　植被带谱分析

本书在地理信息系统软件 ArcGIS 和景观格局分析软件 Fragstats 环境下，利用 GIS 和 RS 手段将汾河上游的 TM 影像进行解译，根据植被覆盖、地表组成与土壤特征，划分流域生态水文响应单元，绘制出景观要素分布图，对其景观要素类型结构特征、景观异质性、景观要素斑块大小及各景观要素的空间关系特征进行系统研究。植被类型分布在 ArcGIS 环境下使用数字化方法，将汾河上游切成若干块多边形，每一块多边形代表一种景观带，由于汾河上游总面积已知，切出来的每一块多边形的面积系统会自动生成，由此可以算出每种景观带所占的面积及所占比例。汾河上游地处汾河上游山区，山势陡峭，沟谷切割剧烈，海拔高程多在 1676～2665 m，下垫面复杂，气温、降水有明显的垂直分布，形成了多种具有明显垂直地带性的地表覆盖、植被和土壤类型。由低山带到高山带，景观带类型依次为亚高山草甸带、中高山森林带、疏林灌丛带、山地草原带和农作区。流域下垫面性质的空间异质性很大，海拔和复杂地形的变化影响大气要素在山区流域的空间和时间分布及变化，这些景观带对径流形成、河水流量调蓄和涵养水源具有重要作用（表 5.1）。

表 5.1　汾河上游各景观带面积

景观带	亚高山草甸带	中高山森林带	疏林灌丛带	山地草原带	农作区	合计
面积/m²	21067200	67920496	43287155	12305461	5503771	150084085
比例/%	14.04	45.25	28.84	8.20	3.67	100

5.3.2　水文地质分析

汾河上游地表水多数分布于山谷河床之中，地貌林网密布，沟深山高，走向是从西向东，河流左岸地层以石炭、二叠系的石灰岩、页岩为主，河流右岸地层以太古代的花岗岩、片麻岩为主。由于地质构造的特点使得地貌变化层次分明。泉水大部分直接补给河水，其余沿山谷渗漏于地下，常年降水量为 420～470 mm，径流系数为 8.4%，干流长 14.5 km，河网密度 0.177 km/km²，常年有一股清水，河道糙率为 0.035，平均纵坡 3%。地下水境内地下水主要靠降水补给，沟壑河道还接受山泉水补给，山区地形坡度大，大气降水大都形成地表水径流，地下水水质大多数良好，河水多有地下水补给。

汾河上游属宁静向斜的西翼，主要出露地层为太古界变质岩；寒武奥陶系灰岩、白云质灰岩、竹叶状灰岩、鲕状灰岩及奥陶系碳酸盐岩；石炭、二叠系煤系地层。地层总体向南东东方向倾斜，其中古生界碳酸盐岩构成泉域岩溶地下水含水层（图 5.3）。区内没有其他外源地表水入境，岩溶地下水主要接受降雨入渗补给和泉域内西南部火成岩山区地表水和风化裂隙水通过碳酸盐岩段的渗漏补给。受地貌以及地层产状的共同作用（图 5.4），地下水在东西方向上由西向东渗流；在南北方向上，自西向东横切泉域的汾河及北石河河谷形成岩溶地下水的排泄基准，控制了岩溶地下水由南、北两侧向中部汇集的总体流场形态。中部涔山乡一带谷底切割出的下伏火成岩体以及岩溶发育程度相对较弱的下奥陶统和寒武系碳酸盐岩，受相对隔水影响，岩溶地下水形成多点排泄。东侧石炭、二叠系碎屑岩构成了最终阻水体，在东寨西北的汾河河谷谷肩排泄形成了泉群中最大的泉水——雷鸣寺泉。

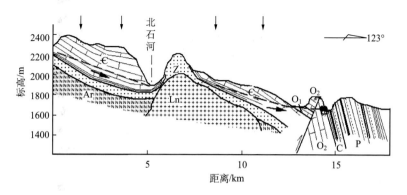

图 5.3　汾河上游水文地质剖面图

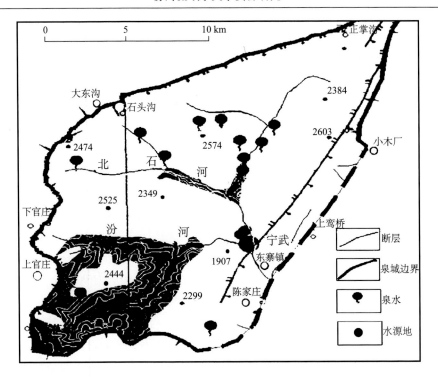

图 5.4 汾河上游水文地质

5.3.3 景观带尺度水化学过程分析

  不同径流路径会导致不同的水化学特点，化学离子浓度变化反映了径流路径的水岩作用。根据研究区水化学 Piper 图解可以看出，各离子质量浓度及水化学指标变化不大，地表水与地下径流均为阳离子以钙为主，阴离子以 HCO_3^- 为主。 由于汾河上游各地段的地下水补给、径流和排泄方式不同，因而表现出不同的水化学特征。中高山森林带来水中主导阴离子是 HCO_3^-，占总阴离子的摩尔比例 90%，主导阳离子是 Ca^{2+}，占总阳离子的摩尔比例 85%。图 5.5 显示亚高山草甸带与中高山森林带来水阴离子相对含量顺序均为： $HCO_3^- >$ $SO_4^{2-} > NO_3^- > Cl^-$，阳离子顺序为： $Ca^{2+} > Mg^{2+} > Na^+ > K^+$，亚高山草甸带与中高山森林带水样阳离子均落在 Ca^{2+} 一端，阴离子均落在 HCO_3^- 组分一端，EC 平均值为 320.78 μS/cm，溶解性总固体平均为 171.43 mg/L，水化学类型均为 $Ca\text{-}HCO_3$ 型，属于方解石等纯碳酸盐岩石风化溶解。疏林灌丛带与山地草原带的地表径流中 Ca^{2+} 和 Mg^{2+} 是最强的阳离子，其含量均占总阳离子的 90% 以上， HCO_3^- 是最强阴离子，占总阴离子的 85%，EC 平均值为 541.24 μS/cm，溶解性总固体平均为 389.13 mg/L，均为 $Ca\text{-}Mg\text{-}HCO_3$ 型水。这些表明离子主要来自方解石和白云石等碳酸盐风化溶解，据此初步推断此地表水混合了亚高山草甸带和中高山森林带来水。图 5.5 显示雷鸣寺泉水中（$Ca^{2+}+Mg^{2+}$）占总阳离子的 90% 以上， Ca^{2+} 是主导阳离子，占总阳离子的 65%， Mg^{2+} 占 28%。 HCO_3^- 是主导阴离子，占阴离子总量的 68%，EC 平均值为 590.52 μS/cm，溶解性总固体平均为 420.19 mg/L，水化学类型为 Ca-Mg-SO₄-HCO₃ 型， HCO_3^- 含量相对较多，而 SO_4^{2-} 相对较少，说明混合了多种不同类型的水源，且主要以方解石和白云石等碳酸盐风化溶解为主导，且有小部分石膏等硫酸盐的溶解，进一步推断雷鸣寺泉水是由不同景观带来水混合形成。图 5.5 显示，汾河水库水中主要阳离子相对含量的离子顺序为： $Ca^{2+} > Na^+ > Mg^{2+} > K^+$，$Ca^{2+}$ 和 Na^+ 是主导阳离子，占总阳离子的 87%。阴离子顺序为： $HCO_3^- > SO_4^{2-} > Cl^- > NO_3^-$，$SO_4^{2-}$ 和 HCO_3^- 是主导阴离了，占阴离子总量的 94%，EC 值为 679.82 μS/cm，溶解性总固体为 518.29 mg/L，水化学类型为 Ca-Na-SO₄-HCO₃ 型，说明汾河水库接受上游雷鸣寺泉水补给，沿程受人类活动影响，混合了其他不同类型水源。

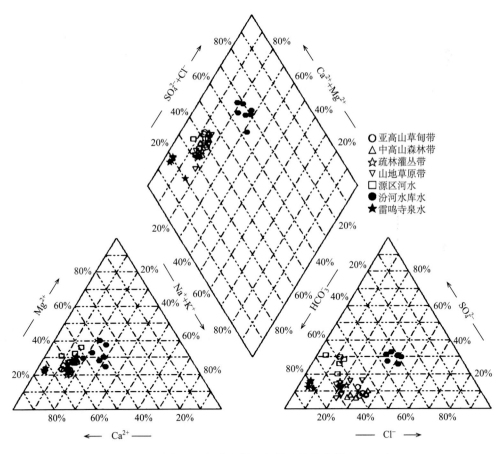

图 5.5　各种水样三角图水化学分析

5.3.4　景观带尺度水文过程同位素示踪

汾河上游降水的 $\delta^{18}O$ 和 δD 范围是： $-16.48 \times 10^{-3} \sim -5.32 \times 10^{-3}$，$-84.6 \times 10^{-3} \sim -52.17 \times 10^{-3}$，根据降水 δD 和 $\delta^{18}O$ 值求出当地降水线方程为 $\delta D = 7.82\delta^{18}O + 8.68$，$R^2 = 0.94$，与全球降水线方程相比，斜率与截距均偏低（图 5.6），说明对于地下水来说，大气降水

下渗到地下后,其同位素值变化趋于均一化,反映了时间、空间的混合。此外,汾河上游自然地理因素、水岩相互作用和气候条件也对同位素值产生影响,存在一定的同位素动力分馏效应。

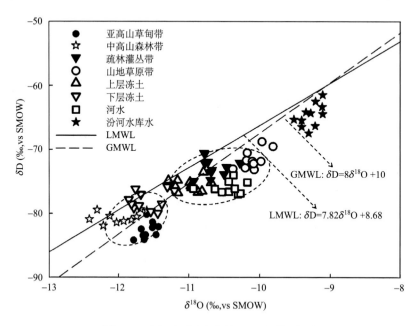

图 5.6　研究区不同水体的 δD 和 $\delta^{18}O$ 组成

汾河源头亚高山草甸水处于当地降水线左下方,$\delta^{18}O$ 和 δD 变化范围为 $-11.59\times10^{-3}\sim$ -11.76×10^{-3},$-80.28\times10^{-3}\sim-84.42\times10^{-3}$,最为贫同位素 $\delta^{18}O$ 和 δD。由图 5.6 得知,亚高山草甸带冻土处于当地降水线下方,受到蒸发效应的影响。其中深层冻土位于左下方,受弱蒸发影响,而上层冻土处于降水线右下方,$\delta^{18}O$ 和 δD 含量较高,受到强蒸发影响。冻土样与亚高山草甸带、中高山森林带水样聚集,中高山森林带水的 $\delta^{18}O$ 和 δD 变化范围为 $-11.51\times10^{-3}\sim-13.13\times10^{-3}$,$-74.18\times10^{-3}\sim-81.72\times10^{-3}$,它们之间有一定的水力联系。上层土壤水与其地表径流相近,而比下层冻土相对富集 $\delta^{18}O$ 和 δD,说明地表径流接受冻土融水补给,上层冻土融化且受到蒸发影响。疏林灌丛带和山地草原带水同位素比亚高山草甸带中高山森林带相对富集同位素,处于当地降水线左下方,偏离当地降水线,受到蒸发影响。由图 5.6 得知,汾河上游河水的 δD 和 $\delta^{18}O$ 变化范围为 $-11.19\times10^{-3}\sim$ -11.75×10^{-3},$-75.05\times10^{-3}\sim-78.15\times10^{-3}$,处于当地降水线下方,偏离当地降水线,而且河水与疏林灌丛带和山地草原带水聚集,有密切的水力联系,可推断汾河上游河水主要来自亚高山草甸带,亚高山草甸主要是季节性冻土消融和降水下渗,转换成土壤水,形成地下径流,补给河水。部分地下水在中高山森林带溢出,形成小股泉水,部分穿过中高山森林带,在疏林灌丛带和山地草原带渗出,补给河水。说明在降水-地表径流-土壤水-地下水的转化过程中,受混合效应影响,水体 δD 与 $\delta^{18}O$ 不断富集,并在补给河水过程中,受蒸发作用影响,δD 和 $\delta^{18}O$ 含量更加富集。

　　汾河上游河水的同位素特征与雷鸣寺泉水相比，河水相对富集 $\delta^{18}O$ 和 δD，而与水库水相比，相对贫 $\delta^{18}O$ 和 δD，雷鸣寺泉水的同位素 $\delta^{18}O$ 和 δD 变化范围为 $-10.25\times10^{-3}\sim$ -10.87×10^{-3}，$-76.17\times10^{-3}\sim-76.93\times10^{-3}$，介于中高山森林带与疏林灌丛带、山地草原带之间，说明雷鸣寺泉水接受中高山森林带和疏林灌丛带、山地草原带混合补给。反映在 D-O 关系图上，雷鸣寺泉水与大庙沟流域河水聚集，且处于当地降水线以下，同位素含量接近，有密切的水力联系，雷鸣寺泉水和大庙沟流域河水接受亚高山草甸带和中高山森林带水的补给，点距离越近，二者水力关系越密切，可推断汾河上游河水主要来自雷鸣寺泉水，主要接受亚高山草甸带水和中高山森林带的补给，同时也接受疏林灌丛带和山地草原带的补给。不同景观带的水都位于当地降水线附近，表明均接受降雨补给，且受蒸发影响。由图 5.6 得知，汾河上游河水、亚高山草甸带水、疏林灌丛带水、山地草原带来水、地下水和降水之间存在相互补给排泄关系，说明河源区河水是由多种水源混合补给。

　　汾河上游沿程同位素不断富集，汾河水库最为富集，严重偏离当地降水线，汾河水库水的 δD 和 $\delta^{18}O$ 变化范围为 $-9.11\times10^{-3}\sim-9.48\times10^{-3}$，$-52.43\times10^{-3}\sim-64.43\times10^{-3}$，处于当地降水线附近，且偏离当地降水线，说明主要是由大气降水补给形成，且受到强蒸发效应影响。从汾河源头至汾河水库，随海拔高度不断变化，水体中同位素也不断发生变化，总体趋势是，随着海拔高度不断降低，其同位素值不断富集，存在一定的海拔效应。

　　另外，氘盈余，即氘过量参数 $d=\delta D-8\delta^{18}O$，也是同位素水文学与水文地质学研究的另一个重要参数。分析结果显示亚高山草甸带氘盈余参数 d 值为 $15.59\times10^{-3}\sim17.2\times10^{-3}$，中高山森林带的氘盈余参数没有明显的差异，$d$ 值为 $13.39\times10^{-3}\sim14.78\times10^{-3}$，疏林灌丛带平均值为 12.46×10^{-3}，山地草原带为 11.96×10^{-3}。雷鸣寺泉水 d 值为 $10.93\times10^{-3}\sim$ 13.23×10^{-3}，介于亚高山草甸带、中高山森林带和疏林灌丛带之间，说明雷鸣寺泉水主要由亚高山草甸带、中高山森林带和疏林灌丛带混合补给。雷鸣寺泉水以下流域，经头马营，至汾河水库，这一段河水的 d 值均偏低，且变化幅度很大，为 $7.18\times10^{-3}\sim10.72\times10^{-3}$，汾河水库最低为 7.18×10^{-3}，与全球平均值 d 值有较小幅度的偏离，体现了汾河上游地形和气候等地方性因素有密切关系，这也反映了沿汾河径流方向受蒸发与混合等因素作用，致使出现一些比较低的 d 值。

　　总体来看，整个汾河上游各种水体的同位素 $\delta^{18}O$ 和 δD 差异不大，均在 $-9.11\times10^{-3}\sim$ -11.76×10^{-3}，$-52.43\times10^{-3}\sim-84.42\times10^{-3}$ 范围之内，图 5.6 显示这些水体之间具有很密切的水力联系，存在相互补给排泄关系。汾河上游补给水源主要为亚高山草甸带。汾河上游中高山森林带面积较大，拦截降水，下渗，形成土壤水，补给地下水，最后汇入河道。疏林灌丛带和山地草原带在接受亚高山草甸带和中高山森林带来水补给的同时，也拦截降水，下渗，形成土壤水，补给地下水，最后汇入河道。

5.4　汾河中下游流域水文过程研究

5.4.1　研究区水文地质分析

汾河中下游流域地处中纬度大陆性季风带，受极地的大陆气团和副热带海洋气团的影响，属温带大陆性季风气候，为半干旱、半湿润型气候过渡区，四季变化明显。春季多风，干燥；夏季多雨，炎热；秋季少晴，早凉；冬季少雪，寒冷。雨热同季，光热资源较为丰富，有利于农业的发展。降雨的年际变化较大，年内分配不均，全年70%降水量集中在6～9月，并且多以暴雨形式出现；降水量总体分布趋势为南北两端和东西两侧山区高，中部盆地低，全流域多年（1956～2000年）平均降水量为504.8 mm，近十几年来降水呈减少趋势。水面蒸发量为1000～1200 mm，高值区在太原盆地。

太原盆地属大陆性干旱半干旱气候，多年平均气温9.75 ℃，极端最高气温38 ℃，极端最低气温–23 ℃。年降水量为425～520 mm，6～9月降水量最多，占全年降水量的58.4%。降水量在盆地内不同地区的分配有一定的差异，总的规律是南部多于北部，边山多于盆地。

太原盆地内地表以下50 m左右分布有不连续的粉土和粉质黏土，厚3～30 m不等，个别薄的地方厚1～3 m，属于弱透水层。该弱透水层将盆地内的含水层分为浅层孔隙含水层和中深层孔隙含水层，二者在空间分布上一致。在汾河古河道的中上部和较大洪积扇的中上部，部分地区缺失弱透水层，上部和下部的含水介质直接接触，又构成统一的含水层。浅层孔隙含水层主要为全新统和上更新统的冲洪积砂砾石和砂，厚10～30 m，中部为汾河冲积层，四周边山地带为洪积层。中深层孔隙水埋深50～200 m，单层厚5～40 m，有时厚达50 m，含水介质为中、下更新统和上更新统的冲洪积、湖积砂卵石和中、粗、细粉砂，属多层结构的孔隙承压含水系统。浅层孔隙含水层的水位埋深差大部分在10～30 m；中深层孔隙含水层的水位埋深在盆地中差异极大，为几米至130 m。

临汾盆地平川面积占19.4%，丘陵面积51.4%，山地29.2%。临汾盆地纵贯全市中部，将整体隆起的高原分为东西两部分山地。东部由北向南为太岳山、中条山，西部是吕梁山脉，海拔多在1000 m以上。最高处太岳山霍山主峰，海拔2346.8 m，最低处乡宁县师家滩，海拔385.1 m。境内有黄河、汾河、昕水河、沁河、浍河、鄂河、清水河7条河流和郭庄、龙祠、霍泉三大名泉。

临汾盆地地处半干旱、半湿润季风气候区，属温带大陆性气候，四季分明，雨热同期。气温的特点是冬寒夏热。全市气候的主要特征是：冬季寒冷干燥，降雪稀少；春季干旱多风，秋季阴雨连绵；夏季酷热多暴雨，伏天旱雨交错。年平均日照时数为1748.4～2512.6 h，年平均气温9.0～12.9 ℃，降水量420.1～550.6 mm，无霜期127～280 d。

运城盆地位于山西省西南部，介于110°15′E～110°46′E和34°40′N～35°38′N之间。包括运城、闻喜、夏县、临猗、永济五县（市）以及万荣、绛县的部分地区。总面积约6211 km^2。北依峨嵋岭，西至黄河岸，东部和南部以中条山为界，包括整个涑水流域。

由于地处中条山山前断陷带内，是一个强烈的沉降盆地，原为一古湖区，由于水源不足，湖水日趋萎缩，只有在中条山北麓断陷带内残留了现今的盐池、鸭子池及伍姓湖等。除中条山麓一带有洪积扇群以外，盆地内部多为河湖相堆积。目前涑水河已断流，由于地势低洼，形成了 700 km² 的闭流区，是山西省内唯一的内流域区。运城盆地除部分低洼有盐渍化现象外，大部分地区土壤肥沃，雨量充足，是省内无霜期最长的地方，农业开发利用历史悠久，是中华民族古文化的摇篮之一。

从气候上来看，运城地区属于温带大陆季风性气候，四季分明，降水主要集中在夏季，年均降水量为 500～600 mm，年均气温为 11～13 ℃，年辐射总量为5016～5852 MJ/(m²·a)，是全省最低值，但在全国属于中等水平。从地形上来看， 运城市全区平均海拔350～400 m，由于地势低洼且较平坦，那里形成了700 km²的闭流区，是山西省内唯一的内流域区。

汾河源远流长、支流众多，流域面积大于 30 km² 的支流有 59 条，其中流域面积大于 1000 km² 的有 7 条。支流中以岚河的泥沙最多，以文峪河的径流量最大。汾河支流面积大于 1000 km² 的河道特征见表 5.2，汾河中下游流域主要采样点控制流域面积及土地利用类型见表 5.3。

表 5.2 汾河支流流域面积大于 1000 km² 的河道分布表

河名	河长/km	流域面积/km²	平均纵坡/‰	年径流量/亿 m³
岚河	57.6	1148	3.2	0.72
潇河	147.0	3894	2.85	1.8
昌源河	87.0	1029.7	6.86	1.8
文峪河	158.6	4034.57	3.67	2.8
双池河	68.7	1111	10.70	0.27
洪安涧河	58.0	1123	11.0	1.0
浍河	118.0	2060	4.4	0.82

表 5.3 汾河流域中下游各采样点控制流域面积及土地利用类型

采样点	采样点编号	所属行政区	控制流域面积/km²	土地利用类型	备注
潇河	F1	晋中市榆次区	3894	R+A	
文峪河水库	F2	吕梁地区文水县	1876	R+A	
昌源河	F3	祁县	1030	A	
洪山泉	F4	介休市洪山镇	650	A+R	断层溢流泉, 岩溶水
汾河义棠断面	F5	介休市义棠		A+I	
汾河霍州断面	F6	霍州市		A+I+R	郭庄泉附近
郭庄泉	F7	霍州市郭庄村	5000	R+I	断层溢流泉, 岩溶水
汾河赵城断面	F8	临汾市赵城县		R+I	
广胜寺泉	F9	洪洞县广胜寺	1272	C+R	断层溢流泉, 岩溶水

续表

采样点	采样点编号	所属行政区	控制流域面积/km²	土地利用类型	备注
洪安涧河	F10	洪洞县	1123	R+A	
曲亭水库	F11	临汾市曲亭镇	182	R+A	
龙子祠泉	F12	临汾市西南西山前	3250	R+A	断层溢流泉，岩溶水
汾河柴庄断面	F13	襄汾县柴庄		C+R	
浍河	F14	新绛县	2060	C+R+I+A	
汾河河津断面	F15	河津县		R+I+A	

注：R. 居住用地；A. 农业用地；I. 工业用地；C. 商业用地

5.4.2　地表水水化学特征

从表 5.4 可以看出，河水的 TDS 在 1000 mg/L 左右，水化学类型不断发生变化，但阳离子的主要成分一直是 Ca^{2+} 和 Na^+，且自上游向下游逐渐变小。优势阴离子成分沿河流流向依次为 Cl^-、HCO_3^- 和 SO_4^{2-}。河水离子成分增高的原因在于进入太原盆地后，河水蒸发作用增强，径流速度变缓，并溶解了表层土中的大量盐分。

汾河水水化学组成同位素含量的变化，反映了汾河水的补给来源及组成比例的变化。太原市区到榆次市区河段为干涸河段，少量河水为雨洪积水，在蒸发浓缩作用及污染影响下，水化学类型为 SO₄-Cl-Ca-Na 型；太原市区到清徐河段，人类活动污染影响加重，同时接受浅层高矿化地下水的补给，河水的 Cl^- 和 NO_3^- 浓度比其他河段都要高，水化学类型为 Cl-SO₄-Ca-Na 型；祁县段为强径流带，水循环条件较好，河水中 HCO_3^- 含量明显增加，水化学类型为 HCO₃-SO₄-Ca-Na 型；平遥西部径流缓慢，蒸发浓缩作用强烈，并接受浅层高矿化水补给，水化学类型为 SO₄-Cl-Ca-Na 型；义棠口为汾河流出太原盆地处，流量较大，HCO_3^- 浓度增高，矿化度降低，TDS<1 g/L。但受上游来水和浅层地下咸水的影响，SO_4^{2-} 含量仍然较高，水化学类型为 SO₄-HCO₃-Ca-Na 型。

5.4.3　浅层地下水的水化学特征

汾河流域中下游浅层地下水可以归纳为三种类型。

（1）分布于太原盆地西部局部边山地带和太原市东部边山地带的浅层高矿化硫酸盐水，水化学类型为 SO₄-Ca-Mg、SO₄-Ca-Na 和 SO₄-Mg-Na 型，优势阳离子为 Ca^{2+}，优势阴离子为 SO_4^{2-}。主要原因是周边高硫酸基岩地下水 SO_4^{2-} 含量较高，当边山地带接受了大量来自山区水源补给后，在蒸发作用的影响下最终形成高矿化硫酸盐水。

（2）分布于介休市区北部及东部边山地带的浅层淡水，水化学类型属 HCO₃-SO₄-Ca-Mg、HCO₃-Na 型，TDS 一般小于 1 g/L。

（3）分布于盆地中心地带的浅层咸水，如龙子祠、霍州西部、洪洞北部等地，水化学类型包括 HCO₃-Cl-Na-Mg、HCO₃-Cl-Na-Ca 和 HCO₃-SO₄-Na-Mg 型，TDS 为 2～3 g/L。

表 5.4　研究区地下水地表水水化学和同位素组成

采样点编号	采样点	$\delta^{18}O$ /‰	δD /‰	K^+ /(mg/L)	Na^+ /(mg/L)	Ca^{2+} /(mg/L)	Mg^{2+} /(mg/L)	HCO_3^- /(mg/L)	Cl^- /(mg/L)	SO_4^{2-} /(mg/L)	F^- /(mg/L)	NO_3^- /(mg/L)	NO_2^- /(mg/L)	pH	TDS /(mg/L)
F1	潇河	-9.6218	-42.4299	0.82	225.79	28.45	40.24	498.7	150.24	147.23	0.66	31.38	0.31	9.2	1281.42
F2	文峪河水库	-9.7143	-40.0767	2.11	119.23	67.77	98.33	328.9	145.27	182.56	0.27	19.25	0.09	7.2	934.23
F3	昌源河	-9.6848	-45.9837	2.29	284.72	45.78	104.22	354.7	153.13	174.56	1.11	6.59	0.01	7.7	1493.2
F4	洪山泉	-9.2136	-44.8681	2.27	100.43	235.22	57.39	222.6	123.49	221.65	0.78	65.35	0.11	7.1	622.2
F5	汾河义棠断面	-9.1200	-45.6209	1.17	168.24	145.66	76.35	562.2	195.32	682.45	1.02	52.83	1.32	7.3	2785.36
F6	汾河霍州断面	-10.9685	-64.7803	0.54	37.45	156.21	87.22	510.6	21.42	541.43	0.78	67.58	1.07	6.8	1987.58
F7	郭庄泉	-10.6880	-62.0553	1.81	227.23	227.42	56.45	232.9	78.45	234.62	0.69	7.49	0.12	7	801.34
F8	汾河赵城断面	-9.7088	-51.4987	0.9	98.54	200.14	92.41	465.4	68.34	431.67	0.30	58.67	0.20	7.1	2873.4
F9	广胜寺泉	-11.0000	-41.9632	0.72	110.1	178.91	145.4	189.6	75.63	387.43	0.95	12.62	0.01	7.7	501.42
F10	洪安涧河	-10.1021	-46.7377	1.82	118.4	182.45	123.4	398.4	543.56	20.34	0.90	12.63	0.01	7.6	1023.52
F11	曲亭水库	-10.0090	-43.4995	1.54	109.2	198.75	87.5	310.2	45.87	46.91	0.17	72.77	0.11	7.3	1099.82
F12	龙子祠泉	-10.6849	-43.0614	1.43	145.2	59.45	95.3	200.1	201.23	59.82	0.61	21.27	0.11	7.4	581.21
F13	汾河柴庄断面	-9.1035	-49.2115	2.54	87.4	34.56	75.5	409.3	151.22	209.41	0.70	53.03	1.57	7.2	2530.82
F14	浍河	-9.2101	-46.6744	2.43	98.4	45.78	69.55	482.2	98.21	200.52	0.61	9.27	0.10	7.3	2981.81
F15	汾河河津断面	-9.2682	-35.1451	2.78	110.5	187.21	78.93	588.3	134.86	198.32	0.75	75.32	0.59	7.1	3592.18

该类型水以富含 Na$^+$为特征，优势阳离子成分为 Na$^+$，优势阴离子是 HCO$_3^-$，Cl$^-$含量也较高。由于盆地中心地下水径流缓慢，蒸发作用强烈，地下水盐分不断积累，矿化度升高，形成咸水。经过钙镁矿物沉淀析出和阳离子置换吸附等水-岩作用过程，Na$^+$成为水中优势阳离子成分，进一步升高。此外，居民生活污水排放和农田引污灌溉等，是 Cl$^-$含量增高的重要因素。

5.4.4　地表水同位素特征

地表水的同位素测试结果见表 5.4。大气降水样品取太原、介休、临汾、运城四地的平均值。δD 为−62.49‰，δ^{18}O 为−8.95‰。在浅层地下水和地表水的 δD-δ^{18}O 关系图中（图 5.7），浅层地下水和地表水均落在了当地雨水线的下方，出现了 ^{18}O 的漂移现象，表明受蒸发作用强烈。除 F2 外，其他各个取样点的河水均比大气降水中的重同位素含量低，说明河水不仅接受大气降水的补给，还接受了地下水的补给。从 F11 到 F15，汾河水的 D 值逐渐升高，TDS 逐渐增大，也佐证了汾河水中大气降水补给量的逐渐增加。

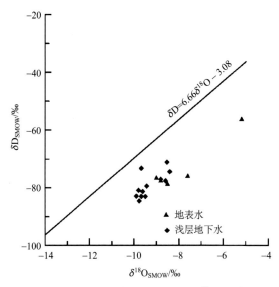

图 5.7　地表水和浅层地下水 δD-δ^{18}O 关系图

5.4.5　研究区浅层地下水同位素特征

浅层地下水中 δD 为−83.10‰～−71.08‰，δ^{18}O 为−9.90‰～−8.40‰。从图 5.7 可以看出，样点明显偏离当地雨水线，是浅层水蒸发效应的表现，说明浅层地下水在形成过程中受到蒸发作用的影响。汾河中下游地表水与浅层水分布在一起，环境同位素特征值接近，说明地下水与地表水存在密切的水力联系。

浅层地下水 D 含量从汾河中游流域向汾河下游流域递减，并于汾河霍州断面和汾河义棠断面形成低值区，这与浅层地下水的径流特征吻合，即沿地下水径流方向，D 含量逐渐变小。在地下水的强径流带上和地下水漏斗中心，浅层地下水的 D 含量也较高，反映出地下水交替迅速，更新能力较强。浅层地下水 D 值特征表明盆地浅层水的补给来源主要是现代大气降水和地表水。

5.4.6　汾河干流河水、浅层地下水及大气降水的转化关系

太原盆地河水与浅层地下水存在密切的水力联系，河水除接受大气降水补给外，还接受浅层地下水的补给。河水是由大气降水和地下水共同补给的混合水体，因此可以应用同位素定量计算方法，求算三者之间的转化比例关系。根据稳定同位素（δD、$\delta^{18}O$）质量守恒定律：

$$\delta_m Q_m = \delta_1 Q_1 + \delta_2 Q_2$$
$$Q_m = Q_1 + Q_2 \tag{5.3}$$

式中，Q_1，Q_2 分别为大气降水和地下水补给河水的量；Q_m 为河水的量；δ_m，δ_1，δ_2 分别为大气降水、地下水、河水的同位素特征值。

经推算，大气降水和地下水的混合比公式为

$$Q_1、Q_2 = (\delta_2/\delta_m)/(\delta_m - \delta_1) \tag{5.4}$$

在汾河中下游地区选取太原至义棠段、义棠至霍州段、霍州至临汾段、临汾至运城段、运城至庙前段五个计算区段开展地下水、地表水和降水的转化关系研究，计算结果见表 5.5。近年来，兰村至太原区段汾河干流几乎常年无水，而太原市区段的汾河水又受到人类排水的影响，故本次计算中未对这些区段进行计算。

汾河从太原盆地流出至介休义棠段，仅在文峪河等水库放水或降雨洪水流过时，河水补给浅层地下水，其他时间主要由地下水补给河水，该区段的汾河水来源复杂，除接受两侧支流的补给外，还有来自太原市的污水排放，主要受人类活动的影响，太原至义棠段，河水 14.69%来自于大气降水，85.31%来自于地下水。霍州至临汾段，该区段由于大量的煤矿开采以及发电厂等污染严重的企业，生活生产污水直接排放，主要受工业活动的影响，河水 23.23%来自于大气降水，76.77%来自于地下水。临汾至运城段，该区段是山西省主要的粮食作物产区，水源主要受流域内农业生产活动的影响，河水 53.44%来自于大气降水，46.56%来自于地下水。运城至庙前段，河道变宽，流速放缓，河水深度变浅，蒸发作用加剧，河水 68.79%来自于大气降水，31.21%来自于地下水。

表 5.5　汾河水补给来源计算结果

计算区域	大气降水、地下水混合比（据 δD 值）	大气降水、地下水混合比（据 $\delta^{18}O$ 值）	大气降水、地下水混合比平均值	大气降水所占百分比/%	地下水所占百分比/%
太原至义棠段	0.1403	0.2041	0.1722	14.69	85.31
义棠至霍州段	0.2649	0.2119	0.2384	19.25	80.75
霍州至临汾段	0.3054	0.2997	0.3026	23.23	76.77
临汾至运城段	0.3152	1.9812	1.1482	53.44	46.56
运城至庙前段	0.3973	4.0122	2.2048	68.79	31.21

汾河中游干流河水的水化学和同位素特征反映了河水、浅层地下水和大气降水的转化关系。

（1）汾河中下游干流河水的补给来源为浅层地下水和大气降水。就汾河中下游流域整体而言，干流河水的主要补给来源为浅层地下水，其次为大气降水。汾河中游的大部分河段（太原至义棠段、义棠至霍州段、霍州至临汾段）以地下水补给为主（占 76.77%～85.31%），在下游临汾至运城段大气降水补给和地下水补给几乎持平（各占 53.44% 和 46.56%）仅在入黄口运城至庙前段大气降水的补给占主导地位（68.79%）。

（2）沿河流流向，干流河水的补给比例逐渐发生变化，在河流流出太原盆地附近河水主要由大气降水补给。地下水补给的比例从 83.51% 降至 31.23%，而河水由大气降水补给的比例由 14.69% 增加到 68.79%。

（3）沿河流流向，干流河水的 TDS 含量逐渐增大，δD、$\delta^{18}O$ 值逐渐增大，显示由于从中游向下游，由于海拔落差变小，河道变宽，流速减缓，蒸发作用逐渐显著。这些水化学同位素特征的变化规律与河水的补给特征相符。

5.5 本章小结

汾河上游流域各种水资源以不同形式补给河流，亚高山草甸带降水和融水一部分形成地表径流，一部分通过下渗补给孔隙裂隙水，形成地下径流。地下水径流流经中高山森林带，在中高山森林带位置较低的孔隙裂隙中渗出，以泉水的形式排泄，形成山区径流。中高山森林带土壤疏松，土壤为粗颗粒状，孔隙度高，透水性较强，有增加入渗、减小径流的作用，使很大一部分降水不直接产生地表径流，而是下渗转化成地下径流，然后在河网切割深度大的地方排泄汇入河道。中高山森林带河水流量最大，是汾河上游主要径流形成区。疏林灌丛带与山地草原带通过密集的植被覆盖，吸纳降水，增加入渗，在时空上滞后了雨季降水的汇集。但由于其面积分布较小，对汾河上游径流贡献较小。汾河上游径流主要由降雨、积雪、冻土融水和地下水混合补给。流域内降水很少直接产生地表径流，补给河流，而是经过各景观带下渗，转换成壤中流、孔裂隙水或地下径流，最终汇入河道，完成了"补给-径流-排泄"的水文循环过程。河水中 $\delta^{18}O$ 和 δD 从上游到下游存在明显的递增趋势，主要原因是越接近下游，降水越少，气温高，水体经过强烈蒸发引起的同位素分馏效应越大。从汾河源头至汾河水库，随海拔不断变化，水体中同位素也不断发生变化，总体趋势是，随着海拔不断降低，其同位素值不断富集，存在一定的海拔效应。

本书应用环境同位素技术与水化学信息确定了汾河上游流域地表和地下水的来源、特性及其组成，通过分析降雨-径流的同位素组成变化特征，研究了汾河上游流域径流变化与大气降水的时空配置，研究了地下水补给的空间分布，确定了地下水的演化过程，并进行水源划分研究工作，识别了地下水、地表水与大气降水三者之间的转化关系，为研究地表水和地下水系统提供了定量研究方法。本书所开展的汾河上游流域降雨流量过程、径流路径、径流组成来源贡献以及水文系统特点等水循环各环节定性和定量研究，加强了同位素水文学方法与传统水文学方法的结合，为深入研究流域水文循环演变过程的模拟工作提供了基础理论。

汾河上游流域水文过程与土壤侵蚀规律的研究仍需加强深入研究，由于建模信息资料的缺乏与参数识别复杂性，造成目前水文模型在概念性模型的水平上难以进一步发展。传统的水文学研究方法只能标定汾河上游流域干支流水资源的量，并不能识别汾河上游流域径流来自哪一水文单元以及不同水文单元的径流在汾河上游流域径流中的比例、地表水和地下水的交换和更新速度等水文特征。同位素技术在解决上述问题中起到了独特作用。因此本书依靠同位素示踪技术与水化学方法有效地解决了汾河上游流域径流过程与土壤侵蚀过程模拟中所遇到的问题。应用同位素示踪技术进行汾河上游流域径流过程与土壤侵蚀过程规律的研究，获得了真实的水文规律，能有效避免对汾河上游流域自然条件模拟的失真问题，为汾河上游流域地下水、地表水与降水等水体变化规律的进一步模拟研究工作提供了重要科学依据与理论基础。

参 考 文 献

晁念英, 王佩仪, 刘存富等. 2004. 河北平原地下水氚过量参数特征. 中国岩溶, 23(4): 335～338

陈仁升, 吕世华, 康尔泗等. 2006. 内陆河高寒山区流域分布式水热耦合模型(Ⅰ): 模型原理. 地球科学进展, 21(8): 806～818

陈宗宇, 万力, 聂振龙等. 2006. 利用稳定同位素识别黑河流域地下水的补给来源. 水文地质工程地质, (6): 9～14

程慧艳. 2007. 黄河源区高寒草甸草地覆被变化的水文过程与生态功能响应研究. 兰州: 兰州大学博士学位论文

甘义群, 李小倩, 周爱国, 等. 2008. 黑河流域地下水氚过量参数特征. 地质科技情报, 27(2): 86～92

顾慰祖. 1996. 论流量过程线划分的环境同位素方法. 水科学进展, 7(2): 105～111

顾慰祖, 邓吉友. 1998. 阿拉善高原地下水的稳定同位素异常. 水科学进展, 9(4): 333～337

黄奕龙, 傅伯杰, 陈利顶. 2003. 生态水文过程研究进展. 生态学报, 23 (3): 35～41

金晓媚, 万力, 胡光成. 2008. 黑河上游山区植被的空间分布特征及其影响因素. 干旱区资源与环境, 22: 140～144

康尔泗, 程国栋, 董增川. 2002. 中国西北干旱区冰雪水资源与出山径流. 北京: 科学出版社, 248～304

蓝永超. 2008. 全球变暖情景下黑河山区水循环要素变化研究. 地球科学进展, 23(7): 739～747

李崇巍. 2005. 岷江上游景观格局及生态水文特征分析. 生态学报, 25(4): 691～698

李卫红, 郝兴明, 覃新闻, 等. 2008. 干旱区内陆河流域荒漠河岸林群落生态过程与水文机制研究. 中国沙漠, 28(6): 1113～1117

刘丽娟. 2004. 岷江上游植被格局动态及其生态水文功能研究. 北京: 北京师范大学博士学位论文

刘世荣, 温远光, 王兵. 1996. 中国森林生态系统水文生态功能规律. 北京: 中国林业出版社

刘相超. 2006. 基于环境同位素技术的流域水循环研究-以怀沙河为例. 中国科学院研究生院, 17～34

刘相超, 宋献方, 夏军, 等. 2005. 东台沟实验流域降水氧同位素特征与水汽来源. 地理研究, 24(2): 196～205

马金珠, 李相虎, 黄天明. 2005. 石羊河流域水化学演化与地下水补给特征. 资源科学, 27(3): 117～122

彭立. 2007. 森林对流域水文过程影响的研究进展. 江西农业学报, 19 (4) : 94～97

瞿思敏, 包为民. 2008. 同位素示踪剂在流域水文模拟中的应用. 水科学进展, 19(4): 588～596

宋献方, 刘相超, 夏军, 等. 2007. 基于环境同位素技术的怀沙河流域地表水和地下水转化关系研究. 中国科学 D 辑: 地球科学, 37(2): 102～110

田立德, 马凌龙, 余武生, 等. 2008. 青藏高原东部玉树降水中稳定同位素季节变化与水汽输送. 中国科学 D 辑: 地球科学, 38(8): 986～992

田立德, 姚檀栋, Whit J W C, 等. 2005. 喜马拉雅山中段高过量氘与西风带水汽输送有关. 科学通报, 50(7): 670～672

田立德, 姚檀栋, 沈永平, 等. 2002. 青藏高原那曲河流域降水及河流水体中氧稳定同位素研究. 水科学进展, 13(2): 206～210

王福刚. 2006. 同位素技术在黄河下游悬河段河南段水循环特征研究中的应用. 长春: 吉林大学博士学位论文

王根绪. 2005. 流域尺度生态水文研究综述. 生态学报, 25(4): 892～903

王浩, 严登华, 贾仰文, 等. 2010. 现代水文水资源学科体系及研究前沿和热点问题. 水科学进展, 21(4): 479～485

王宁练, 张世彪, 贺建桥, 等. 2009. 祁连山中段黑河上游山区地表径流水资源主要形成区域的同位素示踪研究. 科学通报, 54: 2148～2152

王让会, 张惠芝. 2005. 生态系统耦合的原理与方法. 乌鲁木齐: 新疆人民出版社, 34～100

王仕琴, 宋献方, 肖国强. 2009. 基于氢氧同位素的华北平原降水入渗过程. 水科学进展, 20(4): 459～501

仵彦卿, 张应华, 温小虎, 等. 2004. 西北黑河下游盆地河水与地下水转化的新发现. 自然科学进展, 14(12): 1428～1433

夏哲超, 潘志华, 安萍莉. 2007. 生态恢复目标下的生态需水内涵探讨. 中国农业资源与区划, 28 (4): 6～10

徐海量. 2005. 流域水文过程与生态环境演变的耦合关系——以塔里木河流域为例. 乌鲁木齐: 新疆农业大学博士学位论文

杨国靖, 肖笃宁. 2004. 祁连山区森林景观格局对水文生态效应的影响. 水科学进展, 15(4): 490～498

杨永刚, 肖洪浪, 赵良菊等. 2011. 流域生态水文过程与生态水文功能研究进展. 中国沙漠, 31(5): 1242～1246

杨针娘, 刘新仁, 曾新柱, 等. 2000. 中国寒区水文. 北京: 科学出版社

尹观, 倪师军, 范晓, 等. 2004. 冰雪溶融的同位素效应及氘过量参数演化. 地球学报, 25(2): 157～160

张光辉, 聂振龙, 王金哲, 等. 2005. 黑河流域水循环过程中地下水同位素特征及补给效应. 地球科学进展, 20(5): 511～519

张应华, 仵彦卿. 2007. 黑河流域中上游地区降水中氢氧同位素与温度关系研究. 干旱区地理, 30: 16～21

张应华, 仵彦卿. 2009. 黑河流域中上游地区降水中氢氧同位素研究. 冰川冻土, 31(1): 34～40

章新平, 王晓云, 杨宗良, 等. 2009. 利用 CLM 模拟陆面过程中稳定水同位素季节变化. 科学通报, 54(15): 2233～2239

赵文智, 程国栋. 2001. 干旱区生态水文过程研究若干问题评述. 科学通报, 46(22): 1850～1857

左海凤. 2007. 山丘区河川基流 BFI 程序分割方法的运用与分析. 水文, 27(1): 69～71

Appelo C A J, Postma D. 1994. Geochemistry, Groundwater and Polution. Rotterdam: A A Balkema Publisher

Appelo C A J, Van L R, Wersin P. 2010. Multicomponent diffusion of a suite of tracers (HTO, Cl, Br, I, Na, Sr, Cs) in a single sample of Opalinus Clay. Geochimica et Cosmochimica Acta, 74: 1201～1219

Aravena R, Suzuki O, Pena H, et al. 1999. Isotopic composition and origin of the precipitation in Northern Chile. Applied Geochemistry, 14(4): 411~422

Aravena R, Suzuki O. 1990. Isotopic evolution of river water in the Northern Chile region. Water Resources Research, 26(12): 1887~1895

Bajjali W. 2006. Recharge mechanism and hydrochemistry evaluation of groundwater in the Nuaimeh area, Jordan, using environmental isotope technique. Hydrogeology Journal, 14: 180~191

Bartarya S K, Bhattacharya S K, Ramesh R. 2002. $\delta^{18}O$ and δD systematics in the surficial waters of the Gaula river catchment area, India. Journal of Hydrology, 167: 369~379

Benony K. 2006. Hydrochemical characterization of groundwater in the Accra plains of Ghana. Environmental Geology, 50(3): 299~311

Buttle J M. 1994. Isotope hydrograph separations and rapid delivery of pre-event water from drainage basins. Progress in Physical Geography, 18: 16~41

Cartwright I, Weaver T R. 2005. Hydrogeochemistry of the Goulburn Valley region of the Murray Basin, Australia: implications for flow paths and resource vulnerability. Hydrogeology Journal, 13: 752~770

Casper M C, Volkmann H N, Waldenmeyer G. 2003. The separation of flow pathways in a sandstone catchment of the northern black forest using DOC and a nested approach. Physics and Chemistry of the Earth, 28: 269~275

Catherne C G, Alan F M, Katharine J M. 2010. Hydrological processes and chemical characteristics of low-alpine patterned wetlands, south-central New Zealand. Journal of Hydrology, 385(3): 105~119

Celle J H, Travi Y, Blavoux B. 2001. Isotopic typology of the precipitation in the Western Mediterranean region at three different scales. Geophysical Research Letters, 28: 1215~1218

Chapin I I I. 1997. Biotic control over the functioning of ecosystems. Science, 277: 500~504

Chen X. 2006. Simulation of baseflow accounting for the effect of bank storage and its implication in baseflow separation. Journal of Hydrology, 327: 539~549

Cheng G W. 1999. Forest change: Hydrological effects in the upper Yangtze River valley. Ambio, 28(5): 456~459

Cho S H, Moon S H, Lee K S, et al. 2003. Hydrograph separation using ^{18}O tracer in a small catchment, Cheongdo. Journal of the Geological Society of Korea, 39(4): 509~518

Clow D W, Schrott L, Webb R, et al. 2003. Ground Water Occurrence and Contributions to Streamflow in an Alpine Catchment, Colorado Front Range. Ground Water, 41(7): 937~950

Craig H. 1961. Isotopic variations in meteoric waters. Science, 133: 1702~1703

Dansgaard W. 1964. Stable isotopes in precipitation. Tellus, 14: 436~468

Darling W G, Talbot J C. 2003. The O & H stable isotopic composition of fresh waters in the British Isles. Rainfall. Hydrology and Earth System Sciences, 7 (2): 163~181

Dooge J C I. 1995. Hydrology in perspective. Hydrological Sciences Journal, 33(2): 53~93

Drever J I. 1997. The geochemistry of natural waters. Prentice Hall: New Jersey, 436

Eckhardt K. 2005. How to construct recursive digital filters for baseflow separation. Hydrological Processes, (19): 507~515

Eckhardt K. 2008. A comparison of baseflow indices, which were calculated with seven different baseflow separation methods. Journal of Hydrology, 352: 168~173

Edmunds W M, Ma J, Aeschbach-Hertig W, et al. 2006. Groundwater recharge history and hydrogeochemical evolution in the Minqin Basin, northwest China. Applied Geochemistry, 21(12):

2148～2170

Eichinger, B E. 1980. Configuration statistics of Gaussian molecules, Macromolecules, 13: 1～11

Elsenbeer H, Lorieri D, Bonell M. 1995. Mixing model approaches to estimate storm flow sources in an overland flow-dominated tropical Rain forest catchment. Water Resources Research, (9): 2267～2278

Eung S L. 2001. A four-component mixing model for water in a karst terrain in south-central Indiana, USA. Using solute concentration and stable isotopes as tracers. Chemical Geology, 179: 129～143

Frederickson G C, Criss R E. 1999. Isotope hydrology and time constants of the unimpounded Meramec river basin, Missouri. Chemical Geology, 157: 303～317

Fritz P, Cherry J, Weyer K U, et al. 1976. Storm runoff analyses using environmental isotopes and major ions. Interpretation of EnvironmentalIsotope and Hydrolochemical Data in Groundwater Hydrology1975, Workshop Proceedings, IAEA, Vienna, 111～130

Gat J R, Matsui E. 1991. Atmospheric water balance in the Amazon Basin: an isotopic evapo-transpiration model. Journal of Geophysical Research, 96: 13179～13188

Gates J B, Edmunds W M, Darling W G, et al. 2008. Conceptual model of recharge to southeastern Badain Jaran Desert groundwater and lakes from environmental tracers. Applied Geochemistry, 23: 3519～3534

Gibbs R J. 1970. Mechanisms controlling world water chemistry. Science, 170: 1088～1090

Gonfiantini R. 1986. Environmental isotopes in lake studies. In: Fritz P, Fontes J C (eds.). Handbook of Environmental Isotope Geochemistry: V2. Amsterdam: the Terrestrial Environment Elsevier Press, 113～168

Guan B J. 1986. Numerical calculation for tritium value of meteoric precipitation in China. Engineering Geology and Hydrogeology, (4): 38～41

Hammond M D. 2006. Recession curve estimation for storm event Separations. Journal of Hydrology, 330: 573～585

Han D M, Liang X, Jin M G, et al. 2010. Evaluation of groundwater hydrochemical characteristics and mixing behavior in the Daying and Qicun geothermal systems, Xinzhou Basin. Journal of Volcanology and Geothermal Research, 189: 92～104

Harald K, Hans P N. 2009. A method for the regional estimation of runoff separation parameters for hydrological modeling. Journal of Hydrology, (364) : 163～174

Harrington G A, Cook P G, Herczeg A L. 2002. Spatial and Temporal Variability of Ground Water Recharge in Central Australia: A Tracer Approach. Ground Water, 40(5): 518～528

Heppell C M, Chapman A S. 2006. Analysis of a two-component hydrograph separation model to predict herbicide runoff in drained soils. Agricultural Water Management, (79): 177～207

Hjalmar L, Slaymaker O. 1998. Baseflow separation based on analytical solutions of the Boussinesq equation. Journal of Hydrology, 204 (4): 251～260

Huth A K, Leydecker A, Sichman J O, et al. 2004. A two component hydrograph separation for three high elevation catchments in the Sierra Nevada, California. Hydrological Processes, 18: 1721～1733

James A L, Roulet R T. 2006. Investigating the applicability of end-member mixing analysis (EMMA) across scale: a study of eight small, nested catchments in a temperate forested watershed. Water Resources Research, (14): 428～434

Jones J P. 2006. An assessment of the tracer-based approach to quantifying groundwater contributions to streamflow. Water Resources Research, (42): 2407～2416

Jose A R. 2005. Exponential data fitting applied to infiltration, hydrograph separation, and variogram fitting.

Stochastic Environmental Research and Risk Assessment, (20): 33～52

Karimi H, Raeisi E, Bakalowicz M. 2005. Characterising the main karst aquifers of the Alvand basin, northwest of Zagros, Iran, by a hydrogeochemical approach. Hydrogeology Journal, 13: 787～799

Katz B G, Coplen T B, Bullen T D. 1997. Use of Chemical and Isotopic Tracers to Characterize the Interactions Between Ground Water and Surface Water in Mantled Karst. Ground Water, 35: 1014～1028

Kendall C, Coplen T B. 2001. Distribution of oxygen 18 and deuterium in river waters across the United States. Hydrological Processes, 15: 1363～1393

Kevin W T, Brent B W, Thomas W D E. 2010. Characterizing the role of hydrological processes on lake water balances in the Old Crow Flats, Yukon Territory, using water isotope tracers. Journal of Hydrology, 386(4): 103～117

Kortatsi B K. 2006. Hydrochemical characterization of groundwater in the Accra plains of Ghana. Environmental Geology, 50: 299～311

Kremer R G, Hunt E R, Running S W, et al. 1996. Simulating vegetational and hydrologic responses to natural climatic variation and GCM predicted climate change in a semi - arid ecosystem in Washington, USA . Journal of Arid Environments, 33: 23～38

Krysanova V, Hattermann F, Wechsung F. 2007. Implications of complexity and uncertainty for integrated modeling and impact assessment in river basins. Environmental modeling software, 22(5): 701～709

Lee E S. 2001. A Four-Component Mixing Model for Water in a karst terrain in South-Central Indiana, USA. Using Solute Concent ration and Stable Isotopes as Tracers. Chemical Geology, 179: 129～143

Li C W, Liu S R, Sun P S, et al. 2005. Analysis on landscape pattern and eco-hydrological characteristics at the upstream of Minjiang River. Acta Ecologica Sinica, 25(4): 692～705

Liu C M, Xia J. 2004. Water problems and hydrological research in the Yellow River and the Huai and Hai River basins of China. Hydrological Processes, 18: 2197～2210

Liu F J. 2008. Seasonal and interannual variation of streamflow pathways and biogeochemical implications in semi-arid. Forested catchment in valles caldera, New Mexico. Ecohydrology, 1: 239～252

Liu Y H. 2008. Characteristics of water isotopes and hydrograph separation during the wet season in the Heishui River. Journal of Hydrology, 353: 314～321

Liu Y H, Fan N J. 2008. Characteristics of water isotopes and hydrograph separation during the wet season in the Heishui River, China. Journal of Hydrology, 353:314～321

Long A J. 2009. Hydrograph separation for karsts watsheds using a two-domain rainfall–discharge model. Journal of Hydrology, 364: 249～256

Longinelli A, Stenni B, Genoni L, et al. 2008. A stable isotope study of the Garda Lake, northern Italy: Its hydrological balance. Journal of Hydrology, 360(4): 103～116

Machavaram M V, Whittemore D O, Conrad M E. 2006. Precipitation induced stream flow: An event based chemical and isotopic study of a small stream in the Great Plains region of the USA. Journal of Hydrology, 330: 470～480

Macumber P G. 2003. Lenses, plumes and wedges in the Sultanate of Oman: a challenge for groundwater management. In: Alsharhan A S, Wood W W (eds.). Water resources perspectives: evaluation, management and policy. Elsevier Science, 349～370

Marc V, Didon L J, Michael C. 2001. Investigation of the hydrological processes using chemical and isotopic tracers in a small Mediterranean forested catchment. Journal of Hydrology, 247 (3): 215～229

Marfia A M, Krishnamurthy R V, Atekwana E A, et al. 2004. Isotopic and geochemical evolution of ground and surface waters in karst dominated geological setting: a case study from Belize, Central America. Applied Geochemistry, 19: 937~946

Markus C C, Holger N V. 2003. The separation of flow pathways in a sandstone catchment of the Northern Black Forest using DOC and a nested Approach. Physics and Chemistry of the Earth, 28: 269~275

Marloes L M, Mutiibwa K. 2008. Hydrograph separation using hydrochemical tracers in the Makanya catchment, Tanzania. Physics and Chemistry of the Earth, (33): 151~156

Merlivat L, Jouzel J. 2006. Global climatic interpretation of the deuterium-oxygen 18 relationship for precipitation. Journal of Geophysical Research, (84): 5029~5033

Mikio H, Masahiko H. 1997. Hydrograph separation using stable isotopes, silica and electrical conductivity. Journal of Hydrology, (201): 82~101

Mortatti J, Moraes J M. 1997. Hydrograph separation of the amazon river: a methodological study, aquatic. Geochemistry, 3: 117~128

Mul M L, Mutiibwa R K, Uhlenbrook S. 2008. Hydrograph separation using hydrochemical tracers in the Makanya catchment, Tanzania. Physics and Chemistry of the Earth, 33: 151~156

Payne B R, Leontiadis J, Dimitroulas C. 1978. A study of the Kalamos springs in Greece with environmental isotopes. Water Resources Research, 14(4): 653~658

Pilla G, Sacchi E, Zuppi G, et al. 2006. Hydrochemistry and isotope geochemistry as tools for groundwater hydrodynamic investigation in multilayer aquifers: a case study from Lomellina, Poplain, south-western Lombardy, Italy. Hydrogeology Journal, 14: 795~808

Plummer L N, Busby J F, Lee R W, et al. 1990. Geochemical modeling of the madison aquifer in parts of Montana, Wyoming, and South Dokota. Water Resources Research, 26(9): 1981~2014

Rodhe A. 1984. Groundwater contribution to stream flow in Swedish forested till soil as estimated by oxygen. Isotope hydrology, Vienna. IAEA, 55~66

Roots T L. 1995. Ecology and climate: research strategies and implications. Science, 269: 334~341

Santiago M, Silva C, Mendes F, et al. 1997. Characterization of groundwater in the Cariri by environmental isotopes and electric conductivity. Radiocarbon, 39: 49~59

Sophocleous, M. 2007. The science and practice of environmental flows and the role of hydrogeologists. Ground Water, (45): 393~401

Stratton L C, Goldstein. 2000. Temporal and spatial of water resources among eight woody species in a Hawaiian dry forest. Oecologia, 12(1): 309~317

Stumpp C, Maloszewski P, Stichler W. 2009. Environmental isotope (δ^{18}O) and hydrological data to assess water flow in unsaturated soils planted with different crops. Journal of Hydrology, 369 (2): 198~208

Su Y H, Feng Q. 2008. The hydrochemical characteristics and evolution of groundwater and surface water in the Heihe River Basin, northwest China. Journal of Hydrology, 16: 167~182

Subyani A M. 2004. Use of chloride mass-balance and environmental isotopes for evaluation of groundwater recharge in the alluvial aquifer, Wadi Tharad, Western Saudi Arabia. Environmental Geology, 46(6): 741~749

Tayoko K, YoshioT. 2003. Intra-and inter-storm oxygen-18 and deuterium variations of rain, throughfall, and stemflow, and two-component hydrograph separation in a small forested catchment in Japan. Journal of Forestry Research, 8: 179~190

Uhlenbrook S, Frey M, Leibundgut C, Maloszewski P. 2002. Hydrograph separations in a mesoscale mountainous basin at event and seasonal timescales. Water Resources Research, 8 (6): 1～13

Uliana M M, Banner J L, Sharp J M. 2007. Regional groundwater flow paths in Trans-Pecos, Texas inferred from oxygen, hydrogen, and strontium isotopes. Journal of Hydrology, 334(3-4): 334～346

Ursino N. 2005. The influence of soil properties on the formation of unstable vegetation patterns on hillsides of semiarid catchments. Advances in Water Resources, 28(9): 956～963

Vogel J C. 1970. Carbon-14 dating of groundwater. In: Isotopes Hydrology 1970, IAEA Symposium 129, Vienna, 225～239

Weyhenmeyer C E, Burns S J, Waber H N. 2002. Isotope study of moisture sources, recharge areas, and groundwater flow paths within the eastern Batinah coastal plain, Sultanate of Oman. Water Resources Research, 38(10): 1184～1206

Winston W E, Criss R E. 2003. Oxygen isotope and geochemical variations in the Missouri River. Environmental Geology, 43(5): 546～556

Wu P, Tang C Y, Zhu L J. 2009. Hydrogeochemical characteristics of surface water and groundwater in the karst basin, southwest China. Hydrological Processes, 23: 2012～2022

Yamanaka T, Tsujimura M, Oyunbaatar D, et al. 2007. Isotopic variation of precipitation over eastern Mongolia and its implication for the atmospheric water cycle. Journal of Hydrology, 333: 21～34

Yuri A T, Peiffer L. 2009. Hydrology, hydrochemistry and geothermal potential of El Chichón volcano-hydrothermal system, Mexico. Geothermics, (38): 370～378

Zhou X F. 2001. Proper Assessment for Forest Hydrological Effect. Journal of Natural Resources, 16(5): 418～430

Zuhair K W, Eiswirth L. 2006. Assessing sewer–groundwater interaction at the city scale based on individual sewer defects and marker species distributions. Environmental Geology, 49: 849～857

第6章　汾河流域水文系统破坏过程研究

水资源尤其是淡水资源日益短缺及不合理利用已经成为全球面临的重大难题之一。《国家中长期科学和技术发展规划纲要》专设"水和矿产资源"重点领域，研究地表水、地下水、大气水和土壤水的转化机制和优化配置技术，要求在生态环境状况实现好转的基础上，保持社会经济的快速稳定增长，对水生态提出重大战略需求。随着水资源合理调配等重大关键技术的开发和加强，大幅度提高水资源对社会经济发展的保障能力已势在必行。

山西作为主要煤炭生产基地之一，其生产生活均受到水资源匮乏的制约。人均水资源占有量仅为全国人均值的17%，人均供水量与亩均用水量两项基本指标均处在全国末位，属于严重缺水区域。目前水资源短缺已经成为制约山西经济社会发展的"瓶颈"。

煤炭资源的大面积开采，导致流域下垫面遭到破坏，特别是对区域水文环境造成不可逆转的影响，从而引起地下水赋存环境的极端变化，含水层结构，甚至地下水天然条件下的补、径、排水文规律均受到干扰。随着矿井的不断开拓延伸，采空区面积扩大，地面沉降，地表塌陷、土地裂缝等生态问题逐渐显露，引起潜水位下降，含水层疏干，包气带增厚，蒸发减弱，植被破坏，水土流失加剧，其控制范围及深远影响已经远远超过实际破坏程度，使区域淡水资源供需矛盾越发突出和尖锐，区域可持续发展深受其影响。除此之外，煤矿排渣产生的一些有害物质在经过降水或地表水的淋滤作用后进入地下，严重破坏地下水水质，造成水体污染。矿区开采对地下水的破坏使得矿区地下水环境受到严重威胁，水资源短缺和水环境破坏已经严重制约着矿区开采活动的进行。如何在充分考虑山西发展的优势和劣势下，正确应对水资源短缺，是目前山西所面临的迫切问题之一。

应用水文地质勘察、同位素示踪、水化学信号等交叉研究方法，定量解析矿区岩溶水、孔隙裂隙水、河水、降雨、水库水和矿坑水等水体之间的转换规律；掌握矿区的补给、径流、排泄等水文规律，揭示采矿活动对水资源的破坏过程，为类似矿区水资源利用、水环境综合治理提供技术储备和借鉴模式。并通过收集整理典型矿区与典型小流域的气象、水文、地质地貌、地下水开采现状、矿区开采现状等相关资料，分析其水文气象要素、地下水水位、地下水水质多年动态变化特征，基于 GIS 技术和 FEFLOW 模型，构建该区三维地下水数值模型，模拟矿区在开采过程中的地下水流场、流速、水位与污染物运移的动态变化，预测未来地下水动态变化趋势，从而揭示采矿活动对地下水的破坏过程机理，为有效遏制矿区水环境恶化、确保矿区水和生态安全提供科技支撑，为矿区水资源科学评价管理和提高各尺度水效益等关键问题提供科学依据与参考，对山西"挖一山煤、流一河水、冒一股烟、留一堆灰"的现状实现实质性改观，确保煤炭资源合理开发和水资源可持续利用具有重要意义，以期实现山西清水复流和生态环境的全面修复。

6.1 研究动态

6.1.1 同位素示踪技术研究动态

国内外针对矿区开展的水资源问题研究，多集中在矿区地下水质量和环境特征、水资源评价、涌水量分析、金属元素迁移转换、尾矿污染地表水体、矿山废水、废弃物中有毒物质的负效应等方面，多采用数理统计、野外调查、水质检测等方法（Christopher et al.，2006；Longinelli et al.，2008；Kevin et al.，2010；王浩等，2010；潘国营等，2011）。虽有学者运用数值模拟方法进行了矿区水资源的评价模拟，但存在限制因素，难以真实反映采矿与水资源的关系。同位素技术可为水循环各环节的定性和定量研究提供直接信息，获得水文过程的真实规律（Catherne et al.，2010；邵磊等，2011）。李玉葆（1990）探讨了环境同位素方法在矿坑充水条件研究中的应用。左文喆等（2012）根据水常规测试资料，应用聚类分析、逐步判别分析、人工神经网络分析等非线性方法对涌水水源进行了快速判别研究。目前在山西矿区各水体转换过程的刻画等方面研究还不足，联合应用同位素技术和水土化学信号等来进行采矿对水资源的破坏过程机理方面研究仍较为薄弱（胡伟伟等，2010；Yang et al.，2011）。

6.1.2 水文过程模拟研究动态

水文过程模拟是水文研究的主要方法之一，也是进行未来水文预测的必要手段，通过构建一定的数学模型，基于丰富的连续水文观测数据，对水文现象进行模拟，实现水文过程可视化。目前国外在水文模型方面有很大的进展，而我国发展相对缓慢。Lorena 等（2015）研究了在大空间尺度下各输入要素对水文模拟结果的影响，指出气象及水文资料是水文模拟的主要输入要素之一；王中根等（2005）从水文资源调控的实际出发，开发了水文模拟的分布式系统，这种分布式的模拟系统是基于模块化建立，从中衍生出水文模拟体系信息化，并深入地阐述了信息化模拟的结构、基本功能、设计理念与思路。陈利群等（2006）研究了大尺度下资料稀缺地区进行水文模拟的可行性，结果表明分布式水文模型 VIC-3L 能够在年月尺度上对黄河源区的水文过程进行相对精确的研究。

地下水模拟是水文模拟的重要内容之一，计算机技术的迅猛发展使复杂地下水运动模拟成为可能。我们国家的地下水模拟经历了 20 多年的发展，从无到有，从开始的简单模拟发展到一定阶段的复杂模拟，从单一的水流模拟发展到目前复合的水流、溶质、热量的运移模拟，走过了一段艰苦漫长的道路。

吴吉春和陆乐（2011）根据地下水模拟不确定性的来源，将其划分为参数不确定性、模型不确定性和资料不确定性三种类型，并分别对其进行了阐述和分析，概括了对地下水模拟不确定性分析的一般方法，并对地下水概念模型的不确定性进行了定量研究，揭示了模型结构的偏差是造成模型模拟结果不确定性增加的重要因素。丁继红等（2002）比较了目前国际上最具影响力的地下水数值模型，指出未来地下水模拟的发展趋势是软件化、组件化,地理信息系统集成,以及科学准确的模拟可视化。薛禹群和吴吉春(1999)在分析了我国地下水模拟的发展历程和现状后,对我国地下水模拟发展中存在的几个关键性问题进行了讨论,包括如何缩短与先进国家之间的差距,加强对基础理论实验研究的重视,如何完善对研究区地质条件的了解等,并提出未来地下水模拟研究的重点仍在参数识别和估计以及不确定性分析和风险评估方面。

自20世纪80年代始,随着信息技术的发展和地下水研究的深入,数值模拟方法在地下水研究领域得到极为广泛的应用,这种采用模拟软件对地下水动态进行模拟的方法灵活高效,具有相对廉价性,目前已经广泛应用于地下水研究过程中,成为地下水研究的主要方法之一(贺国平等,2003)。

外国学者在北美的 Borden、Cape Cod、Columbus 三个实验基地进行了大规模的地下水野外试验,获得了丰富的地下水模拟理论方法,为建立与校验地下水模型提供了大量的实验数据和监测数据(Mackay et al.,1986;Leblanc et al.,1991;Boggs et al.,1992;Zheng and Gorelick,2003)。当前国外学者对地下水数值模拟的研究主要聚焦在对其漏洞与不足方面的研究,力求采用全新的思考方式,使用新型的计算工具,对地下水模拟过程中出现的不确定性因素和模糊因素进行分析和处理。Richard(1996)进行了地下水污染物运移模拟,指出在污染流运移模拟及建模过程中需要强调的基本问题。Timothy 和 Yabusaki(1998)以三维数值模型为基础研究了其水流与物质运移过程的尺度问题。Smaoul 等(2008)通过比较多种模拟方式,认为地下水溶质运移的模拟研究以数值法最具优势。Beatrice 等(2007)通过数值模拟的方式,用准确的数字描述了人类生产活动及近年来的海平面上升对地下水系统的影响。

我国地下水数值模拟研究始于20世纪70年代,经过40多年的不断探索,也取得了一些进展。Li 等(2003)发现大部分模型具有无法确定预测结果不准确信息的缺陷,并针对这一问题提出独特的随机模拟方式,解决了模拟过程中均值分布和水文过程的尺度差异问题。卞锦宇等(2002)通过搜集实际资料和区域剖分的方法,在上海市浦西地区建立了第二、第三承压含水层的完整地下水三维数值模型,由此解决了在某些相对隔水层缺失区域,越流系数无法进行调试的难题。卢文喜(2003)通过研究地下水模型中边界条件的处理及分类,提出随着人为因素的参与性逐渐加强,边界条件的确定将会更为复杂。武强和徐华(2003)对空间结构层次进行了概化,并提出包括宏观结构和微观结构在内的两种拓扑结构,前者以属性关系为基础,后者以几何模型关系为基础。崔亚莉等(2003)针对双层含水层建立地下水模型,以此阐明在地下水模拟中对部分特殊问题的处理办法,包括泉、混合采井等。韩宇平等(2007)基于有限差分法在银川平原构建地下水模型,以此为依据评价灌区所实行的节水措施产生的环境效应。赵国红等(2007)在对新郑市地下水环境及水文地质条件分析的基础上,建立地下水三维模型,以此为平台评价新郑市浅层地下水的资源开采现状,并预测了未来不同时间步长的地下水位。张洪霞和宋文(2007)对国内外的地下水研究软件进行了综合论述及评价,分析展望了未来地下水软件模拟研究的发展方向,指出了将"3S"技术广泛深入应用于地下水模拟的各个环节中,以及地下水污染物运移模型等发展方向与需求。总之,近年来我国在地下水数值模拟方面取得了很大进展,但是与国外相比,我国在模型建立过程中对灵敏度的分析、模型的后续检查等工作涉及很少。

地下水数值模拟高度依赖于计算机,并且以大量的、连续的、多年的数据作为支撑。经过近 20 年的研究探索,目前已经发展起来多种比较成熟的地下水模型,其中应用最为广泛、功能最为齐全的有 Visual-MODFLOW、FEFLOW、GMS 等。

（1）MODFLOW 是 1984 年 USGS 的 McDonald 和 Harbaugh 共同开发,专用于孔隙介质中三维地下水流数值模拟的软件。自从它问世以来,由于其原理简单,操作方便,功能强大,已经在全球范围内,在科研、环保、水资源调控等许多领域得到普及,尤其在地下水运动数值模拟领域得到普遍应用。目前为止,MODFLOW 成为地下水三维水流模拟研究中使用最为广泛的方法之一,模拟范围非常广,可以模拟各个要素对地下水系统的影响,包括溪流、水井、河流、补给等。与其他模拟软件相比,MODFLOW 具有程序结构模块化、离散方法简单化、求解方法多样化的优点。

以此为基础研发了 Visual-MODFLOW 地下水模拟系统,这是当前国际上比较流行的可视化软件之一,可对空间地下水水流、溶质运移及反应运移进行模拟,是一个具有友好用户界面的最优应用软件。Visual-MODFLOW 具有简单实用的求解方法,广泛的适应范围和强大的可视化优势,逐渐成为地下水模拟研究中最有影响力的平台之一（高慧琴等,2012）。

（2）FEFLOW 是德国 WASY 公司于 1979 年开发出来的一种功能相对完善的地下水数值模拟软件,由于其强大的功能、丰富的数据接口和良好的用户界面等特点,在地下水数值模拟领域得到了广泛的应用。20 世纪 90 年代初期,WASY 公司推出了 FEFLOW 4.0 版本,扩展为 3D 模式,并可同时进行水流、溶质运移模拟;90 年代末期,FEFLOW 不仅完善了用户界面,而且在数值处理和模型后处理方面得到很大的扩展（董东林等,2010）。

（3）GMS 系统是由美国国防部开发的一个集 10 种数据处理模块为一体的可视化三维地下水模拟软件包,其功能最为齐全,将空间分析、图像处理技术与地下水专业模拟手段相结合,为地下水数值模拟的各个环节提供了完善的工具,实现了整个模拟过程的精确化和专业化。GMS 在全世界使用人数达到千人之多。

6.1.3　FEFLOW 地下水数值模拟研究动态

FEFLOW(Finite Element Subsurface Flow System)是 20 世纪 70 年代末由德国 WASY 公司水资源规划和系统研究所研发的一个地下水模拟软件包,是基于有限单元法建立模型的杰出代表,也是目前功能最为完善、应用最为广泛的地下水数值模型之一,能够针对不同复杂情况下的地下水动态进行模拟,包括非稳定流的三维模拟和溶质运移模拟（Bear and Bachmat,1991）。经过多年不断的改进和完善,FEFLOW 模型已经能够解决地下水流场、水位、溶质运移和海水入侵模拟等相关问题。

在国外，部分学者以 FEFLOW 软件评价研究为主，Disersch 和 Kolditz（1998）对比分析了 FEFLOW 与 ROCKFLOE 两种模拟软件对密度流和溶质运移的模拟结果，得出二者对于不同密度的水流和不同浓度的溶质运移模拟存在一定的差异。Micbael 等（2005）、Reynolds 和 Marimuthu（2007）基于澳大利亚西海岸某区域水文地质条件，利用 FEFLOW 模拟了该区域地下水流运动及海水入侵情况，明显表现出在对地下水流数值模拟及追踪物质运移方面的优势。部分学者以 FEFLOW 应用研究为主。Sarwar 和 Helmut（2006）以灌溉农业区为研究区，结合地表水平衡模型和 FEFLOW 模型，模拟了地下水对于农业灌溉活动的响应机制，并以 GIS 技术为支撑，模拟了地下水变化规律的区域差异。Grasle 等（2006）运用 FEFLOW 模拟了区域地下水水位下降情况，分析了抽水条件对地下水水位变化的影响。Yang 和 Monica（2006）运用 FEFLOW 模拟澳大利亚北部一个地质断裂带地下水动态及热通量动态，分析出导致这种变化的主要因素。Diersch 等（2011）利用 FEFLOW 与瞬态系统耦合模块来控制对钻孔地热交换系统的数值模拟，表明地下水流管理体制在地下蓄热系统的有效性和可靠性方面的效应。

在我国，20 世纪 90 年代有限元地下水流系统 FEFLOW 才被引入，目前其应用大多集中在地下水评价及动态预测方面。目前，诸多学者在不同研究区域建立 FEFLOW 地下水模型，模拟并研究复杂人类活动对区域地下水动态的影响效应。陈秋锦（2003）、张洪霞和宋文（2007）从应用的角度简单地对 FEFLOW 软件进行了介绍，分析了其在地下水流数值模拟方面的可行性。Zhao 等（2005）为了分析地下水水位动态变化对植被变化的影响，运用 FEFLOW 软件模拟了当地地下水动态变化情况以及对植被变化的响应模式。贺国平等（2005）在北京市平原地区建立 FEFLOW 地下水模型，模拟在自然条件和人为活动共同作用下地下水水流场及溶质运移的动态特征。王贵玲等（2005）在太行山前平原区建立 FEFLOW 模型，分析节水条件下的地下水动态变化。毛军等（2007）应用 FEFLOW 软件模拟地下水流变化趋势，从而定量评估灌溉用水对下游流域生态系统的影响。周洁等（2007）以 FEFLOW 为平台，对采场北帮边坡的防渗工程完成后地下水渗流变化进行模拟。廖小青等（2005）通过收集黄河农场地区降水、蒸发、径流、灌溉和地下水水位等基础监测数据和资料，建立 FEFLOW 地下水模型，通过校验后对两层潜水含水层的地下水入海量和营养盐入海量进行估算。邵景力等（2003a，2003b）、曹剑锋等（2006）以 FEFLOW 为平台，对黄河下游悬河地下水资源量和未来开发潜力进行评估。崔亚利等（2005）运用 FEFLOW 对该河段侧流量进行数值模拟。冶雪艳和杜新强（2009）运用 FEFLOW 软件在红兴水库坝区建立数值模型，对所提出的多种不同防渗规划分别模拟，并分析其剖面渗流场、渗漏量以及渗透比降在不同方案下的差别，因地制宜地制定有效、合理的防渗手段。孙继成等（2010）利用 GIS 技术和 FEFLOW 模型相结合的方法模拟并预测了秦王川盆地南部地下水动态变化趋势。李富林（2005）利用 FEFLOW 软件在位于莱州湾东岸的平原地区建立模型，对海水入侵状况进行实时监测和数值模拟，为防治海水入侵，合理开发海岸带地下水资源提供参考。杨建（2005）采用 FEFLOW 建立降水引起的地面沉降模型，利用计算机程序对研究区地面沉降进行了计算，并进

行了地下水水位降深预测。矿区由于水煤共存系统的复杂性及人类活动的参与，目前
对其地下水动态的模拟研究还比较薄弱。Dong 等（2012）通过使用 FEFLOW 软件，
对中国林南昌煤矿第 14 号煤层建立了 3D 水力地质模型，结果表明，虽然地下水水位
有所上升，但如果在矿区设置四个降水井的话，地下水水位将会明显下降。地下水水
流预测也表明，模拟不同泵送压力条件下的地下水水位状况是非常必要的，基于以上
工作，提出了矿井排水的优化措施。

FEFLOW 是目前功能最齐全的地下水模拟软件包之一，采用有限元法来控制并优化
模型求解过程。经过多年的检验和修正，FEFLOW 在地下水数值模拟方面功能越趋完善，
具备了自己独特的特点，成功解决了部分地下水方面的问题。

在模型操作上，与 ArcGIS、CAD 等大型软件建立了交互式的图形输入输出数据接
口，输入的数据可以是 ASCII 码文件，也可以是 SHP 文件。

软件功能上，与其他的地下水模拟软件相比，更加强大，不管是在模拟方面还是在
后期分析功能方面。模拟方面可以对多层自由表面含水层进行模拟，并且在模拟的过程
中，可以在任何时刻暂停、停止，实时显示中间时段模拟结果，包括地下水流场、溶质
运移等。在后处理上，可以针对不同的研究需要获取模拟结果并进行分析。

在模型建立和调整阶段也具有许多优势。可以自动生成空间有限元格网，方便调整
格网形状并对特殊区域进行加密；对研究区域边界类型的处理非常灵活，可以根据实际
情况分类定义第一、第二和第三类边界；可以根据水文地质特征划分区域，进行空间参
数分区赋值等。

FEFLOW 提供了 Kriging（克里金）、Akima（阿基玛）、Inverse Distance Weight
（距离反比加权法）三类方法来对不连续、间断的抽样数据进行内插和外推，并提供了
多种高效、精确的计算工具，如灵活多变的 up-wind 技术等。但是在模型建立过程中对
于源汇项的输入过于集中；数据处理非常复杂；数据需求量大，不易收集，且各个补排
项缺少独立子程序包，而是集中在一个 In/out flow on top/bottom 菜单，调参较为麻烦（郭
晓冬等，2010）。FEFLOW 从产生到现在已经成为最强大的地下水数值模拟软件之一，
在理论方面和实际问题的处理上，经过不断修正和完善，可以将模拟过程中的各个环节
紧密衔接起来，从建立概念模型、输入参数、校验精度及较正参数一直到输出结果，
整个过程实现系统化、规范化、可视化。

6.1.4 矿区地下水数值模拟研究动态

对于大多数工矿区而言，合理解决矿井涌水问题和环境问题，并提出行之有效的防
治措施，是保证安全生产、高效生产、优质生产的关键。但这并不仅仅是水文地质单方
面的问题，而是一个以地下水为中心，涉及地质、采矿、水文、气象和地形地貌等多方
面因素的复杂问题。将这些因素看作一个整体，并从各因素间的相互联系和相互作用出
发，考察整体具有的特点和功能，以此作为解决这种复杂问题的基础，将会使有关工矿
区的地下水问题有一个更为合理和有效的解决办法。这种思维方式的核心是整体性，是

从整体出发来分析各个部分具有的性质和所起的作用，是从宏观到微观来考虑整体与部分之间的相关性。本书拟从这种思维方式出发，提出工矿区地下水系统的概念和特征，并以此作为定量分析和定性描述工矿区复杂水文地质问题的基础（唐依民，1996）。

目前，随着工矿区开采深度的加大和水文地质勘探所提供信息材料的丰富，一些用以预测涌水量的模型难以全面描述工矿区复杂的水文地质特征，因此解析模型逐渐向数学模型发展。20 世纪 60 年代，我国煤矿矿井涌水量预测的数学模型基本上是以稳定流理论为基础来建立的，主要有统计模型、经验比拟模型以及稳定井流解析法模型。而地下水非稳定流理论是在 20 世纪 70 年代初发展起来的，并且初步在我国的矿区水文地质领域得到应用，原因在于这种理论比较符合实际，能相对准确地反映地下水的不稳定运动特征，比较全面地描述矿区地下水漏斗随时间推移而扩展的过程。这之后，由于计算机的发展和离散数学的引入，数值解被广泛的应用，这种单层数值解对复杂边界条件的适应能力强，对含水层非均质和各向异性特征处理功能强大，源汇项处理简单，能够很好处理各种复杂地下水水流状态。但是显然，单层的数值模拟不能真实地反映客观存在的具有多层含水层的地下水系统，只有多层数值模型才能够从三维立体空间的尺度描述地质实体，把各含水层之间的水力联系加入地下水模拟的考虑范围内。多层数值解模型的产生，使工矿区地下水研究和模拟预测工作进入一个新的发展阶段。

6.2 方法原理

6.2.1 样品采集与现场测定

项目组在古交西曲、东曲、白家沟和嘉乐泉等矿区以及城镇底、梭峪和嘉乐泉等乡镇进行野外调查和矿坑水、岩溶水、裂隙水、河水、降水和汾河水库水等水体的样品采集。在试验区共采集各种样品 85 组，所有样品用 parafilm 密封，带回实验室，置于 4 ℃环境保存至实验分析。同时在取样现场用 YSI-63 手持式电导仪进行电导率、盐度、pH 和水温的测定。结合历史勘测资料，通过物探、浅钻勘测，查明试验区水文地质条件。

同位素野外取样与测定分析：本书依托山西大学工矿区野外试验研究站（古交试验区）开展研究工作。古交试验区位于山西省省会太原市西北部，地理位置处于 37º40″6″N～38º8′23″9″N，111º43′8″E～112º21′5″E，面积 1551 km²，属大陆性气候，日照充足，昼夜温差大，多年平均气温 9.5 ℃，年最高气温达 40 ℃，最低气温为–20 ℃，年均降水量 460 mm，降水集中于 7～9 月，年平均蒸发量 1025 mm，入境地表水多年平均为 4×10^8 m³，地下水 0.69×10^8 m³/a，重复量 0.36×10^8 m³/a，入境水资源总量为 4.33×10^8 m³/a。古交市多年平均水资源总量（本地加入境）为 5.69×10^8 m³/a。随着工矿业发展，古交已由以农业为主，迅速发展成以煤炭开采为主，兼有煤化工、冶金、电力等辅助行业的工矿城市。古交是省城太原地表水、地下水的主要补给区，对太原建设和发展（特别是水资源）的影响始终是政界和学术界关注的焦点问题。古交试验区在山西矿区有很好的代表性，且适合各种控制观测试验，是一个进行试验研究的理想区域。

6.2.2　实验室测定

用样品同位素比值与标准样品同位素比值的千分偏差值（δ）来表示元素的同位素含量。R_{smow} 和 R_{sample} 分别为标准样品与样品中重轻同位素含量比值，采用 V-SMOW 作为标准样。δD 或者 $\delta^{18}O=(R_{sample}/R_{smow}-1)\times10^{-3}\times1000$。样品的 δD 和 $\delta^{18}O$ 测定是在中国科学院地理科学与资源研究所和寒旱所用 IWA-35EP 激光液态水稳定同位素分析仪利用离轴积分腔输出激光光谱技术完成，每个样品重复测定 6 次，测定结果用 V-SMOW 标准校正，以相对于 VSMOW 标准的千分差表示。δD 和 $\delta^{18}O$ 测量精度分别小于 $\pm1\times10^{-4}$ 和 $\pm0.6\times10^{-4}$。水化学测定在采集后一个月内完成。SO_4^{2-}、F^-、Cl^- 和 NO_3^- 阴离子使用 Dionex-100 离子色谱仪测定，Na^+、Ca^{2+}、Mg^{2+}、K^+ 等阳离子使用 PE-2380 型原子吸收光谱仪测定。HCO_3^- 离子浓度在现场或采集后 24 h 内用稀硫酸-甲基橙滴定法测定，测定精度误差为 $\pm3\%$。

6.2.3　模型模拟

收集研究区自然地理特征、社会经济概况、人类活动等方面的资料，分析研究区地下水补径排特征及动态变化情况，以采用有限单元法建立的 FEFLOW 模型为平台，通过应用有限元网格来灵活应对各种地下水流场模拟中可能出现的复杂物理过程。由于三维模型的计算复杂性，FEFLOW 优化了其数学解法，提高了其精确性和实用性。

6.3　汾河流域水文系统破坏过程示踪研究

从古交矿区地质构造、沉积环境和水文地质条件分析，煤层、含水层与隔水层共同赋存于一个地质体中。根据其煤层与含水层的组合关系，将煤系含水层组划分为煤系上覆含水组、煤系含水组和煤系底部下伏含水组。煤系地层透水性一般很差，由于构造影响，煤系地层的上下岩层均存在富水程度不同的含水岩组。煤系底部奥陶系（Q_2）水位平均标高 930 m，最低开采煤层标高 550 m，底板承受压力 3.80 MPa，矿压水压对底板的破坏深度中小断层带为 127.86 m，正常带为 93.50 m。碳酸盐岩岩溶水含水岩组分布于矿区煤系地层边缘和底部，在裸露和埋藏较浅的条件下，岩溶裂隙较发育，富水性强。深层岩溶水位于煤系底部奥陶系（Q_2）灰岩中，下伏于煤系地层中，在有断裂构造导水或底部隔水层厚度薄，不能抵御水压或矿山压力对其破坏时，对岩溶水造成破坏。试验区太原组底部煤层底板与奥灰顶板间距离一般为 30～100 m（图 6.1）。古交煤层、含水层、隔水层交互相沉积，煤层夹于含水层中，其顶板均有含水层和隔水层。煤层开采时，含水层破坏程度主要由含水层的岩性结构、地质构造、厚度、补给来源、含水层层数、降水量、水位关系及其与地表水的水力联系等因素来决定。

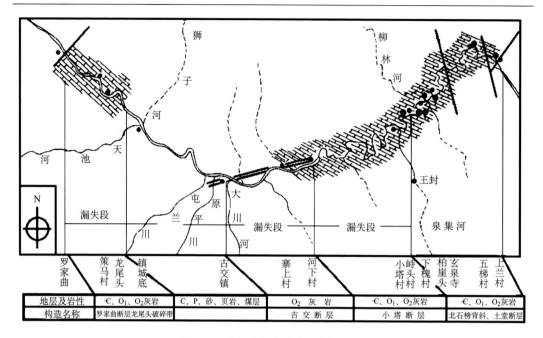

图 6.1　研究区水文地质及岩性特征

6.3.1　采矿活动对地表水的破坏

　　古交矿区河川基流主要分布于原平川河、屯兰川河、大川河和汾河，多年平均基流量为 $9 \times 10^6 \mathrm{~m}^3$，也正是煤矿集中分布和大规模开采区域。古交矿区降水的 $\delta^{18}O$ 和 δD 范围是：$-15.48 \times 10^{-3} \sim -5.13 \times 10^{-3}$，$-47.26 \times 10^{-3} \sim -82.35 \times 10^{-3}$，根据降水 δD 和 $\delta^{18}O$ 值求出当地降水线方程为 $\delta D = 7.32 \delta^{18}O + 8.48$，$R^2 = 0.93$，与全球降水线方程相比，斜率与截距均偏低（图 6.2），说明对于地下水来说，大气降水下渗到地下后，其同位素值变化趋于均一化，反映了时间、空间的混合。此外，矿区自然地理因素、水岩相互作用和气候条件也对同位素值产生影响，存在一定的同位素动力分馏效应。由图 6.2 得知，汾河水库水、孔隙水、矿坑水和河水等均落在当地降水线附近，说明各类水均直接或间接接受大气降水的补给，且受蒸发影响造成同位素分馏。

　　从图 6.3 可以看出，汾河水库水中 Ca^{2+} 和 Na^+ 是主导阳离子，占总阳离子的 87%，SO_4^{2-} 和 HCO_3^- 是主导阴离子，占阴离子总量的 94%，主要阳离子相对含量的离子顺序为 $Ca^{2+} > Na^+ > Mg^{2+} > K^+$，阴离子顺序为 $HCO_3^- > SO_4^{2-} > Cl^- > NO_3^-$，水化学类型为 Ca-Na-SO$_4$-HCO$_3$ 型，说明汾河水库接受大气降水补给，也混合了其他不同类型水源。从图 6.2 可以看出，汾河水库水的 δD 和 $\delta^{18}O$ 变化范围为 $-8.51 \times 10^{-3} \sim -9.22 \times 10^{-3}$，$-59.74 \times 10^{-3} \sim -62.43 \times 10^{-3}$，处于当地降水线附近，且严重偏离当地降水线，说明主要是由大气降水补给形成，且受到强蒸发效应影响。研究区矿坑水的 $\delta^{18}O$ 和 δD 变化范围为 $-9.34 \times 10^{-3} \sim -9.78 \times 10^{-3}$，$-66.14 \times 10^{-3} \sim -68.91 \times 10^{-3}$，分布在当地降水线右下方且很集中，其 $\delta^{18}O$ 和 δD 组成相对富集，表明其受到一定蒸发效应影响。河水的化学性质与水库水

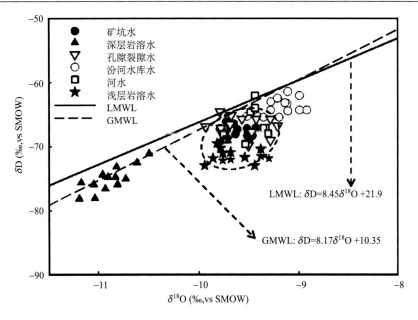

图 6.2　研究区各水体的 δD 和 $\delta^{18}O$ 组成

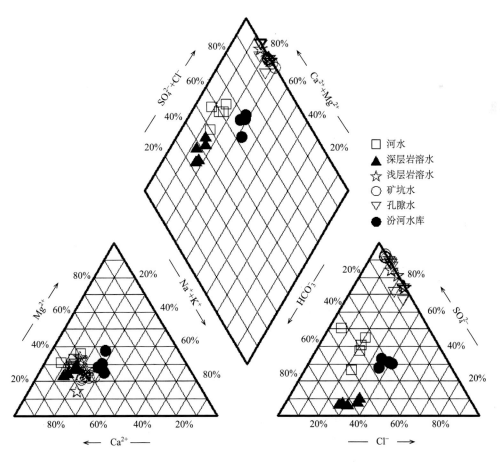

图 6.3　矿区各种水样水化学分析

相近，其水化学类型为 Ca-Na-SO$_4$-HCO$_3$，河水的 $\delta^{18}O$ 和 δD 变化范围是：-9.10×10^{-3}～-9.42×10^{-3}，-56.78×10^{-3}～-60.93×10^{-3}，处于当地降水线下方，偏离当地降水线，富集同位素 $\delta^{18}O$ 和 δD。图 6.2 显示矿坑水、水库水及河水均落在大气降水线右下方的蒸发线上，且有一定的聚集性，表明三者虽然有一定的水力联系，但水力联系并不密切。河水与水库水对矿坑水存在补给排泄关系，距河道和水库越近，其水力联系特征越加明显。随着矿产资源不断开采，势必造成水文下垫面条件破坏，出现大面积土地塌陷、裂缝等，导致地表水通过第四纪松散砂、砾层及基岩露头，入渗补给地下水，然后进入巷道，导致河川基流量减少，矿坑排水量增加。

6.3.2　采矿活动对地下水的破坏

对上覆松散岩类孔隙水和煤系地层裂隙水的破坏。古交矿区位于低山丘陵地带，其孔隙水含水层颗粒粗、厚度薄、储存量少，采矿会形成裂缝，导致浅层裂隙地下水多数以小泉形式漏失。煤系上覆地层砂岩裂隙水主要为砂岩裂隙水，为 Ca-Mg-HCO$_3$-SO$_4$ 型水，矿化度小于 1 g/L。炉峪口矿 30～50 m 孔隙水（Ca^{2+}+Na^{+}）含量占总阳离子的 92%，其中 Na^{+} 占 48%，Ca^{2+} 占 44%，SO$_4^{2-}$ 是最强的阴离子，含量较高，HCO$_3^{-}$ 较低，水化学类型为 Na-Ca-SO$_4$ 型，可推断其受到采矿活动的破坏影响。

松散岩类孔隙水和煤系地层裂隙水的 δD 和 $\delta^{18}O$ 变化范围为 -9.69×10^{-3}～-9.93×10^{-3}，-62.01×10^{-3}～-67.48×10^{-3}。与孔隙裂隙水相比，矿坑水虽然相对富集 $\delta^{18}O$ 和 δD，但二者的同位素组成特征极为相近。而与水库水相比，相对贫 $\delta^{18}O$ 和 δD，反映在 D-O 关系图上，孔隙裂隙水与矿坑水聚集，且处于当地降水线以下，同位素组成接近，有密切的水力联系，矿坑水接受孔隙水补给，点距离越近，二者水力关系越密切，可推断矿坑水主要来自孔隙裂隙水补给。在水的循环过程中水体中 δD 与 $\delta^{18}O$ 在蒸发作用下不断富集，并向地下入渗，使得矿坑水相对富集 δD 和 $\delta^{18}O$。大规模采矿导致矿坑排水大面积疏干裂隙水，上覆孔隙水含水层与下伏煤系地层之间稳定隔水层被破坏，致使孔隙水下漏，矿井大量排放孔隙水，造成矿区泉水断流，地下水水位下降。

对下伏奥陶系灰岩所含岩溶水的破坏。岩溶水位于煤系底部奥陶系（O$_2$）灰岩中，分布于各大煤田边缘和底部，是山西岩溶大泉的主要含水层。它下伏于煤系地层中，无论煤层是否带压，都会对岩溶水造成破坏。图 6.3 显示，750 m 深层岩溶水矿化度最低，各离子含量均偏低，与白家沟煤矿 600 m 深层水相近，水阴离子均落在 HCO$_3^{-}$ 组分一端，阳离子均落在 Ca^{2+} 一端，属于纯碳酸盐岩石溶解，水化学类型为 Ca-HCO$_3$ 型水。300～400 m 浅层岩溶水（Ca^{2+}+Mg^{2+}）大约占总阳离子的 85%。HCO$_3^{-}$ 占总阴离子的 82%，地下水化学类型为 Ca-Mg-HCO$_3$ 型，表明离子主要来自白云石风化溶解。

450～750 m 深层岩溶水的 $\delta^{18}O$ 和 δD 范围为 -10.03×10^{-3}～-11.09×10^{-3}，-74.52×10^{-3}～-79.96×10^{-3}，分布在当地降水线附近且很集中，其特点是 $\delta^{18}O$ 和 δD 组成相对于其他各种水样普遍要偏负，表明其受蒸发效应影响甚微，其同位素值为全区最低值，而且与矿坑水等联系不大，为大气降水入渗补给，主要为煤系水，显示出封存水的特征，可能为地质早期降水的气温寒冷而形成明显偏低的同位素值。450～750 m 的深层岩溶水与 300～450 m 的生活用水水源井的同位素组成较为接近，相对贫同位素，可见矿区生活用水主要来自岩溶水的补给。200 m 以内浅层岩溶水为 Ca-Mg-SO$_4$-HCO$_3$ 型水，其 δD 和 δ^{18}O 变化范围为 $-9.28\times10^{-3}\sim-9.93\times10^{-3}$，$-68.76\times10^{-3}\sim-72.93\times10^{-3}$，处于当地降水线下方，且严重偏离当地降水线，富集同位素 δ^{18}O 和 δD。与孔隙裂隙水较为相近，而且与西曲、东曲、白家沟等矿区的矿坑水也较为接近，可推断矿坑水主要来自孔隙裂隙水与浅层岩溶水的补给。

矿坑水的主导阳离子是 Na$^+$ 和 Ca^{2+}，占总阳离子的摩尔比例 90% 以上。SO$_4^{2-}$ 浓度高而 HCO$_3^-$ 浓度低，主导阴离子是 SO$_4^{2-}$，占总阴离子的 88%，水化学类型为 Na-Ca-SO$_4$ 型。煤矿集中开采区地下水的组分含量均高于汾河水库等上游来水，以 SO$_4^{2-}$ 含量变化最为显著，矿坑水 SO$_4^{2-}$ 含量达 1928.9 mg/L，远大于深层地下水和汾河水库等水体。Na$^+$ 含量也较以前有明显增加，HCO$_3^-$ 含量减少。这是因为地下水上升成泉，泉口压力降低，CO$_2$ 的溶解度减小，一部分 CO$_2$ 便成为游离的 CO$_2$ 从水中逸出，发生脱碳酸作用，使 Ca^{2+}、Mg^{2+} 从水中析出，阳离子中 Na$^+$ 比例增加。

$$Ca^{2+}+2HCO_3^- \longrightarrow CO_2\uparrow+H_2O+CaCO_3\downarrow$$

$$Mg^{2+}+2HCO_3^- \longrightarrow CO_2\uparrow+H_2O+MgCO_3\downarrow$$

古交地下水中 HCO$_3^-$ 等离子主要源于铝硅酸盐风化溶解：

$$CaO\cdot Al_2O_3\cdot 4SiO_2+2CO_2+5H_2O \longrightarrow 2HCO_3+Ca^{2+}+2H_4Al_2Si_2O_9$$

$$Na^+Al_2Si_6O_{16}+2CO_2+3H_2O \longrightarrow 2HCO_3+2Na^++H_4Al_2Si_2O_9+4SiO_2$$

同时山西煤系地层中含有很多黄铁矿，开采前煤层水处于分层水平流动状态，在还原条件下，硫铁矿是较稳定矿物，开采后在开放的氧化环境中，水中溶解氧与 FeS$_2$ 发生作用，形成 FeSO$_4$。

$$2FeS_2+7O_2+2H_2O \longrightarrow FeSO_4+4H^++2SO_4^{2-}$$

因此流经这类地层的地下水往往携带大量的 SO$_4^{2-}$，煤系中所含的黄铁矿（FeS$_2$）的氧化作用是 SO$_4^{2-}$ 含量增加的主要原因，形成 Na-Ca-SO$_4$ 型水，水的 pH 降低，这是酸性矿井水形成的重要原因。

由图 6.2 和图 6.3 分析得知，矿区矿坑水、孔隙水、河水和浅层岩溶水聚集，它们之间有密切的水力联系，存在显著的补给排泄关系，说明矿坑水并非单一来源，主要由孔隙裂隙水、浅层岩溶水与河水混合补给形成。而矿坑水与深层岩溶水以及汾河水库水的水力联系较弱，进一步说明矿区采矿活动对浅层岩溶水、孔隙水以及河水产生了破坏，而对深层岩溶水影响甚微，以上示踪得出结论与实际情况及物探结论基本吻合。

综上所述，古交矿区在带压开采区，采矿造成裂隙水和岩溶水之间的水动力平稳破坏，使部分岩溶水通过上部裂隙系统渗入开采区，形成矿坑水。在无压开采矿区，煤矿开采疏干了开采区及其影响带上覆岩层的地下水，天然状态下本向岩溶地层补给的第四系孔隙水及基岩裂隙水，被煤矿截流，转化为矿坑水排向地表。采矿使部分含水岩层发生形变，形成沉陷或裂缝，成为各类含水层快速渗漏的通道，矿坑不仅排泄煤系地层裂隙孔隙水，而且排泄岩溶水。

6.3.3　结论与讨论

采矿活动对矿区地表水和地下水的破坏严重，矿坑水主要由孔隙裂隙水、浅层岩溶水与河水混合补给形成，主要是对浅层岩溶水、孔隙水以及河水产生破坏，而对深层岩溶水与汾河水库水影响甚微。采矿形成纵横交错的巷道、井和不同深度的采空区，破坏了矿区隔水层和储水构造，巷道、井、采空区相互贯通了各类含水层和隔水层，改变了矿区煤系地层裂隙水、上覆松散岩类孔隙水和下伏岩溶水等地下水运行路径和状态。采矿改变了地下水流场，改变了矿区地表水与地下水的补给、径流、排泄过程，使地下水的径流路径和方向发生改变。

针对此问题，应加强对山西地下水环境对采矿的承载力进行科学评估，研发水煤共采技术。对水资源的历史和现状及未来变化趋势进行预测评估，为水资源管理部门提供参考和科学依据。可在采煤前用管排等措施输排地下水，输排水与供水相结合，将输排的水调至水库等储水区域，实现煤水共采，保障了采矿安全，而且很好地利用和保护了水资源。

6.4　典型矿区水文系统破坏过程模拟研究

炉峪口煤矿位于太原市西北古交市，地处狮子河旁，地理位置处于112°03′30.3″E～112°06′12.3″E，37°56′35.0″N～37°59′3.3″N，面积约为7.0328 km²，位于吕梁山脉东侧，属中低山区，地表经长期风化剥蚀，沟谷纵横，梁峁绵延，地形十分复杂，多呈"V"字形，山顶黄土广布，沟谷两侧基岩裸露。区内地势大体呈西北高，东南低之势。井田地处黄土高原，气候干燥，昼夜温差较大，春冬多风，夏季多雨，且集中在7～9月三个月，年蒸发量大于降水量4倍左右，属大陆性气候。年平均气温9.6 ℃，极端最高气温36.4 ℃，极端最低气温–18.5 ℃。年平均降水量426.1 mm，年平均蒸发量2093.8 mm，无霜期189 d，霜冻期为10月下旬至翌年3月下旬，最大冻土深度860 mm。

6.4.1　模型构建

1. 水文地质概念模型

建立矿区概念模型主要需实现以下目标：概念模型能够真实再现矿区水文地质原型；所确定的各类边界条件符合矿区地下水流场的趋势和特点；模型边界以完整地质单元边界为参考，尽量采用自然边界；人为边界性质的确定应从不利因素考虑等。由于面积较小，可把整个矿区看做一个完整的水文系统和独立的水文地质单元，以保持系统的完整性，提高地下水数值模拟预测的精度。根据矿区含水层特性与地下水动态，将含水层结构概化为潜水含水层和承压水含水层，中间为弱透水层（Wei et al.，2014）。研究可概化为在各向异性非均质模型中对三维非稳定地下水系统的模拟（Ma et al.，2012）。

2. 水文地质数学模型

根据上述的水文地质概念模型，研究区可以概化为非均质、各向异性的三维非稳定水流。可用如下微分方程的定解问题进行描述：

$$S\frac{\partial h}{\partial t}=\frac{\partial}{\partial x}\left(K_x\frac{\partial h}{\partial x}\right)+\frac{\partial}{\partial y}\left(K_y\frac{\partial h}{\partial y}\right)+\frac{\partial}{\partial z}\left(K_z\frac{\partial h}{\partial z}\right)+\frac{(h_s-h)}{\sigma}+\varepsilon \quad (x,y,z)\in\Omega, t\geqslant 0$$

$$\mu\frac{\partial h}{\partial t}=K_x\left(\frac{\partial h}{\partial x}\right)^2+K_y\left(\frac{\partial h}{\partial y}\right)^2+K_z\left(\frac{\partial h}{\partial z}\right)^2+P \qquad (x,y,z)\in\Gamma_0, t\geqslant 0$$

$$h(x,y,z,t)\big|_{t=0}=h_0 \qquad (x,y,z)\in\Omega, t\geqslant 0$$

$$\frac{\partial h}{\partial n}\big|_{\Gamma_1}=0 \qquad (x,y,z)\in\Gamma_1, t\geqslant 0$$

$$K_n\frac{\partial h}{\partial n}\big|_{\Gamma_2}=q(x,y,z,t) \qquad (x,y,z)\in\Gamma_2, t\geqslant 0$$

$$(6.1)$$

式中，Ω 为渗流区域；K_x 为 x 方向上的渗透系数；K_y 为 y 方向上的渗透系数；K_z 为 z 方向上的渗透系数；h 为含水层水位标高；h_s 为河流水位；ε 为汇源项；σ 为河流底部弱透水层的阻力系数；S 为自由面以下的含水层储水率；μ 为潜水含水层的重力给水度；P 为潜水面上的降水入渗、蒸发以及灌溉回归的代数和；$h(x,y,z,t)$ 为模拟渗流区域内的水头分布；h_0 为含水层的初始水位分布；$\overline{n}$ 为边界外法线方向；K_n 为渗透系数；$q(x,y,z,t)$ 为第二类边界上的水分通量；Γ_0，Γ_1，Γ_2 分别为渗流区域的上边界、第一类边界和第二类边界（赵成义等，2002）。

3. 建立三维地下水数值模型

完成研究区水文地质概化及水文地质数学模型建立后，采用 FEFLOW 6.1 构建三维地下水流数值模型，对数学模型进行数值求解，运行模型来对地下水水位的动态变化进行模拟预测。

根据有限单元法基本原理对研究区进行三角网格剖分。炉峪口煤矿矿区面积大致为 7.0328 km²，本书主要结合 ArcGIS 9.0 与 FEFLOW 模型进行区域三角形剖分。网格剖分需要遵循的基本原则有：三角形单元内尽量不出现钝角；充分考虑研究区的边界、岩性分界线、断层等；观测孔、水源地尽量放在剖分单元的节点上；水力坡度变化较大或重点研究区，剖分时应该适当的加密（高卫东等，2008）。对研究区进行自动离散网格剖分，在监测井和研究区边界部分适度加密，生成有限元格网，完成后共 35544 个单元格，24276 个节点，如图 6.4 所示（王赫生等，2012）。

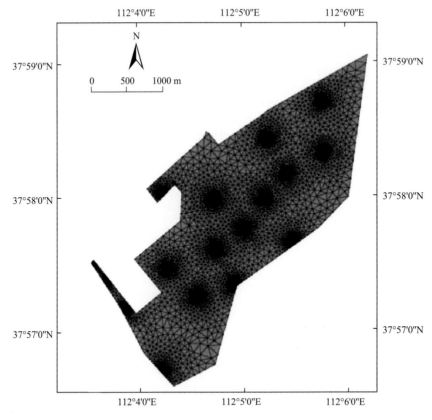

图 6.4　矿区有限元网格剖分

　　将 2011 年年初作为数值模拟的开始时间，模型校验期为一年，模拟预测期为十年。由于本次模拟是对非稳定地下水水流进行的，因此需要离散时间序列。时间序列的离散通过设置时间步长实现。本次模拟将时间步长设定为由 FEFLOW 模型自动控制，初始时间步长设为 0.001 d，模型校验结束时间为 365 d，模拟预测结束时间为 3 653 d。

　　以 2011 年年初地下水水位作为模拟初始条件，利用 GIS 技术和 FEFLOW 数据接口，将水文监测井的坐标、DEM 高程值与 2011 年年初地下水水位监测值进行数字化处理和转化，并导入 FEFLOW 模型中。数据输入后运用 FEFLOW 提供的插值方法生成水位等值线，获得整个矿区地下水初始水位的空间分布（图 6.5）。本书选取了误差较小的克里格插值。

　　根据矿区边界范围和地形条件，以初始流场为参考定义边界类型。本次模拟将各边界定义为第二类边界条件，并结合收集的相关资料，计算各边界单位面积上侧向的流入、流出水量。在对井边界的处理上，除了机井开采外，由于研究区存在大规模的煤矿开采活动，需充分考虑到矿井巷道涌水量对地下水系统的影响。根据矿井涌水量的大小，将其分派到各个突水点上，概化为抽水井，以此来模拟巷道对地下水的疏排效应。

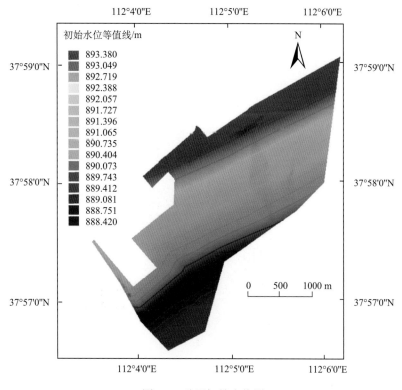

图 6.5　矿区初始水位图

　　地下水模拟需要给定主要水文地质参数，FEFLOW 模型主要赋渗透系数和给水度值。由于研究区范围较小，土地利用结构单一，岩性变化较小，根据实地调查，结合区域水文地质调查报告和相关资料，将矿区划分为 3 个子区域（图 6.6），经校验后给定Ⅰ、Ⅱ、Ⅲ区的渗透系数值为 0.484 m/d、1.76 m/d、0.143 2 m/d，给水度值为 0.05、0.20、0.15。

　　根据研究区水文地质资料进行补给项和排泄项计算，研究区域的地下水补给来源有：降水入渗补给、农田灌溉补给、河流侧向径流入渗补给（李守波等，2009）。地下水消耗项包括蒸发和人为地下水开采，随着社会经济的发展，生产生活对水资源的需求量不断增加，再加上北方温带季风气候，降水时空分布不均匀，对地下水需求量更甚。根据水井调查情况，研究区内有五口地下水开采机井，煤矿生产以深部开采为主，为维持采矿活动正常进行，煤炭开采工作面向横向和纵向迅猛发展，将工作面周围的水，或者是潜在的水疏导排出，导致矿井排水量逐年增大，改变了地下水的补、径、排方式，成为致使矿区地下水变化的一个不可忽视的因素。

6.4.2　模型识别与参数校验

　　在建模完成后进行反复模型识别和参数校验，以确定模型结构和准确的水文地质参数，是建模过程中极其重要的一项工作。任何模型在模拟之前都需要进行反复修改和调参，最终才能达到较为理想的模拟结果。

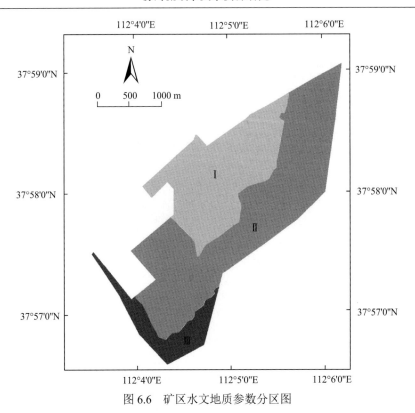

图 6.6　矿区水文地质参数分区图

　　模型识别和校验的原则是：水位方面模拟所得地下水水位等值线与实际地下水水位等值线相似，模拟地下水水位动态变化过程与实际地下水水位动态变化基本一致；流场方面地下水模拟流场与实测的地下水流场大体一致，可以有一定程度的差别；参数赋值在识别校验后的水文地质参数与研究区实际情况相符合。

　　通过反复的参数设置和调节，确定了模型结构和较为准确的水文地质参数后，模型准确性得到有力的保证。模型结构识别的可靠性评价，主要包括两个部分，即模拟期含水层的模拟流场和实测流场比较、各观测井地下水水位拟合曲线。通过拟合实测流场与模拟流场，并对模拟水位值与监测水位值进行绝对误差和相关性分析，在此基础上不断调整参数使其达到模型精度要求，以期更准确地预测分析未来地下水流场水位的动态变化（陆志翔等，2012）。

　　地下水流场拟合：将 FEFLOW 6.1 模拟地下水水位等值线结果与 ArcGIS 所绘制实测地下水水位等值线相拟合，分析模拟结果的精确度。拟合结果表明，模拟与实测所呈现的地下水流场总体上保持一致的变化趋势。拟合效果最好的是北部、东北部和中部地区，模拟水位等值线与实测等值线近乎重合。而在南部地区，二者存在一定的偏差。造成误差的主要原因是南部地区地下水通道较窄，监测井分布密度大，采矿活动十分频繁，且地质环境更为复杂。从整体上来说，整个矿区模拟水位与实测水位达到了较好的拟合效果，模型精度满足研究所需精度，赋值参数基本符合实际情况，所建 FEFLOW 三维模型基本能够真实再现矿区地下水动态变化过程。

观测井水位：为了精确验证地下水流数值模型的准确性，定量观测拟合结果，根据研究区的煤层分布状况及地下水开采现状，选择了 17 口水文监测井及其相关的钻孔数据作为建模基础，分别是 352#、358#、901#、902#、904#、914#、924#、927#、928#、934#、936#、943#、949#、950#、960#、976#、炉-1 水#，并通过对模拟所获得的水位值与实测水位值进行误差计算和分析，定量分析模型拟合效果（图 6.7），以此为基础，根据实际水文地质条件来进行适当的参数调整，达到更好的模拟效果，提高模型精度。从图 6.8 可以看出，17 口水文监测井实际水位和模拟水位的绝对误差最大仅为 2 m，最小达到 0.07 m，平均绝对误差为 0.3 m 左右，基本符合模型精度要求。监测井 924#和 352#误差较大，模拟效果相对较差，其他监测井模拟误差都比较小，尤其是研究区中部和北部地区，模拟精确度较高。整体来说，监测井的模拟误差值都在平均绝对误差线上下波动，波动幅度很小，模拟结果相对准确，所构建的研究区地下水三维水流模型精确度满足要求，参数赋值较为合理，基本符合实际情况，可以用来对未来研究区地下水动态变化情况做出模拟预测相关工作。

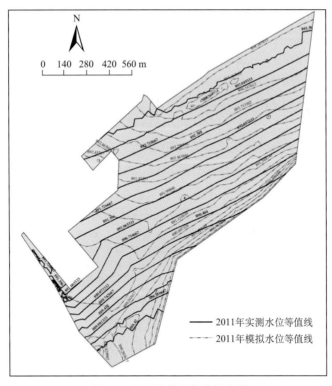

图 6.7　地下水等水位线拟合图

6.4.3　模型预报及应用

在研究区地下水数值模拟模型的初始条件、定解条件、水文地质参数和汇源项均确定之后，以所建数值模型为基础，以当前的地下水条件为初始条件，对未来年份的地下

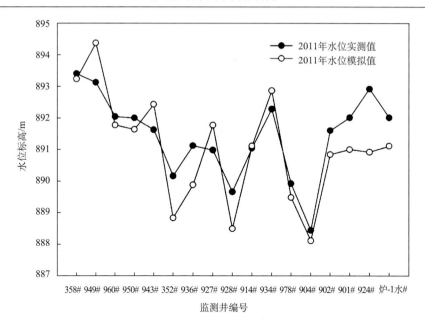

图 6.8　地下水水位模拟结果与实测结果比较

水动态变化进行模拟预测，主要是研究区内部地下水水位及流场变化情况。预测是建立地下水模型的主要目的，也是模型应用最为重要的一个环节。

　　选择以 2011 年 12 月 31 日的地下水水位作为初始水位，以 2011 年 12 月 31 日至 2021 年 12 月 31 日作为模拟期，对研究区的采矿活动强度和具体分布假设了四种方案，模拟不同情境下，地下水 10 年动态变化情况（图 6.9）。在模拟进行之前，假设 2011～2021 年 10 年期间研究区范围内的采矿活动持续进行，无重大地质事件发生，各项汇源项都保持正常状态。

　　方案一：保持研究区现状开采强度不变，各项汇源项及水文地质参数稳定，年生产产量保持在 75 万 t，且主要开采煤层集中在 8 号煤层，各机井抽水量保持不变，模拟 10 年地下水动态变化情况；

　　方案二：提高研究区开采强度 10%，各水文地质参数保持不变，年生产产量达 83 万 t，基本达到本矿核定生产能力 84 万 t/a，主要开采煤层在 8 号煤层和 9 号、10 号煤层，机井抽水量相应增加 10%，模拟 10 年地下水演变趋势；

　　方案三：提高研究区开采强度 30%，各水文地质参数保持不变，年生产产量高达 97 万 t，超过该矿核定生产能力，主要开采煤层为 8 号煤层和 9 号、10 号煤层，重点集中在 9 号、10 号煤层，为满足工业需求，机井抽水量相应增加 30%，模拟 10 年地下水演变趋势；

　　方案四：提高研究区开采强度 50%，各水文地质参数保持不变，年生产产量高达 110 万 t，超过该矿核定生产能力，主要开采 9 号、10 号煤层，机井抽水量相应增加 50%，模拟 10 年地下水演变趋势。

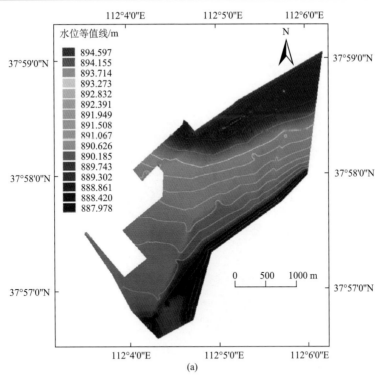

(a)

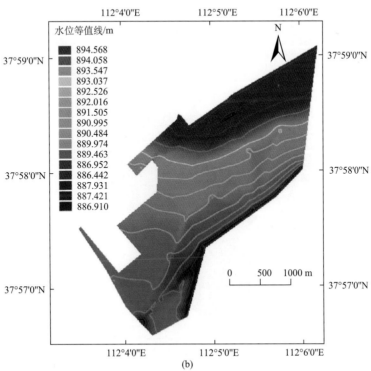

(b)

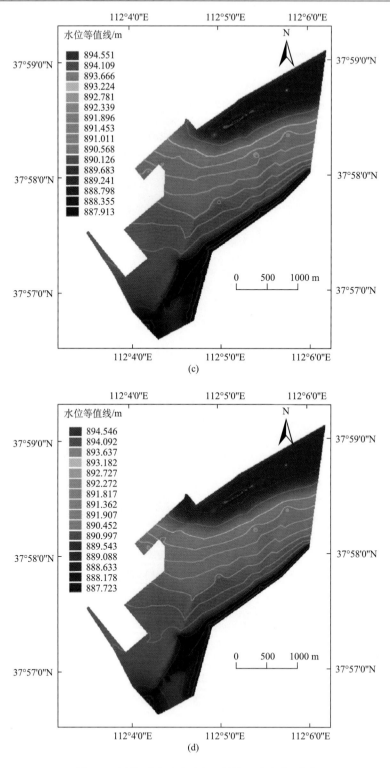

图 6.9 四种不同开采强度下的地下水水位预测

1. 流场分析

从图 6.9 可以看出，在模型运行 10 年后，不同的开采强度下，地下水的总体流场基本保持一致，整体规律仍是北部和西北部地区地下水水头较高，南部和东南部水头较低，地下水的流动方向为自北向南，在南部地区汇集，以泉的形式排泄。除此之外，在研究区中、北部地下水水位等值线分布较为稀疏，说明该地区地下水补排系统相对通畅，南部和东南部边界地区地下水水位等值线分布较为紧密，地下水变动幅度大，说明东南部边界为排泄边界，是主要地下水排水通道，也是整个研究区地下水发生变化最大的区域。

在南部边界附近及北部地区有断层存在，断层内部造成线状泥质填充，渗透系数小，成为地下水隔水边界，对地下水流场造成轻微扰动，表现为水位等值线的异常弯曲变化，但是由于断层规模小，对整个地下水渗流场的分布特征影响不大。

2. 水位分析

图 6.10 反映了不同开采方案下监测井地下水水位的演变情况，可以看出地下水的整体水位趋势没有大的变化，地下水突变的情况很少，水头保持在高位。但由于多年煤矿开采所造成的地下水涌水，以及为满足工业生产和居民生活而进行的人为地下水开采，势必造成研究区大部地下水水位下降（马金辉等，2013），预计到 2021 年，经过 10 年的持续开采及采矿活动的干扰破坏，地下水水位较初始水位均有所下降，且下降幅度随着开采的加强而增大（Dai et al.，2013）。

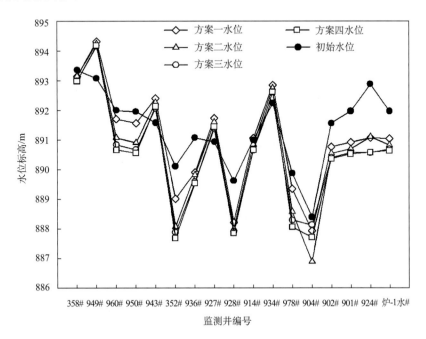

图 6.10　不同开采方案下模拟期末（2021 年）地下水监测井水位

3. 均衡分析

均衡分析是对整个地下水系统平衡稳定性进行评估的一个重要环节。根据均衡分析结果，现状条件下研究区地下水系统处于正均衡，均衡差为 290.983 m³/d，而在开采强度提高 10%时，均衡差有所下降，为 260.08 m³/d，在开采强度提高 30%时，地下水系统的均衡情况发生质的变化，转为负均衡状态，均衡差为–194.3 m³/d，整个地下水环境发生变化，补给量小于排泄量，到开采强度提高 50%的情况下，地下水系统的负均衡状态持续加剧，均衡差高达–249.532 m³/d，整个地下水系统补给量远远小于排泄量，这也是造成地下水水位普遍下降的重要原因之一。

总的来说，以 2011 年 12 月 31 日地下水流场和水位作为初始流场及水位，到模拟期末，整个地下水流场呈现北高南低的趋势，东北部、北部及中部地区水位等值线分布较为稀疏，而在东南部、南部地区的水位等值线分布非常密集，这种特征在 10 年内基本维持原状，因多年煤矿开采所造成的地下水损失，以及人为的地下水开采，造成研究区内大部分地区地下水水位普遍下降，当开采强度提高 10%、30%、50%时，地下水整体流场和运动趋势没有发生大的变化，地下水水位普遍下降，且下降幅度与开采强度密切相关。地下水系统均衡分析结果表明，当开采强度保持现状或提高 10%，研究区地下水系统仍然处于正均衡状态，当开采强度提高 30%、50%时，地下水系统处于负均衡，且均衡差额随着开采强度的提高而逐渐增大，这也是造成地下水水位普遍下降且降幅差异的重要原因。

6.4.4　结论与讨论

本书查阅整理大量国内外相关地下水数值模拟文献和资料，比较各数值模拟软件在地下水模拟方面的优缺点及其发展动态，以此为依据，制定建立矿区地下水模型的最优方案，建模初期，收集了研究区大量相关资料，包括研究区气象、水文、地质地貌、地下水监测资料、矿井开采情况及在采矿活动过程中的矿井涌水量情况，系统分析其水文地质特征和地下水水位动态变化特征，建立了区域水文地质概念模型和数学模型，并利用有限元地下水模拟系统 FEFLOW 6.1 建立矿区三维地下水数值模型，对所建立的数学模型进行求解，为确保模型精度，在建模完成后进行模型识别和校验，反复调整参数，完善地下水模型，更准确地预测分析未来地下水流场及水位。

模拟结果显示，到模拟期末，在地下水现状开采强度不变，以及开采强度提高 10%、30%、50%四种开采方案下，地下水具有统一的流场，大体上呈现自西北向东南流动，局部断层分布会致使区域流场发生变化，但对整体无明显影响。没有出现地下水降落漏斗，但开采中心水位等值线分布密集，地下水变动较大，随着采矿技术更新进步，矿井开采强度加大，其对地下水流场的扰动加剧，对地下水的开采和破坏达到一定的程度，可能会在采区内出现小范围的地下水降落中心。

完成识别和校验后的三维地下水数值模型基本与实际情况相符，所赋模型参数基本符合实际水文地质参数，但是由于地下水系统的复杂性和不可视性，以及矿区人为的采矿活动干预，加上数值模型本身在建模过程中的不确定因素过多，导致模型与实际地下水系统有一定的偏差，模拟结果存在一定的误差，但保持在允许范围之内，模拟结果能够反映未来地下水的基本发展方向。

根据不同情境下模拟结果，可以看出地下水水位的动态变化与矿井开采情况有关，多年的煤矿开采不仅会导致研究区地下水水位的普遍下降，同时会造成整个地下水系统均衡情况的变化，根据均衡分析的结果，当矿井开采强度保持在当前水平或提升 10%，地下水系统处于正均衡，但是当矿井开采强度提高 30%，即按照方案二进行开采，地下水系统的平衡状态就会被打破，出现负均衡。这表明按照方案三进行开采，研究区地下水具有补给保障，而且产量符合该矿国家核定生产能力，开采方案较为合理。

由于矿区环境的复杂性及人为参与，矿区地下水管理是重点也是难点。为保护矿区地下水环境，需在采矿区大力开展水文地质普查，建立完善的监测系统，优化三维地下水数值模型，为水资源管理提供科学依据。除此之外，要完善矿区水文地质勘探和煤层煤质勘探，合理制定矿区开采方案，在优化矿区开采的情况下，最大限度保护地下水资源，维持地下水系统的平衡发展。最后完善矿区水资源管理体制，做好矿区水资源规划，合理开发地下水资源，加强对矿区水资源的优化配置，充分利用地下水和地表水，减少水资源的浪费，实现矿区经济、社会、生态的可持续发展。

6.5　典型小流域水文系统破坏过程模拟研究

晋祠泉域，位于汾河上游的西部地区（111°56″E～112°30″E，37°34″N～38°20″N），出露高程 802.59～805 m。晋祠泉域东部以汾河为界，西部以汾河水库为界，南至郭家梁村，北部以汾河二库为起点，以古交、静乐的行政分界线为界，南部从汾河二坝起，以古交、交城行政分界线为界。

泉域面积 2049.6 km²，南北长 84.5 km，东西宽 49.5 km，海拔 800～2202 m，包括径流后山补给区、前山排泄区及平原区在内的裸露可溶岩面积高达 375 km²。主要包括范围有太原市所辖古交市、清徐县部分地区及晋源区和娄烦县部分区域，平原面积约 259 km²，山区面积约 1791 km²。

晋祠泉域位于西山地区属吕梁山系，西部北部海拔较高，东部南部海拔较低，山区以中低山为主，平均高度 1300 m。区内以流经古交的汾河河段为界，北岸植被覆盖率低，土壤瘠薄，为石灰岩土石山区；南岸为砂页岩土石山区，海拔较北岸较低。泉域南部地形平坦，土质丰肥，为断陷盆地。晋祠泉域整体地势落差较大，山区以较大的落差与盆地直接接触，构成区域基本地貌格局。

晋祠泉域位于黄土高原中部地区，温带气候，且具有大陆性气候特征，年均气温 9 ℃，且年际变化率大，年日照平均时数为 2450 h，年平均蒸发量 2031.3 mm，其中水面蒸发占据一定的比重；年均降水量约为 507 mm，基本集中在夏秋季节，多暴雨，冬春季节降水较少。近年来泉域降水量有减少的态势。

泉域位于汾河流域，区内河流水系较为发育，汾河为泉域范围内最大的河流，在汾河水库流出后东西横穿至兰村泉，其后南流，成为泉域东界，区内流长 100 km 左右，汇流区广，支流众多，先后有屯兰川、原平川、大川河等多条季节性河流汇入，流量年内年际变化率较大，有明显的丰枯水期（图 6.11）。

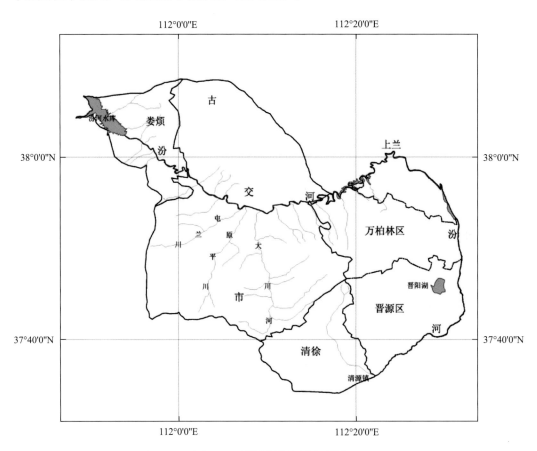

图 6.11　晋祠泉域流域水系图

从大地构造体系上讲,晋祠泉域工矿区处于山西台背斜中段,东临太行山断隆,西接吕梁山断隆。研究区北部为大同静乐凹陷与五台山隆起，东部、南部为太原断陷盆地。研究区先后经历了平山运动、五台运动、加里东运动、燕山运动和喜马拉雅运动，在多期构造运动叠加作用的影响下，形成了褶皱与断裂交错排列的多序次构造格局。

晋祠泉域内各类地下水发育齐全，基岩裂隙水分布于西部以及北部地区，碳酸盐岩类岩溶裂隙水和碎屑岩类裂隙孔隙水广泛富集于西山中部地区，松散岩类孔隙水广泛分布于太原断陷盆地区,山区则主要分布于山间河谷地区。上覆裂隙水和下伏岩溶水之间，有着微妙而不可忽视的联系。

裂隙水：西山地区大面积出露的石炭、二叠系砂页岩裂隙孔隙含水层，主要接受大气降水的入渗补给，一般径流途径较短，除少部分通过断裂褶皱构造带或构造天窗下渗补给下伏岩溶水外，绝大部分在河流切割或构造发育有利部位以泉水的形式就近排泄，形成河川基流。该类地下水在西山地区无集中供水意义，但却是山区人畜吃水的主要水源。

孔隙水：浅层孔隙水，主要分布在汾河河谷及其支流河谷冲积层中，含水层多为全新统的砂、砾、卵石层以及上更新统冲积物。河谷一级阶地地形较为平坦，其含水层厚度大而且连续分布，富水性较好。大气降水入渗补给是主要补给来源，古交地区浅层孔隙水含水层下部有大量煤层，当矿井穿越孔隙水含水层时，孔隙水大量涌入矿井，人工开采地下水（包括矿井排水）成为主要排泄方式。另外泉域东部太原市区部分孔隙含水层分布且上覆第四系松散沉积物，大量降水下渗补给浅层孔隙水。

岩溶水：研究区地下岩溶水主要补给来源有三种，即北部灰岩裸露区，尤其是山区地表覆盖率低，土壤裂隙发育，下渗强烈，降水入渗补给系数大；中部地区受到汾河干流及其支流的侧向渗漏补给；径流区受到来自石炭、二叠系裂隙水的越流补给。

晋祠泉域工矿区拥有丰富的矿产资源和能源资源，交通便利，基础雄厚，是重要老工业基地之一。新中国成立以来，随着国民经济的快速发展，逐渐形成了以煤炭为核心的四大支柱产业，同时纺织、建材等行业种类齐全，工业体系较为完善。

研究区内自然资源非常丰富且种类多样，包括以铁、钒、铝等为主的金属矿产资源，以及铝土矿、石膏等非金属矿产，以煤为主的能源矿产也极为丰富，被誉为"煤铁之乡"，煤矿数量高达 300 余座，井田范围面积广大。矿产资源的开发成为泉域内经济发展的主要方向。

6.5.1　晋祠泉域地下水数值模型建立

1. 水文地质概念模型的建立

在地下水研究过程中，考虑到研究区复杂多变的地下水赋存环境及补径排特征，为避免过多的干扰，需忽略对地下水系统影响较小的因子，对其水文地质条件进行概化，即建立概念模型。建立概念模型主要需实现以下几个目标：概念模型能够真实再现研究区水文地质原型；所确定的各类边界条件总体符合研究区地下水流场的趋势及特点；模型边界以完整水文地质单元边界为参考，尽量采用自然边界，如河流、断裂带、分水岭等，以保证地下水系统的完整性；人为边界性质的确定应从不利因素考虑。

1）含水层结构

根据晋祠泉域水文地质调查结果，浅层孔隙水含水层下部有大量煤层，当矿井穿过孔隙水含水层时，孔隙水大量涌入矿井，因此煤矿开采对地下水的影响主要集中在浅层孔隙水，本书主要针对浅层孔隙水、岩溶水进行。根据工矿区水文地质条件，将含水层结构概化为潜水含水层和承压水含水层，中间为弱透水层（Wei et al., 2014）。研究区面积广阔，区内太古界—新生界地层均有不同程度的出露，岩性变化明显，将其概化为在非均质各向同性模型中对三维非稳定地下水系统的模拟（Ma et al.，2012）。

2）边界条件

边界条件的概化对地下水模拟的准确性起到至关重要的作用，如何处理研究区边界条件成为地下水数值模拟的关键所在。由于在实际研究工作中，很难找到精确的自然边界，或定水头边界（第一类边界），因此 Hoek 和 Diederichs 在 2006 年提出了人为边界的定义及其处理办法，并且指出人为边界的确定应该以研究区地形条件及地下水流场特征为依据，一定程度上降低了地下水模拟研究的难度（安瑞瑞等，2014）。

晋祠泉域东北部及东部大部分地区以汾河为界，根据地下水动力学中对河流边界的处理原则，将其概化为定水头边界；泉域北部多数地区为基岩山区，透水性较差，地下水补给来源以降水入渗补给为主，水位等值线基本与边界垂直，因此将其北部边界概化为隔水边界，即零通量边界；泉域西部、西北部地区，主要地下水补给来源以降水入渗补给和河道、水库渗漏补给为主，蓄水广阔，是研究区地下水补给区，故将其概化为补给边界；泉域东南部边界沿太原盆地西边山断裂带一线南北延伸，导致多个岩溶大泉出露，其中以晋祠泉最为典型，为晋祠泉域泉排泄区，除此之外，地下水以潜流的形式补给太原盆地，因此将其概化为地下水排泄边界（图 6.12）。汾河贯穿整个晋祠泉域，为了更加准确地描述汾河与流域地下水之间的补排关系，将泉域内部汾河河段设置为流量传输边界，在两侧设置限制水头边界，当地下水水位低于所设限制高程时，河道渗漏补给地下水，当地下水水位高于该限制值时，地下水反渗补给河流（高卫东等，2008）。

在对井边界的处理上，除了机井开采外，由于工矿区存在大规模的煤矿开采活动，需充分考虑矿井巷道涌水量对地下水系统的影响。根据矿井涌水量的大小，将其分派到各个突水点上，概化为抽水井，以此来模拟巷道对地下水的疏排效应。

2. 数学模型

基于研究初期所建立的概念模型，运用微分方程描述其数学模型如下：

$$\mu\frac{\partial h}{\partial t}=K_x\left(\frac{\partial h}{\partial x}\right)^2+K_y\left(\frac{\partial h}{\partial y}\right)^2+K_z\left(\frac{\partial h}{\partial z}\right)^2-\frac{\partial}{\partial z}(K+P)+P(x,y,z)\in\varGamma_0,t\geqslant0$$

$$h(x,y,z,t)\big|_{t=0}=h_0(x,y,z)(x,y,z)\in\varOmega,\ t\geqslant0 \tag{6.2}$$

$$K_n\frac{\partial h}{\partial\overline{n}}\bigg|_{\varGamma_1}=q(x,y,z,t)(x,y,z)\in\varGamma_1,\ t\geqslant0$$

式中，$\varOmega$ 为模拟渗流区域；K 为渗透系数；K_x 为 x 方向上的渗透系数；K_y 为 y 方向上的渗透系数；K_z 为 z 方向上的渗透系数；h 为含水层厚度；h_0 为水头初始值；μ 为潜水含水层的重力给水度；P 为潜水面上的降水入渗和蒸发系数；$\overline{n}$ 为边界外法线方向；$\varGamma_0$ 为地下水自由表面；$\varGamma_1$ 为渗水流域第二边界；q 为第二类边界上的水分通量，即第二类边界上单位时间、单位面积流入或流出的水量。

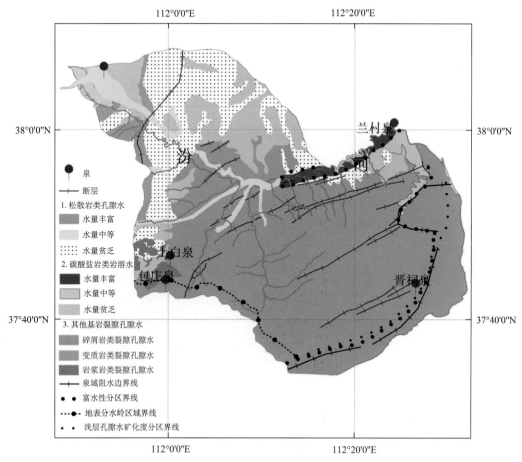

图 6.12　晋祠泉域水文地质略图

3. FEFLOW 模型建立

在水文地质条件的概化及相应数学模型建立的基础上，在 ArcGIS 10.0 环境下对数据进行分析处理，并转化为 FEFLOW 所要求的规范数据格式，导入到 FEFLOW 6.0 中，经过网格剖分、时间离散、初始条件设定、重要水文参数和源汇项的数值输入等步骤，逐步建立以晋祠泉域为试验区的工矿区 FEFLOW 模型。

1）网格剖分

在 ArcGIS 10.0 环境下划定本章研究的范围，通过矢量化工具，将栅格图转换为矢量图格式，即 shp 格式文件，并将矢量图导入 FEFLOW 6.0 中作为背景图。根据有限单元法基本原理，选择 FEFLOW 提供的三角形网格剖分法自动生成有限元格网。网格剖分时需要注意：剖分时尽量保证单元内无钝角出现，监测井、泉、抽水井和矿井等应尽量放置在节点上，对矿区内断层、地质单元边界、研究边界等特殊区域、重点区域或流场变化明显的地区应采取网格加密处理（高卫东等，2008）。

　　本书在充分考虑地形特征的基础上，对工矿区进行自动离散网格剖分，在监测井和边界部分适度加密，生成有限元格网，完成后共9825个单元格，7000个节点（图6.13）（王赫生等，2012）。

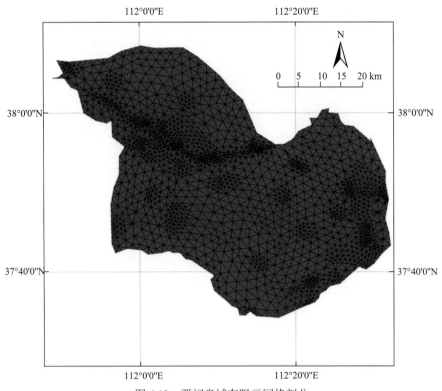

图6.13　晋祠泉域有限元网格剖分

　　2）3D模型构建

　　根据晋祠泉域地面高程数据，结合研究区水文地质条件及相关的地下水含水层勘探资料，以二维模型为基础，构建地下水空间三维模型。在FEFLOW 6.0平台下，运用"三维图层设置"（3D layer configuration）功能模块，通过设置多个层（layer）和片（slice）完成FEFLOW三维模型含水层立体结构。根据水文地质概念模型，将三维模型设置为三层四片，层与层之间由片分隔。对于片的高程设置是通过数据转换完成的，将各片上监测点的坐标属性和高程属性按照一定的格式生成trp格式文件，导入到FEFLOW中，利用FEFLOW提供的对离散空间数据进行插值的方法，对各片高程进行插值，得到含水层三维空间分布图（图6.14）。

　　3）时间离散

　　依据水文地质概念模型，将晋祠泉域工矿区的地下水模拟定义为非稳定流模拟，因此需要通过设置时间步长来对时间序列实施离散。通过深入分析研究区多年地下水动态

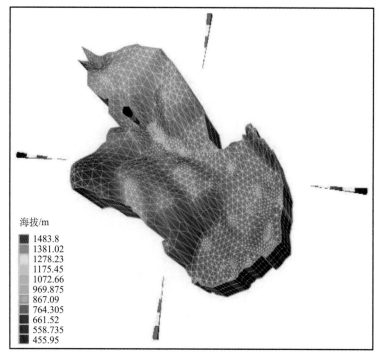

图 6.14 地下水三维模型图

变化特征,将 2008 年年初作为数值模拟的开始时间,模型校验期设为 1 年,模拟预测期设为 10 年,时间步长设定为 FEFLOW 模型自动控制,模拟运行的初始时间步长设为 0.001 d,模型校验结束时间为 365 d,模拟预测结束时间为 3653 d。

4)初始条件

通过资料收集和调查,获得晋祠泉域工矿区 50 眼监测井的地下水水位实测资料,并将其 2008 年年初监测水位值作为地下水数值模拟的初始条件。初始条件的设置是通过数据转换完成的,需要将各个监测井的坐标属性和 2008 年年初实测水位值按照一定的格式生成 trp 文件,导入到 FEFLOW 中,并采用模型所提供的阿基玛插值法生成整个研究区的初始水位等值线及其初始流场(图 6.15),从而获得整个工矿区地下水的空间分布及运移特征。

5)水文地质参数

FEFLOW 地下水数值模型所赋值的水文地质参数主要有渗透系数(即水力传导系数)和给水度。晋祠泉域工矿区面积广阔,区内具有多种复杂地貌类型,以汾河为界,北部为岩溶山区,寒武系、奥陶系碳酸盐岩广泛分布,以南为石炭系、二叠系、三叠系地层分布区,河谷地区基岩裸露,山顶、山梁地区黄、红土分布,因此概化其为非均质性含水层,需要对晋祠泉域工矿区进行渗透系数与给水度参数分区。通过收集整理相关文献及有关水文地质资料,结合地下水动态特征,将研究区划定为 14 个子区域(图 6.16),每个分区所对应的渗透系数和给水度见表 6.1。

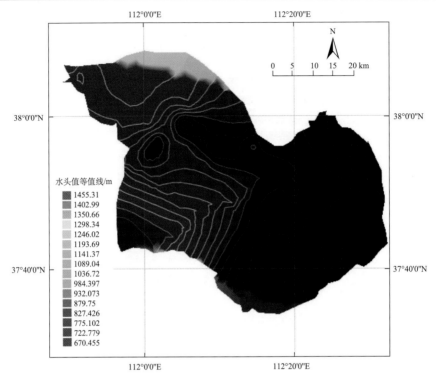

图 6.15　晋祠泉域初始流场图

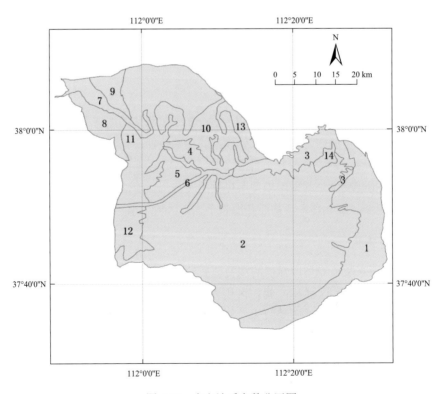

图 6.16　水文地质参数分区图

表 6.1　水文地质参数初始值

分区	渗透系数	给水度	分区	渗透系数	给水度
1	0.442	0.35	8	0.41	0.02
2	0.253	0.2	9	0.45	0.15
3	2.873	0.15	10	0.253	0.15
4	0.001	0.2	11	2.873	0.05
5	1.76	0.2	12	0.253	0.02
6	0.484	0.25	13	2.873	0.01
7	0.02	0.25	14	0.442	0.05

6）源汇项赋值

地下水系统的源汇项即为地下水的补给和排泄因子，是导致地下水动态变化的主要因素。对工矿区地下水动态变化的研究主要针对由人类活动引起的补排变化，通过定量分析人类活动对地下水动态的影响，揭示其作用机制，为制定合理有效的地下水保护措施提供参考依据。

晋祠泉域工矿区地下水源汇项主要包括降水下渗补给、河流侧向渗漏补给、灌溉入渗补给、水库渗漏补给、地下水人工开采和矿井排水（李守波等，2009）。补给项中，根据降水监测数据，晋祠泉域年降水量达 400 mm 左右，且全区奥陶系灰岩覆盖，岩溶裂隙发育，降水下渗作用强，因此降水入渗补给是泉域主要补给来源之一；除此之外，汾河自西向东横穿研究区，在罗家曲至镇城底之间有三个主渗漏段，全长长达 40 m 左右，使汾河渗漏量成为泉域地下水的重要补给来源；汾河水库、汾河二库等工程措施也对研究区地下水有一定的补给效应。排泄项中，除地下水开采井外，还需考虑采矿活动造成的矿井涌水，根据调查，矿区以深部开采为主，为维持采矿活动正常运行，采煤工作面不断向横向和纵向拓展，将其周围的地下水，或潜在的水疏导排出，造成工矿区废水量逐年增加，对地下水赋存条件和运动方式造成极大的干扰，成为矿区地下水系统平衡稳定发展的一个不可忽视的制约因子。

降水入渗补给量：晋祠泉域工矿区位于半湿润半干旱区，年降水量 441.1 mm，且年内分布不均匀，夏季多暴雨，降水强度大，下渗强烈，入渗系数平均值达 0.253。除此之外，工矿区内寒武、奥陶系地层裸露碳酸盐岩广布，尤其是西北部（汾河以北）有大片裸露的奥陶系灰岩，面积多达 375.25 km^2，在风化侵蚀作用下，地表破碎，裂隙发育，降水能够通过裂隙直接进入地下含水结构中，使大气降水入渗成为研究区地下水主要补给来源之一（石桂萍，2014）。

$$W = \alpha \times P \times F \tag{6.3}$$

式中，W 为降水入渗补给量，$10^3\,\mathrm{m}^3/\mathrm{a}$；$\alpha$ 为降水入渗补给系数；P 为年降水量，mm；F 为接受降水入渗补给的面积，km^2。

河流侧向渗漏补给：晋祠泉域工矿区内部河网密布，支流众多，汾河自西向东穿过，后在兰村附近转而向南流，平均流量大约 13.07 m^3/s，并有多条季节性河流汇入其中，因此径流对地下水的侧向补给也同样不可忽视。

汾河自西向东横穿研究区，在罗家曲至峙头村之间有三个主渗漏段，全长长达 42.56 m，且在渗漏段地下水水位低于河流水位 10 m 左右，水力坡度大，汾河流经该地段，必然发生渗漏。再加上渗漏段两侧分布着寒武、奥陶系地层裸露碳酸盐岩，裂隙发育，其渗漏量高达 0.65 m^3/s，使汾河渗漏量成为工矿区地下水另一个主要补给来源。汾河自西向东横穿过研究区，在罗家曲至峙头村之间有三个主渗漏段，全长长达 42.56 m，且在渗漏段地下水水位低于河流水位 10 m 左右，水力坡度大，汾河流经该地段，必然发生渗漏。再加上渗漏段两侧分布着寒武、奥陶系地层裸露碳酸盐岩，裂隙发育，其渗漏量甚至高达 0.65 m^3/s，使汾河渗漏量成为晋祠泉域地下水另一个主要补给来源。

灌溉入渗补给：晋祠泉域工矿区位于汾河灌区，属汾河水库覆盖灌溉区域，因此灌溉入渗补给是地下水系统的重要补给项之一。根据资料显示，在潜水埋深相同的地区，降水入渗系数可近似看作灌溉入渗系数，取值 0.253；汾河灌区主要的种植作物是小麦、玉米和高粱，查阅资料显示，小麦灌水定额为 40～50 m^3/亩，玉米灌水定额大约为 40 m^3/亩。

$$W = F \times A \times \alpha \tag{6.4}$$

式中，W 为灌溉入渗补给量；F 为灌溉面积；A 为灌水定额；α 为灌溉入渗系数。

水库渗漏补给：研究区内汾河水库为山西最大的水库，总库容达到 7 亿 m^3，多年平均库容为 22567 万 m^3，对泉域内的生态环境影响巨大，对地下水赋存环境及其平衡状态的作用尤为突出。

水库渗漏补给量的计算公式：

$$W = F \times \alpha \tag{6.5}$$

式中，W 为水库入渗补给量；F 为水库多年平均库容；α 为水库渗漏系数，取经验值 0.15。

地下水人工开采：人口的急剧增长和经济的飞速发展，对水资源提出了更大的需求。20 世纪 70 年代开始，晋祠泉域工矿区开始大量开采地下岩溶水，古交地区不断增加岩溶地下水开采量，边山断裂带大量开采岩溶水用于农业灌溉，导致地下水水位逐年下降，当前对岩溶水的直接开采已经成为控制晋祠泉域地下水动态的最重要因素（黄皓莉，2003）。

除地下水开采外，采矿活动造成的地下水排水也不可忽视。地下水动态变化与煤矿开采关系密切，其影响主要表现在两个方面：矿坑排水对补给量的减少和矿坑突水对排泄量的增加。据统计，晋祠泉域工矿区内煤矿数量高达 400 座左右，大量的煤矿矿坑排水和降压排水更加剧了地下水位的衰减趋势。除此之外，根据调查，工矿区采矿活动多以深部开采为主，为维持采矿活动正常运行，将其周围地下水或潜水疏导排出，造成废水量逐年增加，采矿活动成为工矿区地下水系统平衡稳定发展的一个不可忽视的制约因子。

4. 模型校验

模型模拟以其对地理事物变化过程的真实再现性和直观可见性，被广泛应用于各个方面，在研究中发挥着越来越重要的作用。然而在建模过程中，由于无法对复杂地理环境做出详细而精确的刻画，在对实际状况的处理上采取简化原则，因此，在建模完成后对其进行反复识别和参数校验是模拟过程中极其重要的一项工作，也是确保模型精确度的一个关键环节。

在建模初期对水文地质条件进行概化，简化了地下水赋存环境，再加上水文地质勘查资料的缺乏，区域含水层参数的不确定性以及各含水层之间的连通性等客观因素的影响，FEFLOW 地下水三维数值模型存在许多不确定因素。根据建模原则，需要通过多次识别和反复校验来调整模型参数，以保证模拟结果的准确性。

FEFLOW 地下水模型的识别校验主要考虑三个方面：①研究区模拟水位值与实测值误差是否满足允许的误差范围，达到模拟精度要求；②研究区模拟与实测的地下水流场是否基本保持一致，其动态变化过程是否一致；③识别校验后的水文地质参数与实际情况是否相符，是否能基本反映矿区的水文地质特征。

本书以 2008 年作为模型校验期，采用其 1 月初的实测水位作为校验初始水位，并将研究区内 50 眼监测井（图 6.17）的水位值通过 FEFLOW 提供的阿基玛插值法生成校验

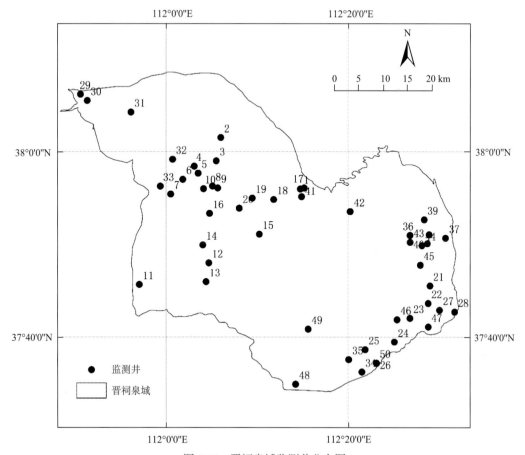

图 6.17　晋祠泉域监测井分布图

初始流场，模型校验期设置为 1 年，时间步长由模型自动控制。模拟完成后，拟合实测流场与模拟流场，并对模拟水位值与监测水位值进行误差和相关性分析，在此基础上不断调整参数使其达到模型精度要求，以期更准确地预测分析未来地下水动态变化（陆志翔等，2012）。

1）地下水流场拟合

以 2008 年年末地下水水位监测值导入 ArcGIS 中并通过阿基玛插值得到实测流场。以 2008 年年初监测水位作为初始水位，导入所建 FEFLOW 模型中，运行模型得到 2008 年年末模拟流场。将 FEFLOW 6.0 模拟地下水流场与 ArcGIS 所绘制实测地下水流场相拟合，分析 FEFLOW 模拟结果的精确度（图 6.18）。流场拟合结果表明：模拟流场与实测流场总体趋势基本一致，均表现出自西北向东南的地下水流向，水位变化趋势表现为西北地区地下水水位较高，东南地区水位较低，整个晋祠泉域工矿区水力坡度较大，在中西部地区出现等值线闭合区，为地下水水位低值中心，其形成原因在于该区附近分布着马兰矿、镇城底矿、屯兰矿和炉峪口矿等多个大型煤矿及中小型煤矿，是开采活动高度集中地区，矿坑涌水与巷道排水造成地下水补排失衡，地下水系统遭到严重破坏，地下水赋存环境发生变化，形成地下水降落漏斗。

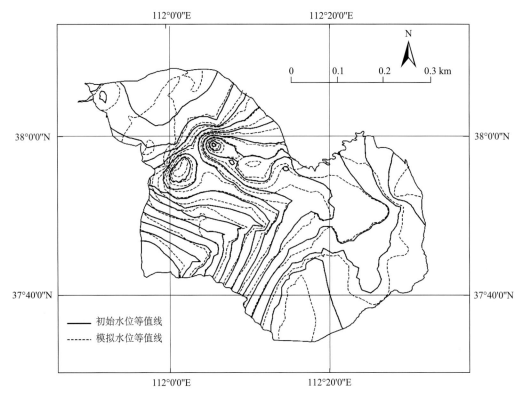

图 6.18　研究期末（2008 年）地下水模拟与实测流场拟合图

从局部地区来看，模拟水位等值线与实测等值线多呈现平行或重合的状态，拟合效果最好的是研究区中部、南部地区，模拟等值线与实测等值线近乎重合。而在东北、西北部边界地区，二者存在较为明显的差异。造成误差的主要原因是研究区西北部以大型水库为界，东北部多以河流为界，地表水与地下水交换频繁，使模型对边界条件的设置难以精确刻画其真实动态过程。除此之外，西北部、东北部地区断层广布，且监测井点分布较少，导致插值生成的流场精确度较低也是产生偏差的原因之一。

由于研究区面积较大，水文地质条件复杂，采矿活动频繁，在客观条件的限制和人类活动的干扰下，模型存在一定的误差是不可避免的。但从整体上来看，晋祠泉域工矿区模拟流场与实测流场达到了较好的拟合效果，局部地区存在偏差，但差异较小，模拟精度满足地下水研究所需精度，赋值参数经过多次调整，基本与实际情况相符，所建立的 FEFLOW 三维数值模型能够真实再现矿区地下水动态变化过程。

2）监测井水位分析

为了更加精确地识别所建 FEFLOW 模型，进一步验证赋值参数的合理性，本书根据工矿区开采活动分布状况及含水层特征，选取了具有代表性的 12 眼地下水监测井的水位观测数据与 FEFLOW 模拟所得水位数据进行拟合，并引用统计学计量方法对模型精度进行量化评价，表征模型拟合效果。代表性监测井分别是 2#、11#、12#、15#、31#、32#、35#、40#、42#、46#、47#、48#，分别对其模拟与实测的水位变化过程曲线进行拟合（图 6.19）。

拟合结果表明，各监测井模拟水位年变化过程趋势与实测水位动态走势总体一致，多数监测井的水位动态过程曲线拟合效果较好，模拟误差比较小，尤其是矿区中部和南部，模拟效果极好。32#、46#监测井水位拟合曲线有一定的偏差，部分月份模拟水位与实测水位存在差异，但对整体拟合结果影响较小。根据监测井模拟水位与实测水位统计结果，二者差值在 0.5 m 以下的监测井占 17%，在 0.5～1 m 的监测井占 67%，差值在 1 m 以上的监测井占 16%，整体来看，误差在 1 m 以内的监测井达到了 84%。拟合结果表明监测井模拟水位过程线在实测水位过程线上下波动且波动幅度较小，模拟水位值相对准确，参数赋值和模型结构均合理，基本符合实际情况。

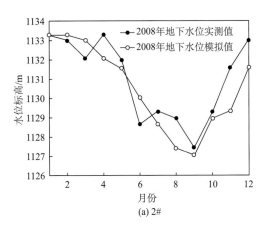

(a) 2#

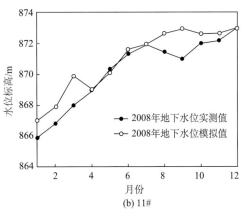

(b) 11#

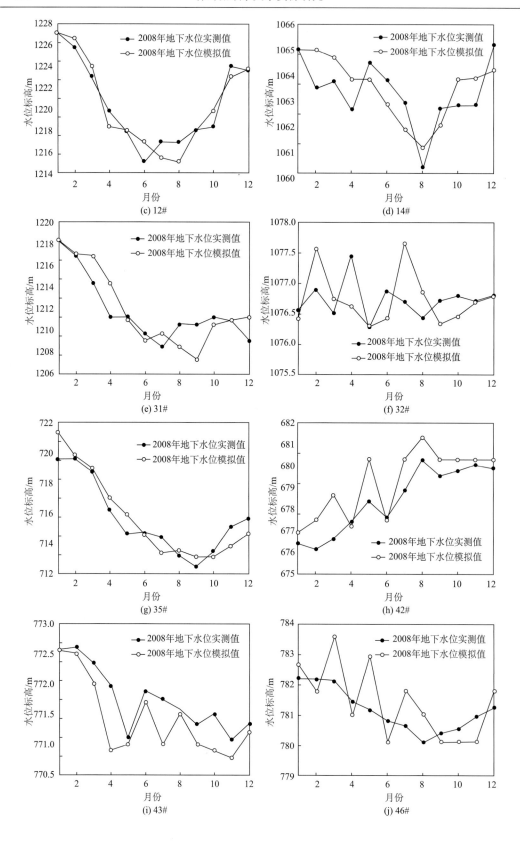

(c) 12#

(d) 14#

(e) 31#

(f) 32#

(g) 35#

(h) 42#

(i) 43#

(j) 46#

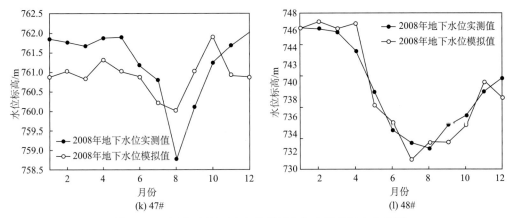

图 6.19　研究期末地下水水位模拟值与实测值拟合曲线图

选取的量化指标分别是 R^2（相关系数）、RE（相对误差）和 RMSE（均方根误差，又叫标准误差）。计算方法如下：

$$R^2 = \frac{\left(\sum_{i=1}^{n}\left(S_i - \bar{S}\right)\left(O_i - \bar{O}\right)\right)^2}{\sum_{i=1}^{n}\left(S_i - \bar{S}^2\right)\sum_{i=1}^{n}\left(O_i - \bar{O}\right)^2} \tag{6.6}$$

$$RE = \frac{1}{n}\sum_{i=1}^{n}\left(\frac{|S_i - O_i|}{\max(O_i) - \min(O_i)}\right) \times 100\% \tag{6.7}$$

$$RMSE = \sqrt{\frac{1}{n}\sum_{i=1}^{n}\left(S_i - O_i\right)^2} \tag{6.8}$$

式中，n 为地下水水位观测次数；S_i 和 O_i 分别为第 i 个时间点水位模拟值与实测值；$\max(O_i)$ 和 $\min(O_i)$ 分别为某一监测井实测水位的最大值和最小值；$\bar{S}$ 和 $\bar{O}$ 分别为模拟水位平均值与实测水位平均值。

RMSE、RE、R^2 能够指示实测地下水水位与模拟地下水水位之间的离散程度，对模拟精确度和可信度进行量化，是定量评估模型的重要手段之一。模拟量化指标计算结果见表 6.2。

表 6.2　模型校验量化指标结果

监测井	2#	11#	12#	14#	31#	32#
RMSE/m	0.23	2.17	0.90	1.27	0.83	0.36
RE/%	47.25	69	3.83	17.16	18.83	3.15
R^2	0.88	0.94	0.95	0.7	0.86	0.93
监测井	35#	42#	43#	46#	47#	48#
RMSE/m	0.59	0.56	0.59	0.97	1.75	0.5
RE/%	12	8.1	34	27	34	14
R^2	0.95	0.88	0.87	0.67	0.54	0.96

由表 6.2 可以看出，所选 12 眼监测井模拟水位值与实测水位值的均方根误差最小值为 0.23 m，最大值为 2.17 m，平均误差值为 0.8 m，且二者的相关系数为 0.54～0.96，达到置信度为 0.001 的极显著性水平，可见模拟结果较为准确。除 2#、11#之外，工矿区内其他监测井相对误差较小，模拟取得较为理想的效果，尤其是中部和南部地区，拟合效果极好。

总体来说，监测井的模拟误差值都在模型精度允许范围内，模拟水位值相对准确，所构建的三维数值模型精度能够满足研究需要，参数赋值和模型结构均合理，基本符合实际情况，可用来进行工矿区地下水模拟预测等工作。

3）均衡分析

FEFLOW 模型中，源汇项赋值是通过人工计算与模型自动计算共同完成的，其中，降水入渗、水库下渗、灌溉入渗、蒸散发、人工开采量（包括矿坑排水量）是通过人为计算各项补排项的代数和得到，侧向潜排量、河道渗漏补给量是通过设定边界条件由模型自动计算。因此均衡分析是检验模型准确性的一个重要指标。

经过水文地质参数微调及源汇项调整，均衡分析结果表明，校验期内研究区地下水系统的均衡差为–98.173 6×10^4 m^3/a，总补给量大约为 4663.43×10^4 m^3/a，总排泄量大约为 4761.58×10^4 m^3/a。在地下水补给项中，降水入渗补给、河道渗漏补给为主要补给来源，分别占总补给的 46.19%、47.41%；在排泄项中，人工地下水开采（包括矿坑排水）占总排泄的 65.47%，是研究区地下水系统排泄的主要方式，其中，煤炭开采导致的矿坑排水占总排泄的 35.78%，是工矿区地下水补排系统中最主要的影响因子之一。

4）参数赋值

经过多次反复的参数调整和模型识别，最终获得满足模型模拟精度，同时又能合理反映研究区水文地质条件的参数结果见表 6.3。

表 6.3　校验后的水文地质参数

分区	渗透系数	给水度	分区	渗透系数	给水度
1	0.32	0.30	8	0.31	0.10
2	0.23	0.10	9	0.75	0.05
3	1.873	0.25	10	0.653	0.35
4	0.3	0.02	11	2.873	0.05
5	1.76	0.02	12	0.11	0.12
6	2.442	0.05	13	0.873	0.25
7	0.028	0.15	14	0.442	0.05

6.5.2   工矿区地下水模型参数敏感性分析

参数灵敏性分析是目前对于模型参数定量识别的重要手段之一。其分析理念是：通过对模型所赋参数的微小调整，分析模拟结果的变化情况，从而定量评估模型输出结果对于参数变动的敏感性程度，或者是某一参数对模型结果的影响程度（翟远征等，2010）。其大小一般采用敏感系数来度量，敏感系数越大，参数的微变对模拟结果的作用越大。敏感系数的计算公式如下：

$$X_{i,k} = \partial y_i / \partial \alpha_k \qquad\qquad (6.9)$$

为简化上面所列偏导数计算，用公式获取该计算的近似值如下：

$$X_{i,k} = \partial y_i / \partial \alpha_k \approx \Delta y_i / \Delta \alpha_k \qquad\qquad (6.10)$$

将上述公式化为无量纲形式，即

$$X_{i,k} = \partial y_i / \partial \alpha_k \approx (\Delta y_i / y_i) \, / \, (\Delta \alpha_k / \alpha_k) \qquad (6.11)$$

式中，$X_{i,k}$ 表示模型结果对第个监测点，第 k 个赋值参数的敏感系数；α_k 表示第 k 个参数的值；y_i 表示模型输出结果（李森等，2006）。

敏感性系数是一个无量纲的指数，可以分为四个敏感等级（黄清华、张万昌，2010），见表 6.4。

表 6.4   敏感性分类

分类	指数范围	敏感性
I	$0 \leqslant [X] < 0.05$	不敏感
II	$0.05 \leqslant [X] < 0.2$	一般敏感
III	$0.2 \leqslant [X] < 1.0$	敏感
IV	$[X] \geqslant 1.0$	极敏感

敏感性分析的意义在于通过研究模型输出结果对于参数微小变化的响应机制，明确主要因子与次要因子，获取导致环境变化的主导因素，并判断由参数变化所引起的模拟结果变化趋势，为准确的模拟和预报工作提供参考依据。

敏感性分析目前通用的方法是因子变换法，首先选定某一参数作为变量因子，同时其他参数保持不变，将变量因子按照一定的幅度上下摆动，并逐次运行模型，以多次运行模拟结果作为敏感性分析的依据（束龙仓等，2007）。参数变化幅度的选取根据研究区实际情况设定，如果幅度太小，则无法明确变化原因（有可能是模型误差造成），如果幅度太大，则会使模型失真，导致敏感性分析的结论不准确，因此参数浮动范围需在充分了解研究区实际情况的基础上，根据模拟结果及其变化特征确定。

FEFLOW 6.0 在建立地下水数值模型过程中，存在一定的局限性。在对源汇项的处理上，缺乏单个参数直接对应的输入项，而是通过人工计算各项源汇项的代数和，并结合模型自动计算完成的，因此对于工矿区内，采矿活动变化对地下水动态过程的影响很难直观的看出。为了更加明确地下水对于采矿活动的响应机制，本书将开采强度作为模型的选取参数，利用吨煤排水系数计算其矿坑排水量，并作为源汇项赋值。根据参数敏感性分析要求，分别采用对开采强度增加和减少 10%、20%的变化幅度，解析采矿活动对研究区地下水动态的影响，揭示矿区开采对地下水的作用机制，为有效遏制矿区水环境恶化，保护矿区地下水资源提供科技支撑，为优化矿区地下水资源评价与管理工作提供参考依据（杜守营等，2013）。

1. 地下水水位敏感程度分析

本书将模型运行所得到的地下水监测井水位作为敏感分析的主要依据。选取研究区内具有代表性的 28 眼地下水监测井进行参数敏感系数计算，结果见表 6.5。

表 6.5　敏感系数计算结果

监测井	敏感系数				监测井	敏感系数			
	−20%	−10%	10%	20%		−20%	−10%	10%	20%
2#	0.18	0.35	−0.4	−0.2	29#	0.13	0.25	−0.3	−0.1
5#	−0.3	−0.5	0.6	0.28	31#	0.49	0.98	−1.1	−0.5
7#	−1	−2	2.25	1.08	32#	0.35	0.69	−0.8	−0.4
11#	−1	−2	2.28	1.07	35#	−0.3	−0.6	0.71	0.33
12#	0.83	1.68	−1.9	−0.9	37#	−0.3	−0.7	0.71	0.33
13#	1.14	2.3	−2.6	−1.2	39#	−1.1	−2.1	2.31	1.09
14#	0.23	0.47	−0.5	−0.3	40#	−0.1	−0.2	0.17	0.07
15#	0.23	0.48	−0.5	−0.3	42#	−1.9	−3.7	4.15	1.96
18#	−0.4	−0.8	0.86	0.4	43#	−0.6	−1.1	1.25	0.59
21#	−0.2	−0.4	0.45	0.21	45#	−0.1	−0.2	0.2	0.09
22#	0.15	0.31	−0.4	−0.2	46#	0.11	0.25	−0.3	−0.1
25#	−0.01	0.004	0.002	−0.001	47#	0.07	0.14	−0.2	−0.1
26#	−0.05	−0.1	0.1	0.05	48#	−0.03	−0.1	0.06	0.03
27#	−0.03	−0.1	0.06	0.03	49#	−0.4	−0.7	0.77	0.37

由表 6.5 可以看出，各监测井地下水水位对于矿区开采强度的敏感性系数最小值为 0.001，最大值达 4.15，在所选研究区 28 眼监测井中，除 27#、28#、48#、26#的敏感系数较低外，其他监测井敏感性绝对值大多位于 0.2～1.2，平均敏感系数高达 0.82，根据敏感性分级，可划分为Ⅲ敏感等级，整体上来说，地下水水位对采矿活动具有很高的敏感性，甚至是极为敏感，开采强度对研究区地下水水位计算结果影响较大。各监测井地下水水位对采矿活动的敏感性程度存在差异的主要原因在于采矿活动与监测井相对位置的分布。

为了更加直观地比较地下水对采矿活动的敏感性分布，根据表 6.5 绘制了敏感系数分布曲线图（图 6.20）。通过比较±10%、±20%开采强度下，地下水水位的灵敏度分布，表征其变化特征。结果表明，±10%、±20%开采强度下地下水水位的敏感系数呈现正负对称性分布。

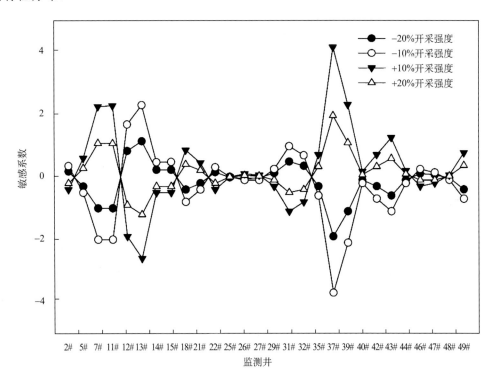

图 6.20　地下水水位对采矿强度敏感性分析结果图

2. 地下水水量敏感程度分析

通过设置开采强度±10%、±20%的变化幅度，分析地下水水量均衡的响应程度。在开采强度±10%和±20%时，地下水系统呈现出的均衡状态如图 6.21 所示。

可以看出，在现状煤矿开采水平下，研究区地下水系统呈现负均衡状态，水均衡差达到−2689.69 m³/d，地下水排泄量多于补给量；在开采强度增加时，整个地下水系统负均衡状态持续加剧，当开采强度增加到原始状态的 1.2 倍时，地下水均衡差达−6745.95 m³/d，整个地下水系统接受的补给量远远小于采矿活动所造成的地下水损失量和人工开采量之和，地下水水量大幅度减少；但是，随着开采强度的下降，地下水系统负均衡状态逐渐减弱，甚至转为正均衡；当强度减少到现状开采强度的 0.8 倍时，整个地下水系统的均衡差高达 8335.4 m³/d，地下水补给量远远大于损失量，水量大幅增加，水位明显回升。

对开采强度与地下水均衡进行相关分析，二者的相关系数为−0.97，达到置信 0.001 的极显著性水平，表明地下水系统的水量均衡与开采强度之间相关性非常强，且呈现负相关关系。

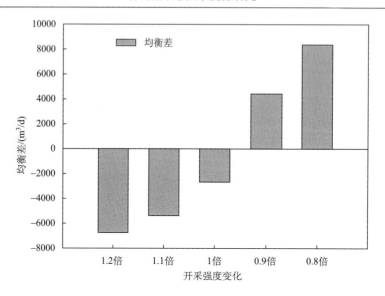

图 6.21　地下水水量对采矿强度敏感性分析结果图

工矿区采矿活动是导致地下水系统动态变化的主导因素之一，且开采强度与地下水系统之间存在非常明显的响应机制。

6.5.3　模型预报及应用

工矿区地下水环境的恶化，引起了省、市政府有关部门的高度重视，"十二五"期间制定并实施了一系列的生态修复措施和保护规划，包括引黄工程的运营以及汾河清水复流工程的实施，使地下水补给水量逐渐增加，地下水得以涵养；省、 市政府实施的煤炭兼并重组政策，关闭了大批中小型煤矿，煤矿排水量大幅度减少。除此之外，泉域内关井压采的措施，缓解了地下水水位下降趋势，2008 年起，晋祠泉域工矿区的各项保护措施初见成效，从 8 月开始，整个研究区地下水水位止降回升。然而，对于煤矿开采的强度如何才能做到既保证了经济效益，又保证了生态效益成为目前工矿区生态环境恢复和经济发展所面临的一个迫切问题。

针对这一问题，本书采用所建立的 FEFLOW 地下水数值模型，模拟不同开采方案下的地下水变化趋势，并对地下水模拟结果进行流场、水位、水量均衡三个方面的对比分析，预测未来地下水发展基本方向和可能态势，为制定合理高效优化的工矿区生态环境保护措施提供参考依据和理论基础。

经过对 FEFLOW 地下水数值模型的定解条件及各项参数和源汇项的率定，建立了晋祠泉域典型工矿区的地下水模型。模型校验结果显示，所建立的 FEFLOW 模型精度符合模拟要求，基本能够再现研究区地下水运动过程，可以用来进行未来地下水系统演化的趋势性模拟预测。

在模拟预测之前，首先需要假设以下条件：研究区在 2008～2018 年 10 年期间采矿活动没有间断，持续进行；矿区内无重大的地质事件发生；边界条件以及水文地质参数由于在短时间内变化很小，对模拟结果不会产生大的影响，假定为稳定的，对其微小变化忽略不计。本次模拟初始时间选定 2008 年年末，2008 年 12 月水位作为预报初始水位，模拟时长为 10 年，时间步长设置为 365 天，2018 年年末作为模拟结束时间。

根据研究区社会经济发展情况，充分考虑晋祠泉域工矿区生态恢复措施，本书预设四种不同情境。

方案一：保持现状煤矿开采强度不变，晋祠泉域内各中小型煤矿止常生产，大型煤矿正常运营，其他各项源汇项及水文地质参数稳定；

方案二：降低开采强度 10%，晋祠泉域内部分小型煤矿关闭，大中型煤矿开始兼并重组，其他各项源汇项及水文地质参数稳定；

方案三：降低开采强度 30%，晋祠泉域内大批中小型煤矿关闭，大型煤矿兼并重组完成，其他各项源汇项及水文地质参数稳定；

方案四：降低开采强度 50%，矿区内中小型煤矿全部停产关闭，马兰矿、屯兰矿、镇城底矿、西曲矿、东曲矿、白家庄矿、官地矿、西铭矿、杜儿坪矿九大煤矿开始提高生产效率，降低矿坑涌水量。

以四种不同方案为条件模拟 2008～2018 年 10 年期间地下水演变情况。通过设置不同的情境，可以映射不同开采强度下地下水空间分布及水位动态差异，揭示采矿活动对地下水动态变化的制约和影响机制。

1. 地下水流场预测

从图 6.22～图 6.25 可以看出，在模型运行 10 年后，地下水流场整体规律仍是西部和西北部地下水水头较高，东部和东南部水头较低，水流方向为自西北向东南流动，在东部和东南部地区汇集，泉是主要的自然排泄方式，西边山断裂带是整个晋祠泉域工矿区岩溶地下水的主要汇集通道及排泄区（高卫东等，2008）。

总体上来说，地下水预测的流场趋势基本一致，但在局部地区仍然发生了一定的变化。与图 6.15 中初始流场相比，模拟预测的地下水流场在中西部地区和东部边界地区突变现象较为明显，且等值线分布更加密集，水力坡度增大，地下水渗流方向发生微小偏转。原因在于西部边界上分布的汾河水库，以及在中部和东部地区集中分布的采矿活动和地下水开采活动，改变了地下水补、径、排水文规律，使地下水环境变得更为复杂。除此之外，在研究区中西部地区仍然存在明显的地下水水位低值中心，形成地下水降落漏斗，与初始流场相比，在开采强度保持现状或降低 10% 的方案下，漏斗范围扩大，且中心水位值降低，漏斗周围等水位线分布密集，水力梯度大；但在开采强度降低 30%，甚至 50% 时，漏斗中心水位值开始回升，且周围水位等值线分布稀疏，水力坡度下降。

2. 地下水水位预测

图 6.22～图 6.25 同时展示了不同开采方案下矿区地下水的水位空间分布演变情况，可以看出地下水的整体水位走势没有大的变化，地下水突变的情况较少，水头保持在高位。

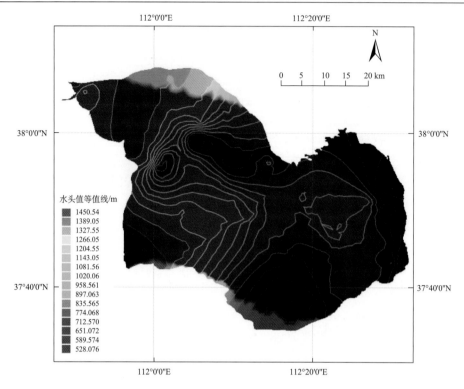

图 6.22　方案一地下水水位预测

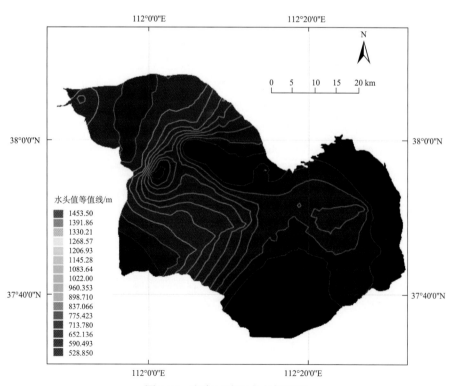

图 6.23　方案二地下水水位预测

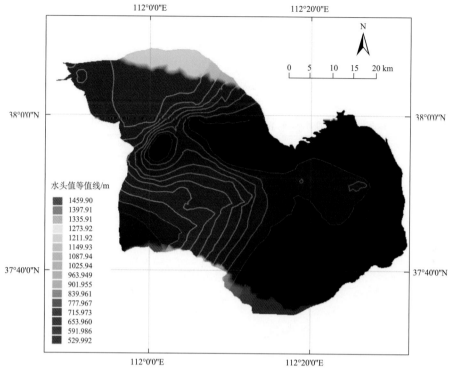

图 6.24　方案三地下水水位预测

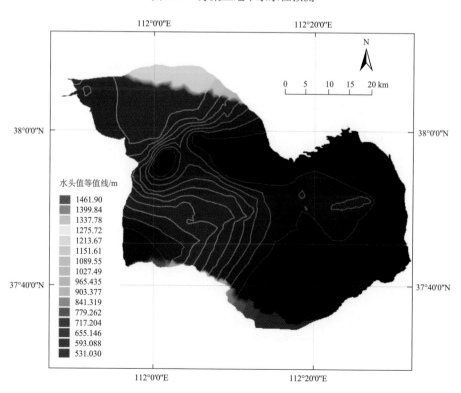

图 6.25　方案四地下水水位预测

　　表 6.6 列出了在不同开采强度下研究期末地下水监测井水位值。通过比较可以看出，与
2008 年初始水位值相比，在开采强度保持现状和降低 10%的情境下，预测 10 年后的地下水
水位仍然呈现下降趋势，但开采强度降低 10%时的降幅明显较小；在开采强度降低 30%时，
大部分监测井水位值有所回升，当开采强度降低 50%时，水位回升幅度明显较大。

表 6.6　不同开采方案下模拟期末（2018 年）地下水监测井水位

监测井	原始水位/m	方案一水位/m	方案二水位/m	方案三水位/m	方案四水位/m
1#	860.19	857.213	859.94	865.29	868.41
2#	1178.18	1178.04	1178.09	1180.25	1185.65
3#	747.3	746.58	746.98	748.41	752.11
4#	966.96	966.62	966.83	968.1	981.6
5#	960.1	959.89	959.96	961.26	964.08
6#	710.48	710.32	710.35	710.6	713.29
7#	717.88	718.2	717.89	718.04	724.52
8#	926.65	926.15	926.51	927.69	929.25
9#	934.81	933.74	934.37	934.93	935.29
10#	961.42	960.6	961	961.52	961.73
11#	1453.8	1451.27	1454.16	1460.35	1462.58
12#	1192.9	1193.87	1197.13	1191.85	1198.34
13#	1314.6	1304.29	1307.84	1312.98	1313
14#	1267.08	1263.01	1265.04	1267.69	1268.86
15#	1109.49	1106.88	1108.28	1109.41	1110.44
16#	1027.57	1025.8	1026.77	1027.63	1030.17
17#	708.59	705.85	708.32	708.67	707.5
18#	686.5	681.88	685.99	686.58	690.15
19#	680.81	677.21	680.01	680.81	691.62
20#	976.5	972.75	975.44	976.59	988.5
21#	772.54	771.69	772.03	772.68	776.39
22#	703.51	702.74	703.1	703.65	705.53
23#	772.87	771.58	772.16	773.66	774.96
24#	776.16	775.28	775.8	776.15	776.48
25#	733.14	730.68	732.13	734.76	737.01
26#	736	735.22	736.57	739.3	743
27#	749.28	748.87	749.03	750	754.21
28#	738.01	738	738.92	741	741.02
29#	1219.5	1210.37	1217.2	1223.9	1229.24
30#	1128.758	1126.09	1127.05	1129.09	1135.87
31#	1218.514	1216.059	1218.94	1220.13	1224.69

续表

监测井	原始水位/m	方案一水位/m	方案二水位/m	方案三水位/m	方案四水位/m
32#	1228.99	1226.87	1226.97	1229.07	1234.67
33#	1092.21	1091.63	1091.95	1093.12	1097.72
34#	661.27	658.43	660.03	662.84	664.15
35#	703.7	700.99	702.73	703.68	705.59
36#	954.48	954.01	954.04	957.46	963.75
37#	618.05	615.45	617.04	620.1	622.96
38#	697.86	694.6	695.7	697.82	706.59
39#	533.2	532.34	532.68	533.29	533.39
40#	768	760.36	763.45	771.82	772.96
41#	732.79	726.08	728.23	732.58	747.998
42#	886.31	867	866.9	871.89	879.042
43#	866.65	865.98	866.62	866.85	871.56
44#	772.96	772.64	772.4	773.04	779.63
45#	749.96	747.94	748.91	751.64	757.174
46#	817.1	816.83	816.94	817.46	820.016
47#	737.966	734	740.96	743.96	743.98
48#	668.84	660.74	664.47	668	674.27
49#	694	697.18	694.21	699.23	701.81
50#	694.43	691.32	693.09	697.97	698.74

比较不同方案预测结果可以看出，在开采强度保持现状的情境下，模拟预测 10 年后的地下水水位值最低，在开采强度降低 10%、30%、50%时，各监测井水位值依次递增，当开采强度降至原开采强度的 50%时，地下水水位值最高，回升幅度最大，表明采矿活动是地下水水位动态的主要驱动因子之一，且与开采强度密切相关。13#、14#、15#、42#、49#五个监测井存在微小差异，但对整个研究区地下水的变化趋势影响不明显，整体上仍然符合规律。

水位预测结果表明只有在有力的保护措施和生态恢复建设的作用下，以及对矿区内煤矿开采活动强有力的限制甚至是关闭的影响下，地下水水位才能够扭转过去数十年的持续下降趋势，开始回升。

3. 地下水均衡预测

均衡分析是对整个矿区含水层系统平衡性进行评估的一个重要环节。地下水的均衡状态直接从系统的角度再现了矿区的补径排特征，揭示研究区地下水水位水量变化特征。

晋祠泉域工矿区 2008～2018 年在四种不同情境下的均衡分析结果见表 6.7，可以看出，当开采强度保持现状时，矿区地下水系统处于负均衡状态，补给量远远大于排泄量，二者均衡差达–2623.76 m³/d；而在开采强度降低 10%时，系统均衡差为–181.38 m³/d，排泄量略大于补给量，地下水补排大致平衡；在开采强度降低 30%时，地下水系统的均衡情况发生质的变化，整个补排系统转为正均衡状态，均衡差为 958.132 m³/d，输入量大于输出量，整个地下水环境发生变化，地下水水量开始增加；在开采强度降低 50%时，地下水系统的正均衡状态持续发展，均衡差达 4450.92 m³/d，整个地下水系统接受的补给量远远大于采矿活动所造成的地下水损失量和人工开采量之和，地下水水量大幅度增加，这也是造成地下水水位呈现上升态势且升幅差异的重要原因。

表 6.7　研究区模拟期末地下水水量均衡表

开采条件	现状开采强度	现状开采强度–10%	现状开采强度–30%	现状开采强度–50%
总补给量/（m³/d）	147061.5	153078.1	282253	156289.7
总排泄量/（m³/d）	149685.4	153259.5	281295.1	151838.8
均衡差/（m³/d）	–2623.76	–181.383	958.132	4450.92

从均衡变化趋势与开采强度相互关系来看,开采强度保持在当前水平或下降 10%时，地下水系统处于负均衡，当开采强度下降到 30%时，地下水系统平衡状态转为正均衡，随着开采强度持续降低，正均衡持续发展，二者呈现负相关关系。均衡分析的结果表明，地下水水量均衡与开采强度密切相关，采矿活动是工矿区地下水系统补排变化的主导因子之一。

6.5.4　结论与讨论

通过分析整理气象、地貌、水文、地质、监测井分布以及矿井基本排水情况等相关资料，以 ArcGIS 10.0 作为数据平台，结合 FEFLOW 6.0 建立山西典型工矿区地下水三维数值模型，利用校验后的模型对地下水系统进行参数敏感性分析，并预测未来不同情境下地下水变化趋势，研究得出如下结论。

（1）将研究区含水层系统概化为三层结构，含水层介质概化为非均质、各向同性，水流运动系统概化为三维非稳定流，符合达西定律，在此基础上构建矿区地下水数值模型。通过校验，模型精度满足研究需要，参数赋值和模型结构均合理，基本符合实际情况，能够真实再现矿区地下水动态变化过程，可用于工矿区地下水动态变化模拟预测。

（2）针对开采强度进行参数敏感性分析，得出监测井敏感系数绝对值大多位于 0.2～1.0，根据敏感性分级，可划分为第Ⅲ、Ⅳ敏感等级，整体上来说，地下水水位对采矿活动具有很高的灵敏性。

（3）模拟预测了不同情境下矿区地下水变化趋势，分析采矿活动对地下水动态的影响。与初始流场相比，当矿区开采强度降低 10%、30%、50%时，地下水整体流场和运动趋势没有大的变化，但在中部偏西地区和东部地区突变现象较为明显，地下水渗流方向发生微小偏转。且在研究区中西部地区仍然存在明显的地下水水位低值中心，形成地下水降落漏斗，在开采强度保持现状或降低 10%的方案下，漏斗范围扩大，且中心水位值降低，漏斗周围等水位线分布密集，水力梯度大；在开采强度降低 30%、50%的情境下，漏斗中心水位开始回升。水位分析表明在开采强度保持现状和降低 10%的情境下，模拟预测地下水水位呈现下降趋势，但降低 10%时，水位降幅明显较小；在开采强度降低 30%时，大部分监测井水位开始回升，当开采强度降至原开采强度的 50%时，水位回升幅度最大，地下水水位最高。地下水系统均衡分析表明，地下水水量均衡与开采强度密切相关，当开采强度降低 30%时，地下水系统由负均衡逐渐转为正均衡，且随着开采强度进一步降低，正均衡状态持续发展，地下水水量大幅度增加。

6.6　本章小结

汾河流域水文系统破坏过程示踪研究得出采矿活动对矿区地表水和地下水的破坏严重，矿坑水主要由孔隙裂隙水、浅层岩溶水与河水混合补给形成，主要是对浅层岩溶水、孔隙水以及河水产生破坏，而对深层岩溶水与汾河水库水影响甚微。采矿形成纵横交错的巷道、井和不同深度的采空区，破坏了矿区隔水层和储水构造，巷道、井、采空区相互贯通了各类含水层和隔水层，改变了矿区煤系地层裂隙水、上覆松散岩类孔隙水和下伏岩溶水等地下水运行路径和状态。采矿改变了地下水流场，改变了矿区地表水与地下水的补给、径流、排泄过程，使地下水的径流路径和方向发生改变。

根据典型矿区水文系统破坏过程模拟，当开采强度提高 10%、30%、50%时，地下水整体流场和运动趋势变化不大，但在南部地区会发生突变，使水位等值线形变，并且在东南部边界地区形成一个水位变化剧烈的低水位带，迫使地下水流向偏转，运动趋势有所改变。除此之外，采矿活动的选址和分布也是影响地下水流场的一个重要因素。水位分析表明采矿活动会造成地下水水位整体下降，且下降幅度与开采强度呈正相关关系。均衡分析表明开采强度保持在当前水平或提升 10%时，地下水系统处于正均衡，当开采强度提高 30%，其地下水系统平衡状态就会被打破，出现负均衡，负均衡状态随开采强度的加大而不断加剧，造成地下水水量大幅度减少。总之，采矿活动是矿区地下水动态变化的主要驱动因子之一。

根据典型小流域水文系统破坏过程模拟，当矿区开采强度降低 10%、30%、50%时，地下水整体流场和运动趋势没有大的变化，但在中部偏西地区和东部地区突变现象较为明显，地下水渗流方向发生微小偏转。且在研究区中西部地区仍然存在明显的地下水水位低值中心，形成地下水降落漏斗，在开采强度保持现状或降低 10%的方案下，漏斗范围扩大，且中心水位值降低，漏斗周围等水位线分布密集，水力梯度大；在开采强度降低 30%、50%的情境下，漏斗中心水位开始回升。水位分析表明在开采强度保持现状和降低 10%的情境下，模拟预测地下水水位呈现下降趋势，但降低 10%时，水位降幅明显较小；在开采强度降低 30%时，大部分监测井水位开始回升，当开采强度降至原开采强度的 50%时，水位回升幅度最大，地下水水位最高。地下水系统均衡分析表明，地下水水量均衡与开采强度密切相关，当开采强度降低 30%时，地下水系统由负均衡逐渐转为正均衡，且随着开采强度的进一步降低，正均衡状态持续发展，地下水水量大幅度增加。

在建立模型过程中，由于研究区详细水文地质资料的缺乏，使模型与研究区水文地质体之间存在一定差别，研究区勘探资料不完善，造成一定的模拟误差；在地下水数值模型源汇项赋值时，是通过计算各项补给项和排泄项的代数和来进行赋值，无法对单项进行凸显，也无法反映出各项源汇项之间的相互影响，彼此作用，在一定程度上也会造成模拟误差。

总之，本书联合应用 GIS 技术和 FEFLOW 模型对山西工矿区进行了地下水动态数值研究，旨在揭示采矿活动对工矿区地下水系统的影响机制，为制定科学合理的开采方案，优化矿区地下水资源管理，实现矿区经济建设和生态保护的均衡协调发展提供科学依据和理论基础。本书还存在诸多缺陷和不足，有待进一步深入研究。

参 考 文 献

安瑞瑞, 张永波, 朱君. 2014. 地下水数值模拟中 4 条人为边界模型处理. 地下水模拟, (3): 61~67

卞锦宇, 薛禹群, 程诚, 等. 2002. 上海市浦西地区地下水三维数值模拟. 中国岩溶, 21(3): 182~187

曹剑峰, 冶雪艳, 姜纪沂, 等. 2006. 黄河下游悬河段地下水资源计算及开发潜力分析. 资源科学, 26(2): 9~16

陈利群, 刘昌明, 袁飞大. 2006. 尺度资料稀缺地区水文模拟可行性研究. 资源科学, 28(1): 87~92

陈秋锦. 2003. 地下水模拟计算机软件系统 FEFLOW. 中国水利, 9(B): 24~25

崔亚莉, 邵景力, 李慈君, 等. 2003. 玛纳斯河流域山前平原地下水系统分析及其模拟. 水文地质工程地质, 5: 18~22

崔亚莉, 赵云章, 邵景力, 等. 2005. 黄河下游地上悬河段开采条件下侧渗量变化研究. 水文地质工程地质, 32(1): 57~60

丁继红, 周德亮, 马生忠. 2002. 国外地下水模拟软件的发展现状与趋势. 勘察科学技术, (1): 37~42

董东林, 王存社, 陈书客, 等. 2010. 典型煤矿地下水运动及污染数值模拟: FEFLOW 及 MODFLOW 应用. 北京: 地质出版社, 6~7

杜守营, 鹿帅, 杜尚海. 2013. 基于 GMS 的地下水流数值模拟及参数敏感性分析. 中国农村水利水电, (8): 77~80

高慧琴, 杨明明, 黑亮, 等. 2012. MODFLOW 和 FEFLOW 在国内地下水数值模拟中的应用. 地下水, 34(4): 13~15

高卫东, 孟磊, 张海荣, 等. 2008. FEFLOW 软件在地下水动态预测中的应用. 上海地质, (4): 10~13

郭晓冬, 田辉, 张梅桂, 等. 2010. 我国地下水数值模拟软件应用进展. 地下水, 32(4): 5~7

韩宇平, 许拯民, 蒋任飞. 2007. 银川平原地下水流的数值模拟. 西北农林科技大学学报(自然科学版), 35(12): 222~226

贺国平, 邵景力, 崔亚莉, 等. 2003. FEFLOW 在地下水流模拟方面的应用. 成都理工大学学报(自然科学版), 30(4): 356~361

贺国平, 周东, 杨忠山, 等. 2005. 北京市平原区地下水资源开采现状及评价. 水文地质工程地质, 32(2): 45~48

胡伟伟, 马致远, 曹海东, 等. 2010. 同位素与水文地球化学方法在矿井突水水源判别中的应用. 地球科学与环境学报, 32(3): 268~272

黄皓莉. 2003. 晋祠泉断流与地下水资源保护关系. 中国煤田地质, 15(2): 26~28

黄清华, 张万昌. 2010. SWAT 模型参数敏感性分析及应用. 干旱区地理, 33(1): 8~15

李福林. 2005. 莱州湾东岸滨海平原海水入侵的动态监测与数值模拟研究. 青岛: 中国海洋大学博士学位论文

李森, 陈家军, 叶慧海, 等. 2006. 地下水流数值模拟中随机因素的灵敏度分析. 水利学报, 37(8): 977~984

李守波, 赵传燕, 冯兆东. 2009. 黑河下游地下水波动带地下水时空分布模拟研究——FEFLOW 模型应用. 干旱区地理, 32(3): 391~396

李玉葆. 1990. 环境同位素方法在矿坑充水条件研究中的应用探讨. 勘察科学技术, (1): 29~31

廖小青, 刘贯群, 袁瑞强, 等. 2005. 黄河农场地区地下水入海量 FEFLOW 软件数值模拟. 海洋科学进展, 23(4): 446~451.

卢文喜. 2003. 地下水运动数值模拟过程中边界条件问题探讨. 水利学报, 3: 33~36

陆志翔, 蔡晓慧, 邹松兵, 等. 2012. SWAT 模型在伊犁河上游缺资料区的应用. 干旱区地理, 35(3): 399~407

马金辉, 韩金华, 张艳林. 2013. 近 10 a 来民勤盆地地下水埋深的空间异质性分析. 干旱区地理, 36(1): 1~7

毛军, 贾绍凤, 张克斌. 2007. FEFLOW 软件在地下水数值模拟中的应用——以柴达木盆地香日德绿洲为例. 中国水土保持科学, 5(4): 44~48

潘国营, 张坤, 王佩璐, 等. 2011. 利用稳定同位素判断矿井水补给来源——以平禹一矿为例. 水资源与水工程学报, 22(6): 120~124

邵景力, 崔亚莉, 赵云章, 等. 2003a. 黄河下游影响带(河南段)三维地下水流数值模拟模型及其应用. 吉林大学学报(地球科学版), 33(1): 5~55

邵景力, 赵云章, 崔亚莉, 等. 2003b. 黄河下游影响带地下水资源评价及合理开发利用. 自然资源学报, 18(1): 1~7

邵磊, 周孝德, 杨方廷, 等. 2011. 煤炭开采和极端干旱条件下山西省水资源系统压力分析. 水利学报, 42(3): 357~359

石桂萍. 2014. 晋祠泉泉域变化分析与保护措施设计. 水利技术监督, 1: 43~46

束龙仓, 王茂枚, 刘瑞国, 等. 2007. 地下水数值模拟中的参数灵敏度分析. 河海大学学报(自然科学版), 35(5): 491~495

孙继成, 张旭昇, 胡雅杰, 等. 2010. 基于 GIS 技术和 FEFLOW 的秦王川盆地南部地下水数值模拟. 兰州大学学报(自然科学版), 46(5): 31~38

唐依民. 1996. 矿区地下水系统及其特征分析. 湖南地质, 15(2): 93~97, 102

王贵玲, 蔺文静, 陈浩. 2005. 农业节水缓解地下水位下降效应的模拟. 水利学报, 36(3): 286~290

王浩, 严登华, 贾仰文, 等. 2010. 现代水文水资源学科体系及研究前沿和热点问题. 水科学进展, 21(4): 479~485

王赫生, 李燕, 龚建师, 等. 2012. 基于大型放水试验的矿区流场演化规律模拟研究. 煤炭工程, 12: 105~108

王中根, 郑红星, 刘昌明. 2005. 基于模块的分布式水文模拟系统及其应用. 地理科学进展, 24(6): 109~115

吴吉春, 陆乐. 2011. 地下水模拟不确定性分析. 南京大学学报(自然科学), 47(3): 227~234

武强, 徐华. 2003. 地下水模拟的可视化设计环境. 计算机工程, 29(6): 69~70, 190

薛禹群. 2010. 中国地下水数值模拟的现状与展望. 高校地质学报, 16(1): 1~6

薛禹群, 吴吉春. 1999. 面临 21 世纪的中国地下水模拟问题. 水文地质工程地质, (5): 1~3

杨健. 2005. 工程降水引发的地面沉降研究. 北京: 中国地质大学（北京）博士学位论文

冶雪艳, 杜新强. 2009. FEFLOW 在红兴水库渗控方案确定中的应用. 人民黄河, 31(9): 116～117

翟远征, 王金生, 苏小四, 等. 2010. 地下水数值模拟中的参数敏感性分析. 人民黄河, (32)12: 99～101

张洪霞, 宋文. 2007. 地下水数值模拟的研究现状与展望. 水利科技与经济, 11(13): 794～796

赵成义, 王玉朝, 李志良, 等. 2002. 西北干旱区退耕还林(草)后水土资源开发的优化模式研究. 干旱区地理, 25(4): 321～328

赵国红, 宁立波, 王现国. 2007. 新郑市浅层地下水流数值模拟及评价. 地下水, 29(6): 43～46

周洁, 朱国荣, 高元宝. 2007. FEFLOW 在姑山采场北帮边坡防渗工程中的应用. 勘察科学技术, (2): 42～46

左文喆, 王国华, 李静, 等. 2012. 开滦唐山矿水化学特征及涌水水源判别. 矿业安全与环保, 39(3): 5～8

An R R, Zhang Y B, Zhu J. 2014. Four Artificial Boundary Model Processing in Numerical. Simulation of Groundwater, (3): 61～67

Bear J L, Bachmat Y. 1991. Introduction to modeling of transport phenomena in porous media. Kluwer Academic Publishers, Dordrecht, 14: 16～21

Beatrice M S, Giambastiani, Antonellini M, et al. 2007. Saltwater intrusion in the unconfined coastal aquifer of ravenna(Italy): a numerical model. Journal of Hydrology, 340: 91～104

Boggs J M, Young S C, Beard L M. 1992. Field study of dispersion in a heterogeneous aquifer: 1. Overview and site description. Water Resources Research, 28(12): 3281～3291

Catherne C G, Alan F M, Katharine J M. 2010. Hydrological processes and chemical characteristics of low-alpine patterned wetlands, south-central New Zealand. Journal of Hydrology, 385(3): 105～119

Christopher H G, Simon R P, Damon A P, et al. 2006. The hydrogen and oxygen isotopic composition of precipitation, evaporated mine water, and river water in Montana, USA. Journal of Hydrology, 328: 319～330

Dai S S, Li L H, Xu H G, et al. 2013. A system dynamics approach for water resources policy analysis in arid land: a model for Manas River Basin. Journal of Arid Land, 5(1): 118～131

Diersch H J G, Bauer D, Heidemann W, et al. 2011. Finite element modeling of borehole heat exchanger systems: Part 2. Numerical simulation. Computers & Geosciences. 37(8): 1136～1147

Disersch H J G, Kolditz O. 1998. Coupled groundwater flow and transport: 2. Thermohaline and 3D convection systems. Advances in Water Resources, (21): 401～425

Dong D L, Sun W J, Xi S. 2012. Optimization of mine drainage capacity using FEFLOW for the No. 14 coal seam of China's Linnancang coal mine. Mine Water Environ , 31: 353～360

Grasle W, Kessels W, Kumpel H J, et al. 2006. Hydraulic observations from a 1 year fluid production test in the 4000 m deep KTB pilot borehole. Geofluids, 6(1): 8～23

Kevin W T, Brent B W, Thomas W D E. 2010. Characterizing the role of hydrological processes on lake water balances in the Old Crow Flats, Yukon Territory, using water isotope tracers. Journal of Hydrology, 386(1-4): 103～117

Leblanc D R, Garabedian S P, Hess K M, et al. 1991. Large-scale natural gradient tracer test in sand and gravel, Cape Cod, Massachusetts: 1. experimental design and observed tracer movement . Water Resources Research, 27(5): 895～910

Li S G, McLaughlin D, Liao H S. 2003. A computationally practical method for stochastic groundwater modeling. Advances in Water Resources, 26: 1137～1148

Longinelli A, Stenni B, Genoni L, et al. 2008. A stable isotope study of the Garda Lake, northern Italy: Its hydrological balance . Journal of Hydrology, 360(4): 103～116

Lorena L, Leonardo V N, Elisa A. 2015. Modifications in water resources availability under climate changes: a case study in a Sicilian Basin. Water Resources Management, 29(4): 1117~1135

Ma L, Wei X M, Bao A M, et al. 2012. Simulation of groundwater table dynamics based on Feflow in the Minqin Basin, China. Journal of Arid Land, 4(2): 123~131

Mackay D M, Freyberg D L, Roberts P V, et al. 1986. A natural gradient experiment on solute transport in a sand aquifer: 1. Approach and overview of plume movement. Water Resources Research, 22(13): 2017~2029

Michael H A, Mulligan A E, Harvey C F. 2005. Seasonal oscillations in water exchange between aquifers and the coastal. Nature, 436(25): 1145~1148

Reynolds D A, Marimuthu S. 2007. Deuterium composition and flow path analysis as additional calibration targets to calibrate groundwater flow simulation in a coastal wetlands system. Hydrogeology Journal, (15): 515~535

Riehard E E. 1996. Multidisciplinary interactions in energy and environmental modeling. Journal of Computational and Applied Mathematics, 74: 193~215

Sarwar A, Helmut E. 2006. Development of a conjunctive use model to evaluate alternative management options for surface and groundwater resources. Hydrogeology Journal, (14): 1676~1678

Smaouia H, Zouhrib L, Ouahsine A. 2008. Flux-limiting techniques for simulation of pollutant transport in porous media: application to groundwater management. Mathematical and Computer Modelling, 47: 47~59

Timothy S, Yabusaki S. 1998. Scaling of flow and transport behavior in heterogeneous groundwater systems. Advances in Water Resources, 22(3): 223~238

Wei H, Xiao H L, Yin Z L, et al. 2014. Evaluation of groundwater sustainability based on groundwater age simulation in the Zhangye Basin of Heihe River watershed, northwestern China. Journal of Arid Land, 6(3): 264~272

Yang J W, Monica R. 2006. Paleo-fluid flow and heat transport at 1575 Ma over an E-W section in the Northern Lawn Hill platform, Australia: Theoretical results from finite element modeling. Journal of Geochemical Exploration, (89): 445~49

Yang Y G, Xiao H L, Wei Y P et al. 2011. Hydrologic processes in the different landscape zones in the alpine cold region during the melting period. Journal of Hydrology, 409: 149~156

Zhao C Y, Wang Y C, Chen X, et al. 2005. Simulation of the effects of groundwater level on vegetation change by combining FEFLOW software. Ecological Modeling , 187: 341~351

Zheng C , Gorelick S M. 2003. Analysis of the effect of decimeter scale preferential flow paths on solute transport. Ground Water, 41(2): 142~155

第7章　汾河流域水文系统污染过程研究

　　水是人类的生命之源，而地下水作为重要的供水水源，具有其不可替代的战略意义。在城市发达的地区，如京津唐、长三角、珠三角等地区，地下水这种战略储备功能与供水能力，应该受到广泛且高度的重视（刘昌明等，1996）。尤其是工业革命以来，人类的各种生产、生活活动的日益增强，使得生物圈和水圈中氮浓度的急剧升高，已日渐成为各界关注的环境问题。在自然环境中，氮元素起着至关重要的作用，它不仅对生物的多样性起着调节作用，同时也对生物圈生产力的发展起着重要的控制作用，由于自然界中的硝化作用、反硝化作用以及生物固氮作用的存在，氮元素的含量处于一定的范围内（刘昌明、何希吾，1998）。自20世纪70年代以来，地下水中的硝酸盐污染逐渐成为一种对人类健康造成威胁，并影响水环境安全的社会问题，引起人类重视并加以研究。目前，氮元素的输入主要有人为的固氮作用、过量的施用化学肥料和有机肥料、化石燃料的燃烧以及生产生活污水的滥排，其总氮量约等于生物固氮作用的总和（Vitousek et al.，1997）。所以追踪氮源的来源、控制自然界的氮含量，已成为摆在人类面前刻不容缓的课题。

　　硝酸盐氮稳定同位素在示踪水圈氮污染源方面有着重要的作用（Ostrom et al.，1998），经过近30年的发展证实，通过 $\delta^{15}N$ 和 $\delta^{18}O$ 相关法来对水环境中的硝酸盐氮污染进行研究，不仅可以作为有效的识别硝酸盐污染源的工具，同时也能更好地研究其循环机理，从而得出有效的控制污染的预案与方法。

　　在过去的60年里，一方面，人口数量的迅速增长以及城镇化的快速发展，生活污水呈指数式的增加，并无节制地排放入水圈中；另一方面，巨大的粮食缺口造成大量的施用化学肥料和有机肥料，大大超出生态系统的自我更新净化能力，严重改变了陆地生态系统和水域生态系统的氮循环过程（Vitousek et al.，1997；Mayer and Wasseaar，2012）。2010年全球的化肥施用量为7.34亿万t，发展中国家占总量的76.4%，其中氮肥的施用量为4.53亿万t，发展中国家占总量的83.02%（Park et al.，2003）。在中国，仅2010年被誉为中国粮仓的河南省的化肥施用量达到655.15万t，其中氮肥的施用量为243.92万t，预计到2030年，全国化肥的施用量将会达到6500万～6800万t（李东坡、武志杰，2008）。

　　化学肥料和农药的施用是一把双刃剑，虽然促进了农作物的增产，但同时也带来了严重的水土硝酸盐污染，资料显示，只有不超过50%的氮肥能够被植物所吸收，其余的绝大部分或被地表径流和农田排水排到地表水和地下水中，或被滞留于土壤中（李彦茹、刘玉兰，1996）。同时生活污水的排放以及大面积的污灌也会引起地下水硝酸盐浓度的升高，如美国新罕布什尔州首府康科德郊区（Pardo et al.，2004）以及我国北京郊区（邱汉学等，1997）的地下水中的硝酸盐污染即为典型的污灌成因。

世界卫生组织（WHO）和美国环境保护协会（UEPA）规定饮用水中氮的含量不得超过 11.3 mg/L 或 NO_3^- 的含量小于 50 mg/L,我国的国家饮用水标准是氮含量小于 10 mg/L。英格兰沃尔克索普城的公共水井中的地下水的 NO_3^-—N 含量为 90 mg/L,超出国际标准约 9 倍（Vengosh et al.,1999）。近年来的地下水调查显示,我国多个地区地下水中的氮含量均严重超标,并呈上升趋势,例如,近 40 年来,北京地下水中硝酸盐最高值为 314 mg/L（张宗祜等,2000）；取自河北省唐山陡河地区的 76 个地下水样中 NO_3^-—N 的最高含量达 51.0 mg/L,平均含量为 12.1 mg/L（袁利娟、庞忠和,2010）;兰州地区农田地下水 NO_3^-—N 由 1974 年约为 20 mg/L 增加至 1987 年的 147.7 mg/L（吕忠贵、杨圆,1997）；石家庄市的主要供水来源是地下水,但从 1986~1991 年浅层地下水中 NO_3^-—N 浓度的平均增长速率为 1.85 mg/（L·a）（高月英、靳伟林,1991）。

研究表明,多地的癌症发病率的升高与饮用水中硝酸盐、亚硝酸盐污染有关。例如,我国河北省的石家庄和唐山地区、福建省的长乐和莆田地区,以及甘肃省的张掖地区,都不同程度地受到硝酸盐氮污染（董悦安等,1999；张宗祜等,2000；张翠云等,2004a,2004b）,又如河南省的林州和安阳地区,饮用水中 NO_3^- 含量超标,造成当地食道癌的发病率居高不下（杨文献,1999；蔡鹤生等,2002）。流行病学和毒理学方面的研究也发现,硝酸盐进入人体后经硝酸还原菌还原为亚硝酸盐,形成强致癌物质——亚硝基化合物,导致了食道癌、胃癌等消化系统癌症（叶本法等,1996；徐海蓉、徐耀初,2002）。英美国家的一些研究也表明,饮用水中硝酸盐的含量与胃癌、食道癌的发病率和死亡率成正比。

触目惊心的数字为我们敲响了警钟,追踪氮污染源并有效地控制氮污染对人类的生存与发展有着重要的意义。地下水硝酸盐污染早已引起联合国和发达国家的普遍重视,我国虽然起步较晚,但是也取得了一定的成绩（Freyer,1991；Chen et al.,2003）。仅用常规的地球水化学方法研究地下水硝酸盐污染,即通常使用 NO_3^-、NO_2^-、NH_4^+、Cl^- 等作为直接指标,从 N_2 分子的角度分析,通常无法识别不同来源的氮源,因而给污染机理的研究带来困难。氮同位素方法的出现弥补了传统技术的不足,使我们可以从原子、同位素的层面研究氮元素,从而为硝酸盐污染的研究开辟新的途径。总之,研究地下水硝酸盐污染的根本目的在于保护水资源、提高水资源质量、改善水环境,从而为合理开发利用和保护有限的地下水资源提供科学依据。

7.1　研究动态

7.1.1　国外研究进展

20 世纪 70 年代起,美国、法国、加拿大、日本、埃及、南非及比利时等国家,相继开展了有关氮同位素的研究工作,用 ^{15}N 来进行氮源污染的识别。Kohl 等于 1971 年首次将在基础化学中已成熟应用的 $\delta^{15}N$ 技术引入水文学领域,对密西西比河流域的地表水中的氮污染进行了研究（Kohl and Shearer,1971；Edwards,1973）,在当时的技术条件较为准确的测定了氮循环的途径与方式，并确定了地下水氮污染的来源。他提出了一个概念模型：河流 NO_3^- 的两个污染源为通过地表径流进入地下水的氮肥和通过水岩反应进入地表水体的土壤原生氮。测得施用化肥中 $\delta^{15}N$ 为 3.7‰，土壤原生氮中 $\delta^{15}N$ 为 13‰，通过氮同位素数据确定河水中的硝酸盐 55%～60% 来自于化学肥料。

基于 $\delta^{15}N$ 的在不同成因的硝酸盐中的含量不同和各含氮物质间的分馏作用机理，Mariotti 和 Letolle（1977）创造性地提出了可以用 ^{15}N 作为示踪硝酸盐氮污染的有效工具。他们认为，含氮物质间的分馏由两部分组成：动力学非平衡分馏和热力学平衡分馏。在前者的体系中，同化作用、固氮作用和矿化作用的同位素分馏系数较小，而硝化作用、反硝化作用、扩散作用、挥发作用以及离子交换作用则会产生较大的分馏；在后者的体系中，各种含氮物质富集 ^{15}N 的能力从小到大依次为：NO（气）< NH_3（气）< N_2（气）< N_2（溶解）< NH_4^+（液）< NO_2（气）< NO_2^-（液）< NO_3^-（液）。

Kamor 和 Anderson（1993）利用氮同位素技术对美国明尼苏达州的 5 个不同类型土地利用地区的砂岩含水层进行了研究，发现该地区的 NO_3^- 均超过了美国国家饮用水标准（NO_3^- 含量 < 50 mg/L）。结果显示不同土地利用格局下，地下水中 NO_3^- 中 $\delta^{15}N$ 分别为：自然未开发区 3.1‰、无灌溉的农垦区 3.4‰、灌溉的农垦区 7.4‰、居民区 6.0‰、家禽饲养区 21.3‰。

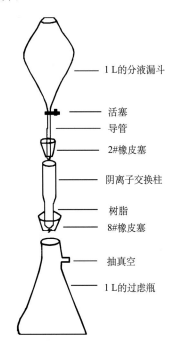

传统的测定硝酸盐中 ^{15}N 的方法主要有 K-R 化学湿法、还原热解法、真空热解法、真空球磨法等（朱琳、苏小四，2003）。Kendall 和 Grim（1990）利用 KNO_3 制备 N_2，由于利用 CaO 焊封管燃烧法制得的 N_2 可直接在质谱仪上进行 ^{15}N 的测定，不需要进一步的纯化，他们提出了 CaO 焊封管燃烧法，Silva 等（2000）对 Kendall 和 Grim 的方法进一步改进，利用 $AgNO_3$ 替代 KNO_3 来制备 N_2，其制作过程并没有什么变化。他们提出了一个新型的用阴离子交换树脂处理水样技术及测定硝酸盐中氮氧同位素的测试技术（图 7.1），这也是目前普遍采用的方法，能够精确测定 $\delta^{15}N$ 和 $\delta^{18}O$ 的值，具有经济、方便、快捷的优点。研究发现，当用 KNO_3 进行条件实验时，用 15 mL 2.7 mol/L 的 HCl 洗脱交换柱，NO_3^- 的洗脱率可超过 95%，但不稳定，有时候会产生较大变化；采用高浓度的 HCl（6 mol/L）也不能有效地改善洗脱率；采用 3 mol/L 的 HCl 洗脱阴离子交换柱可以获得较好的洗脱效果，用量少且洗脱率高，洗脱率可高达 99%。

图中标注：
1 L 的分液漏斗
活塞
导管
2# 橡皮塞
阴离子交换柱
树脂
8# 橡皮塞
抽真空
1 L 的过滤瓶

图 7.1　实验装置图（Silva et al.，2000）

同时，Choi 等（2003）指出，在污染源相对单一时或硝化、反硝化被忽略时，利用 ^{15}N 和 NO_3^- 浓度的相关关系判断地下水中的 NO_3^- 也是一种有效的方法，得出了如下的结论：当 ^{15}N 和 NO_3^- 浓度呈正相关时，氮源为粪肥，反之，当两者呈负相关时，氮源为化肥。

由于不同来源的硝酸盐中 $\delta^{15}N$ 的值往往有一定的重叠，如大气降水中的硝酸盐和土壤矿化产生的硝酸盐。所以如果简单的依据不同含氮物质的 $\delta^{15}N$ 来判断硝酸盐来源就会存在多解性，但是不同来源的硝酸盐中 $\delta^{18}O$ 的值有很大的差异性，因此可以借助对 $\delta^{18}O$ 的分析来弥补 $\delta^{15}N$ 的不足，从而更有效地确定地下水中硝酸盐的来源。Mariotti 等（1988）、Boettcher 等（1990）、Aravena 等（1993）通过对德国 Hannover 附近的 Fuhrberger Feld 水域研究发现，地下水中的 NO_3^- 的 $\delta^{18}O$ 也是指示硝酸盐来源的好的示踪剂，沿着地下水的循环路径，硝酸盐中 $\delta^{15}N$ 和 $\delta^{18}O$ 的比值以 2.1∶1 的比例同步变化，氮氧同位素数据满足 Rayleigh 方程式。说明农业区在施用了大量化肥后，地下水的硝酸盐浓度升高，微生物的反硝化作用会使地下水中硝酸盐的浓度降低。

Wassenaar（1995）利用 $\delta^{15}N$ 和 $\delta^{18}O$ 同位素对加拿大西北部某含水层的硝酸盐污染作判别，认为该含水层可能的污染源为化学肥料和动物粪便，两者的 $\delta^{15}N$ 值分别为 −1.5‰～−0.6‰和 7.9‰～8.6‰。地下水中硝酸盐的 $\delta^{15}N$ 值是 8‰～16‰，$\delta^{18}O$ 为 2‰～5‰。得出地下水中硝酸盐污染少量来源于合成化肥，主要来自于动物粪肥。同时，他对英国 Columbia 的 Abbotsford 的含水层进行了研究，认为由于动物粪便和少量的氨肥发生了硝化作用，导致该地区的硝酸盐浓度较高，$\delta^{18}O$ 的变化范围是−10‰～−12‰，硝化作用产生的硝酸盐的 $\delta^{18}O$ 值为 2‰～5‰，在夏天甚至达到 10‰。土壤水的蒸发作用和 $\delta^{18}O$ 值为−10‰～−6‰的补给水，使得该含水层的 $\delta^{18}O$ 升高，从而使硝酸盐的 $\delta^{18}O$ 值相应变大。

在当污染源的点源、面源更复杂的时候，如果只利用硝酸盐中的 ^{15}N、^{18}O，就无法有效对污染源做出精确的判断。Aravena 等（1993）在人畜粪便、化学肥料、生活污水等点源面源遍布的研究区，首次确定出了生活污水的点源污染晕。De yon 和 Homles（2001）提出只要水中的 NO_3^- 含量大于 1μmol/L，即可通过细菌测试氮同位素的新方法，这一方法在技术层面上解决了包气带中 N、O 同位素直接测定的难题，奠定了包气带中硝酸盐的迁移转化的研究基础。Showers 等（2008）通过对美国 California 的农场地下水硝酸盐污染进行调查，综合利用了 NH_4^+ 中的 $\delta^{15}N$、NO_3^- 中的 $\delta^{15}N$ 和 $\delta^{18}O$ 的数据，发现该农场地下水中各点的 $\delta^{15}N$ 和 $\delta^{18}O$ 组成均一，无法简单地通过 $\delta^{15}N$ 和 $\delta^{18}O$ 来区分化粪池和人畜粪便的来源，最后通过收集数据得知地下水与化粪池中的水中 $\delta^{15}N$、$\delta^{18}O$ 和 δ^2H 不一致，进而推断动物粪便是该研究区硝酸盐污染的主要来源。

7.1.2　国内研究进展

国内 20 世纪 90 年代以来，有关这方面的研究也相继起步，开展了大气、土壤、天然气和氮肥的氮同位素研究，并取得了一定的成绩。

曹亚澄等（1993）指出了多种土壤环境同位素的变异特征，并普查了我国主要氮肥的氮同位素组成，为我国的氮同位素研究奠定了基础。同年，建设部综合勘察设计院邵益生和纪杉（1993）建立了用真空热解法制备氮气的系统，利用氮同位素研究了北京市污灌对地下水氮污染的影响。地矿部水文地质工程地质研究所焦鹏程等（1992）建立了K-R 化学湿法制样系统，研究了石家庄市和正定县地下水硝酸盐的污染来源和污染机制。中国科学院地球化学研究所徐文彬（1999）获得国家自然科学基金的资助（编号：49873034），对大气中的 N_2O 中的 $\delta^{15}N$ 和 $\delta^{18}O$ 进行了研究。中国科学院青海盐湖研究所尹德忠等（2001）也获得国家自然科学基金的资助（编号：29775028），通过正热电离质谱法，同时测定硝酸盐中氮和氧同位素的组成。

王东升（1997）认为，浅层地下水有随人口增加而持续增长的趋势，氮污染正以0.07～0.119 mg/（L·a），甚至 1.85 mg/（L·a）的增长速度污染着地下水，并且导致地下水的溶解氮存在形式多样化，最终使地下水成为无氧毒性水。天然条件下浅层地下水中硝态氮的浓度＞4.4 mg/L 且 $\delta^{15}N$＜+5‰，可以作为判断地下水是否受到氮污染的客观标准。污染源为人畜粪便时，具有高硝态氮和高 $\delta^{15}N$ 值的双高特征；当污染源为生活污水时，具有中等硝态氮和中等 $\delta^{15}N$ 值特征；当污染源为土壤微生物的反硝化作用时，硝态氮浓度和 $\delta^{15}N$ 值成反比。 同时他还指出，浅层地下水氮污染的治理应以预防为主，防治结合，通过监测氮浓度场的时空分布来对浅层地下水进行分区分级保护。

硝酸盐污染的原因有很多，朱济成（1995）在总结了前人的成果的基础上，对地下水硝酸盐污染的主要成因进行了分析归纳，认为主要有 5 个方面的原因：居民生活污水与垃圾粪便的下渗、化学肥料的施用、现代工业的污染、大气氮氧化合物干湿沉降和污水灌溉。其中居民生活污水与垃圾粪便的下渗是最重要的因素。

在硝酸盐提取方法方面肖化云和刘丛强（2001，2002）对传统的野外采样方法进行了改进，提出了一种自由重力过柱的离子交换色层法，结合传统的 Kjeidahl 法和扩散法为基础，适应于在野外长时间采样的 $\delta^{15}N$ 分析预处理方法，该方法的优点在于可以在树脂柱中较长时间保存样品，不会引起氮同位素的分馏。其主要过程为：在野外用离子交换色层法富集 NO_3^-，密封保存，然后在实验室内采用扩散法把硝酸盐以 $(NH_4)_2SO_4$ 的形式从洗脱液中分离出来，通过 Rittenberg 法氧化 NH_4^+ 为 N_2，最后通过连接装置与质谱仪相连接，测定出 $\delta^{15}N$ 的值。周爱国等（2003）、蔡鹤生等（2002）针对 Silva 等提出的阴离子交换树脂处理技术做了改进，用 ^{15}N 和 ^{18}O 相关法分析了河南省安阳、林州等食管癌高发区的地下水，发现这些地区大多位于地下水的补给区，该区地下水中的 NO_3^-—N 大大超出了国家饮用水标准，而低发区位多为地下水的承压区。食管癌的死亡率与饮用水中的亚硝胺、NO_3^-、NO_2^-、NH_4^+ 过剩的含量成正比。地下水中的 $\delta^{18}O$ 值明确地指出，该地区不存在反硝化作用的发生，相反，由 NH_4^+ 到 NO_3^- 的需氧的硝化作用导致了 NO_3^- 中的 O 1/3 来自空气、2/3 来自水。同时，有关 $\delta^{15}N$ 和 $\delta^{18}O$ 研究指出，该地区地下水中的硝酸盐主要来自农家肥和化学肥料。

张翠云等（2004a，2004b，2005）运用氮同位素技术对张掖市地下水硝酸盐污染源进行了研究，发现张掖市地下水浅层水 NO_3^- 浓度为 1.69～149.6 mg/L，均值为 54.17±41.97 mg/L，深层水 NO_3^- 浓度为 3.89～82.85 mg/L，均值为 35.65±28.08 mg/L。从城区向东部、南部和西部地下水 NO_3^- 浓度不断增高，东部的污染源主要为动物粪便和生活污水，城区、南部和西部的污染源主要是土壤有机氮矿化形成的 NO_3^-，其次是农田施用的化肥。在西北部污灌区大部分浅层水样的 $\delta^{15}N$ 值为+9‰～+14‰，不但 NO_3^- 浓度高，而且 NH_4^+ 浓度含量也很大（达 10^5 mg/L），说明污染源来自灌溉的污水。同时，她的团队也对河北省石家庄市的地下水硝酸盐污染进行了分析，指出研究区土壤有机氮及其转化的 NO_3^- 是否丰富是判断地下水中硝酸盐是否来自土壤有机氮的标准，石家庄市地下水硝酸盐的 $\delta^{15}N$ 均值为（+9.9‰±4.4‰），主要的污染源为粪便和含粪便的污水，其他的污染源还有化肥的施用和工业污水的排放，但土壤有机氮不是该地区地下水硝酸盐的一个主要污染源。

李思亮等（2005）的研究结果显示，贵阳市地下水中，NO_3^-—N 是含量最高的无机氮形态，然而 NH_4^+ 却是被明显污染了的地下水的主要无机氮形态。尤其是在枯水期，地下水中的硝酸盐的 $\delta^{15}N$ 值与溶解氧呈负相关关系，说明地下水环境受土壤有机氮影响，同时存在反硝化作用。在丰水期，地下水中硝酸盐浓度与氯离子浓度呈正相关关系，表明丰水期地下水硝酸盐可能主要受混合作用等控制。

通过利用 N、O 同位素技术对江苏常州地区的地下水进行取样分析，吴登定等（2006）发现该地区硝酸根中的氮同位素与硝酸根离子呈明显的正相关性，而氧同位素与之呈明显的负相关性。潜水和微承压水中 NO_3^- 含量高，平均含量为 38.32 mg/L，中深层承压水中 NO_3^- 含量低，平均含量为 0.52 mg/L，说明被污染的潜水和微承压水的污染源是化肥和污水，而中深层承压水未受到氮污染，其 NO_3^- 主要来源于早期形成时的降水。邢萌和刘卫国（2008）采集了西安地区沪河和灞河共 22 个样品，在美国 Princeton 大学实验室进行了同位素样品的测定，结果显示，沪河受到的氮污染要比灞河重。沪河、灞河在源头附近的主要污染源是土壤矿化和天然土壤中的有机氮；中游的主要污染源是化肥和粪肥的过量施用；下游的 $\delta^{15}N$ 值达到最高，说明占主导影响的是工业废水和生活污水。张东等（2012）利用氮同位素研究了黄河小浪底水库以及以下干流和支流的潜在硝酸盐来源，结果显示：黄河干流上游硝酸盐来源为土壤有机氮矿化，下游平原区为土壤有机氮矿化和化学肥料。支流沁河在丰水期硝酸盐来源为大气降水、土壤矿化和化学肥料；平水期受生活污水和土壤矿化的共同影响；枯水期藻类微生物以及反硝化作用是控制河水硝酸盐的主要因素。其中洛河的主要硝酸盐污染源为生活污水，伊河的主要硝酸盐污染源为合成化学肥料。

在基于 ^{15}N 同位素示踪技术的基础上，汪智军和杨平恒（2009）对重庆地区青木关地下河 NO_3^-—N 的来源进行了时空变化分析。结果表明地下河出口 NO_3^-—N 浓度（20.35 mg/L）比入口（3.20 mg/L）高 6 倍有余。地下河硝态氮及其来源时空变化受两个因素影响：一是大气降水，连续降水或局部的暴雨导致地下水污染物增多，同时引发雨水的稀释效应;二是当地居民的农业生产活动,包括农田的施肥时节和施肥量,还有土地利用格局。

7.2　方法原理

元素中子数的变化使元素以及含有该元素的分子具有不同的质量。例如,重水 $^2H_2^{16}O$ 的相对分子质量为 20,而普通水 $^1H_2^{16}O$ 的相对分子质量却为 18。相对分子质量不同的分子在化学反应中速率不同,从而导致同位素的分馏或分离(Urey,1947)。通过在同一时间、同一仪器上测定已知的标准样,就可以将样品与标准样进行比较。同位素的浓度表示为:所测的样品比值减去标准样比值再除以标准样的比值。

7.2.1　氮同位素

自然界中氮有两种稳定同位素: ^{14}N 和 ^{15}N,空气中的 $^{14}N / ^{15}N$ 值恒为 1/272,所以普遍以相对于大气氮的千分偏差来表示含氮物质的氮同位素组成:

$$\delta^{15}N = \left[\frac{\left(^{15}N / ^{14}N\right)_{样品}}{\left(^{15}N / ^{14}N\right)_{N_2}} - 1\right] \times 1000 \tag{7.1}$$

式中,$\left(^{15}N / ^{14}N\right)_{样品}$ 和 $\left(^{15}N / ^{14}N\right)_{N_2}$ 分别表示样品和空气标准样中氮同位素的比例。

目前利用 ^{15}N 识别硝酸盐污染来源的技术比较成熟,其基本原理是由于氮同位素的分馏或分离作用,不同成因的硝酸盐的 $\delta^{15}N$ 值存在差异。氮肥、粪便、污水和矿化土壤具有各自的氮同位素特征。化学肥料中的氮主要来自大气,故所含 $\delta^{15}N$ 的值大致为 $-3.8‰ \sim 5‰$;家禽和牲畜养殖场地下水中 $\delta^{15}N$ 的含量可高达 $27.0‰ \sim 32.5‰$;矿化土壤中 $\delta^{15}N$ 的含量为 $4‰ \sim 9‰$;人类粪便中 $\delta^{15}N$ 的含量为 $10‰ \sim 20‰$(图 7.2)。

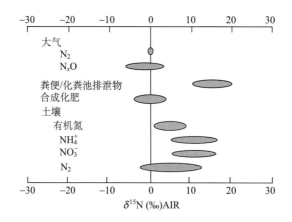

图 7.2　自然界中氮同位素分布(Baijjali et al., 1997)

7.2.2　氧同位素

自然界中氧有三种稳定同位素：^{16}O、^{17}O、^{18}O，通常用 $^{18}O/^{16}O$ 表示稳定同位素的组成。与 N 同位素相似，O 同位素在不同来源的硝酸盐中的组成也有显著的差异。目前已知的地下水硝酸盐中 $\delta^{18}O$ 只有两个来源：大气和土壤。来源于大气沉降中 NO_3^- 的 $\delta^{18}O$ 值为+43.6‰±14.6‰，变化范围为+20‰～+70‰（Kendall and Grim，1999），人工合成的化学肥料的 $\delta^{18}O$ 值为+18‰～+22‰（图 7.3）。由于微生物的硝化作用，NH_4^+ 转化为 NO_3^-，实验证明，在该过程中生成的 NO_3^-，一个氧来自于大气中的氧气，另外两个来自于水分子。

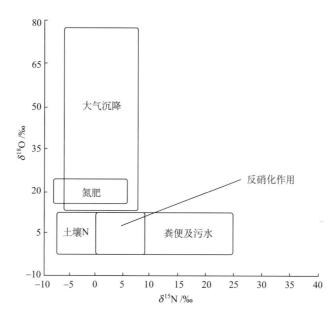

图 7.3　不同来源的硝酸盐中 $\delta^{15}N$ 和 $\delta^{18}O$ 的变化范围（Kendall et al.，2007）

7.2.3　^{15}N 和 ^{18}O 相关法的优点

用硝酸盐中的 $\delta^{15}N$ 和 $\delta^{18}O$ 值研究硝酸盐污染具有如下突出的优点：能够正确判断硝酸盐的污染源，大气沉降、土壤矿化、污水排放、化学肥料等；能够区分反硝化作用和植物的吸收作用，且能够研究氮循环过程中的机理过程，这是传统方法所做不到的；能够具体到面源和点源上，把补给区和排泄区等不同位置的硝酸盐来源和性质区别开来；硝酸盐中的 ^{15}N 和 ^{18}O 同位素可以作为有效的工具来识别硝酸盐污染来源、研究氮循环机理，甚至追踪温室气体 N_2O 的来源及其对全球气候变化的影响。

7.3　汾河流域中下游水体污染过程的同位素示踪研究

20 世纪 70 年代以来，地表水与地下水的污染已对人类健康与水安全构成威胁（刘昌明等，1996；Vitousek et al.，1997；Park et al.，2003；Pardo et al.，2004；Angelika and Michael，2011），众多地区水体中氮含量严重超标（陈法锦等，2007；邓林等，2007；刘君、陈宗宇，2009；袁利娟、庞忠和，2010；Mayer and Basseaar，2012）。山西省是水资源严重缺乏地区，尤其是淡水资源，已受到政界与学术界高度重视。山西之长在于煤，之短在于水，水资源极度贫乏，尤其是近年来大规模的煤矿开采、地下水超采、污水无节制排放和水土流失，造成地表河流严重污染、地下水系严重破坏。虽然有许多学者运用常规的水化学方法，即通常使用 NO_3^-、NO_2^-、NH_4^+、Cl^- 等作为直接指标，从 N_2 分子的角度分析，对汾河流域的水体硝酸盐污染进行了研究，但通常无法识别不同来源的氮源，因而给污染机理的研究带来困难。运用同位素示踪方法对汾河流域矿区氮污染的过程和溯源相关研究还鲜见于报道。

应用 $\delta^{15}N$ 和 $\delta^{18}O$ 进行水体污染研究能够准确判断污染源，区分植物的吸收作用和反硝化作用，且能够研究氮循环过程中的机理过程，把补给区和排泄区等不同位置的硝酸盐来源和性质区别开来，从而把来源具体到面源和点源上。Kohl 和 Shearer（1971）首次应用 $\delta^{15}N$ 技术研究了对密西西比河的氮污染，较准确地确定了氮循环的途径、方式与具体来源；Kamor 和 Anderson（1993）认为，不同的土地利用格局下，氮源有明显的差异；Choi 等（2003）指出，在污染源相对单一时或硝化、反硝化被忽略时，利用 ^{15}N 和 NO_3^- 浓度的相关关系判断地下水中的 NO_3^- 是一种有效的方法。张翠云等（2004a，2004b）指出土壤有机氮及其转化的 NO_3^- 是否丰富是判断地下水中硝酸盐是否来自土壤有机氮的标准；王东升（1997）认为浅层地下水氮污染有随人口增加而增长的趋势，天然条件下浅层地下水中硝态氮的浓度＞4.4 mg/L 且 $\delta^{15}N$＜+5‰，可以作为判断地下水是否受到氮污染的标准；杨琰等（2004）运用 ^{15}N 和 ^{18}O 相关法对河南食管癌高发区地下水进行了研究，发现该地区地下水中的硝酸盐主要来自于农家肥和化学肥料。Silva 等（2000）提出的用阴离子交换树脂处理水样测定硝酸盐中氮氧同位素技术；反硝化细菌法测定技术具有所需样品少、样品前处理简单、分析时间短、分析成本低等特点（许春英等，2012），是目前该领域内较为先进的测定技术。

本书运用同位素示踪与水化学信号交叉方法，对汾河流域矿区地表水 NO_3^-—N 污染状况、空间差异进行定量分析，掌握各支流对汾河干流 NO_3^-—N 污染的影响，揭示 NO_3^-—N 的主要污染来源。以期对汾河流域矿区的水环境综合治理、水资源高效利用提供科学依据，同时为解决山西省"多煤贫水"的尴尬处境提供参考。

7.3.1　研究区水文地质条件

汾河纵贯山西省境中部，是山西省境内的最大河流。汾河每年接纳未经处理的污水占山西污水总排放量的70%，高达336539万 m^3。汾河22个断面中，仅3个断面水质优良，其余19个断面水质均重度污染，属于劣Ⅴ类水，且集中在汾河的中下游地区。污染最为严重的介休义棠段，氨氮、硝酸盐氮、亚硝酸盐氮平均超标30倍、23倍和18.3倍（范堆相，2005）。

7.3.2　样品采集与测定

于 2013 年在汾河流域矿区的干流、各主要支流以及地下泉水出露点采取水样,研究区采样点分布如图 7.4 所示,从中游到下游依次为潇河(F1)、文峪河水库(F2)、昌源河(F3)、洪山泉(F4)、义棠断面(F5)、霍州断面(F6)、郭庄泉(F7)、赵城断面(F8)、广胜寺泉(F9)、洪安涧河(F10)、曲亭河(F11)、龙子祠泉(F12)、柴庄断面(F13)、浍河(F14)、河津断面(F15)。地表水水样在河道中心 30 cm 深度处取样,地下水水样取深井采样。采用 GDYS-201M 多参数水质分析仪现场测定 pH、溶解氧(DO 值)、电导率(EC 值),所采水样均用 0.45 μm 孔径醋酸纤维滤膜过滤,用于水化学测定的水样用 1 L 的样品瓶储存,用于同位素测定的水样用 20 mL 的样品瓶储存,所有样品瓶均用所采水样冲洗 3 次后再储存水样。所有样品用 parafilm 密封,以防止水分蒸发和同位素分馏,带回实验室,置于 4 ℃环境下,冷藏保存至实验分析。

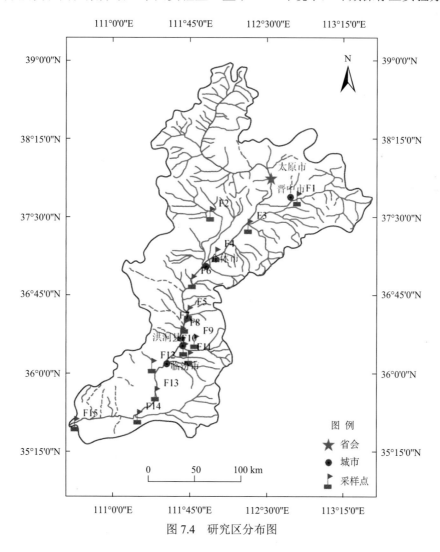

图 7.4　研究区分布图

样品中的 $\delta^{18}O$ 和 $\delta^{15}N$ 值在中国农业科学院农业环境与可持续发展研究所环境稳定同位素实验室（AESIL，CAAS）测定，将转化为 N_2O 气体的 NO_3^- 通过 Gilson 自动进样器输送至痕量气体分析仪 Trace Gas，提取纯化和捕集 N_2O 气体，该过程中不存在同位素的分馏，最后通过 Isoprime100 同位素比质谱仪测定氮氧同位素。元素的同位素含量通常用样品中同位素比值与标准样中同位素比值的千分偏差值（δ）来表示。标准样为国际同位素标准样品 USGS32 KNO_3、USGS34 KNO_3、USGS35 $NaNO_3$。经校正后，USGS32、USGS34 的 $\delta^{15}N$ 分析精度分别为 0.05‰ 和 0.09‰，远高于仪器的 $\delta^{15}N \leqslant 0.5‰$ 的分析精度要求，结果重复性良好。

水化学相关测定在采样后 1 个月内在山西大学黄土高原研究所完成。

7.3.3　矿区水质分析评价

目前综合水质评价具有代表性的评价方法分别是综合水质标识指数法、综合污染指数法、模糊综合评价法、人工神经网络法、单因子评价法以及灰色关联分析法。研究表明，综合水质标识指数法较其他几种方法，具有方法合理客观、反映水质信息多、结果重合度高、稳定性好等优点（安乐生等，2010）。本书采取该方法进行相关评价分析。

综合水质指数：

$$WQI = X_1 \cdot X_2 \tag{7.2}$$

$$X_1 \cdot X_2 = \frac{1}{m+1}\left(\sum_{i=1}^{m}P_i + \frac{1}{N}\sum_{j=1}^{n}P_j\right) \tag{7.3}$$

式中，$X_1 \cdot X_2$ 为综合水质指数；X_1 为综合水质级别；X_2 为综合水质在该水质级别变化区间中所处位置；m 为主要污染指标数目；n 为非主要污染指标数目；P_i 为第 i 项主要污染指标单因子水质指数；P_j 为第 j 项非主要污染指标单因子水质指数，分类标准为中国综合水质分类，见表 7.1。

表 7.1　基于综合水质标识指数的综合水质分类标准

综合水质类别	判断标准
Ⅰ 类	$1.0 \leqslant X_1 \cdot X_2 \leqslant 2.0$
Ⅱ 类	$2.0 \leqslant X_1 \cdot X_2 \leqslant 3.0$
Ⅲ类	$3.0 \leqslant X_1 \cdot X_2 \leqslant 4.0$
Ⅳ类	$4.0 \leqslant X_1 \cdot X_2 \leqslant 5.0$
Ⅴ类	$5.0 \leqslant X_1 \cdot X_2 \leqslant 6.0$
劣Ⅴ类，不黑臭	$6.0 \leqslant X_1 \cdot X_2 \leqslant 7.0$
劣Ⅴ类，黑臭	$X_1 \cdot X_2 \geqslant 7.0$

由图 7.5 可知，汾河流域矿区水体污染严重，总体污染呈现出由中游向下游增加的趋势。在所有研究区中，只有洪山泉属Ⅱ类水质，文峪河水库、郭庄泉、广胜寺泉、龙

子祠泉属Ⅲ类水质，昌源河水样属Ⅳ类水质，潇河、洪安涧河水样属Ⅴ类水质；义棠、霍州、河津等区域水质均属于劣Ⅴ类、黑臭级别，占总采样点比重为 46.7%。在汾河中游段，义棠断面以及霍州断面污染严重，其中义棠断面污染最为严重，综合水质指数达17.3，实地调查发现，义棠断面沿岸汇集了大量的煤矿生产与再加工企业，工业生产污水排入河道，严重超出河水净化能力，造成该段综合水质指数偏高；下游综合水质指数明显高于中游，一方面由于下游河道平缓，水中溶解氧降低，河水的自我净化能力有限，来自中游的污染物未能及时降解，另一方面下游沿岸有污染物不断排入汾河，导致汾河下游污染加剧。

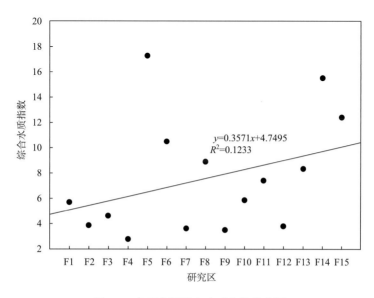

图 7.5　各研究区综合水质指数分布图

　　从综合水质标识指数角度分析，4 个地下水出露泉均在Ⅲ类水质以上，广胜寺泉及龙子祠泉作为洪洞县和尧都区的主要饮用水源地，周围居民的生产生活活动以及煤矿开采活动较为严重地影响了该区域的水质，应当引起相关部门的广泛重视。而洪山泉由于远离居民生活区，受到人为活动干扰最少，故综合水质指数最低、水质最好。

7.3.4　水体中三氮转化过程

　　图 7.6 显示，所有的样点中均检出有 NH_4^+—N、NO_3^-—N 和 NO_2^-—N，说明均受到了不同程度的污染。无机氮的最主要存在形式是 NO_3^-—N，其浓度变化范围为 0.17～1.11 mg/L，其次为 NH_4^+—N，其浓度变化范围较大，为 0.01～10.72 mg/L，存在形式最少的为 NO_2^-—N，其浓度变化范围为 0.01～0.39 mg/L。其中，在浍河、汾河义棠断面，以及霍州断面、柴庄断面、河津断面的三氮含量较高，这 5 个研究区均分布在城镇居民的生活区和农业区，该区域为山西的主要粮食生产区与工业集中区，河道附近有大量的农田和生产工厂，农业化肥中含有大量的 NH_4^+—N 和 NO_3^-—N，随着农业灌溉用水和雨水汇入汾河，从而

造成河水 $NH_4^+—N$ 和 $NO_3^-—N$ 的升高。$NO_3^-—N$ 的浓度在霍州断面达到峰值，该点位于霍州市区，可能受城市工业污染严重，河段附近分布有众多煤电厂、洗煤厂，生产与生活污水直接排入汾河，导致出现最高值。汾河经过柴庄后，河道变宽，流速放缓，河水中微生物的反硝化作用趋于明显，从而使河道中 $NO_3^-—N$ 浓度降低。在这些污染严重地区，$NH_4^+—N$ 是最主要的无机氮形式，且具有较低的溶解氧（DO）含量，说明水中污染物降解速率较慢，$NO_3^-—N$ 在无氧环境下，经微生物反硝化作用还原为 $NH_4^+—N$。$NO_2^-—N$ 具有高毒性，对人体的危害较大，所测样品中含量普遍较低，同时表现出与 $NH_4^+—N$ 的正相关关系，说明硝化作用和反硝化作用在三氮的转化中起了重要作用。

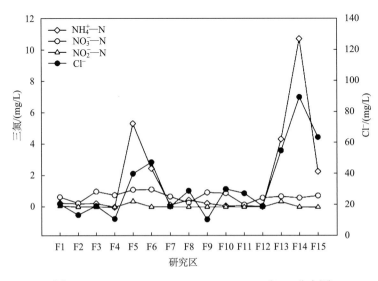

图 7.6　$NH_4^+—N$、$NO_3^-—N$、$NO_2^-—N$ 和 Cl^- 分布图

7.3.5　水体污染源的氮氧同位素示踪

所有样品的 $\delta^{15}N—NO_3^-$ 值变化范围较小，为 +2.2～+30.2‰，均值为 +9.21±6.58‰，$\delta^{18}O—NO_3^-$ 值变化范围为 –25.92～+46.51‰，均值为 –4.04±9.74‰。结合图 7.7 和土地利用类型，发现 $\delta^{15}N—NO_3^-$ 和 $\delta^{18}O—NO_3^-$ 值有从中游到下游沿河流方向增大的趋势，同时也表现出由农业用地向工业用地区、城镇居民有地区增大的趋势，这与邢萌和刘卫国（2008）对浐河、涝河的研究结果一致。

在天然条件下，浅层地下水的 $\delta^{15}N$ 背景值 ≤+5‰，NO_3^- 浓度背景值为 4.4 mg/L，通常以此来判断地下水是否受到氮污染（王东升，1997）。图 7.7 显示，地下水样品，$\delta^{15}N$ 值为 +2.12‰～+10.52‰，NO_3^- 浓度为 7.49～65.35 mg/L，均受到不同程度的氮污染。其中洪山泉的氮污染最为严重，NO_3^- 浓度达到了 65.35 mg/L，其次为龙子祠泉和广胜寺泉，NO_3^- 浓度依次为 21.27 mg/L、12.62 mg/L，最低的郭庄泉也到达了 7.49 mg/L。经实地勘察发现，洪山泉位于煤矿开采区的附近，在浅水层没有大量开采前，地下含水层是饱水的，处于封闭的原始状态，煤矿的过度开采已经严重破坏了含水层、隔水层、煤层，使

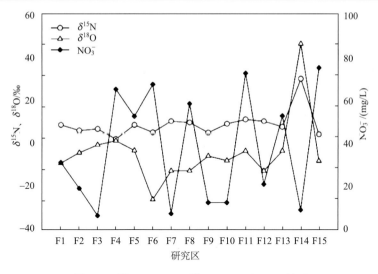

图 7.7 $\delta^{15}N—NO_3^-$、$\delta^{18}O—NO_3^-$ 和 NO_3^- 关系

得空气进入煤层、含水层疏干、隔水层失压，土层处于氧化分解状态，好氧微生物在氧气的作用下，将土壤中的微生物降解，形成硝酸和硝酸盐类，随雨水冲刷进入地下水，从而使 NO_3^- 浓度升高。同时洪山泉地区 $\delta^{15}N—NO_3^-$ 值和 $\delta^{18}O—NO_3^-$ 值相对较低，指示该地区污染氮源不仅有土壤的矿化作用，还有来自煤矿开采过程中快速入渗的污水。广胜寺泉的 $\delta^{15}N—NO_3^-$ 值和 $\delta^{18}O—NO_3^-$ 值较低，且 NO_3^- 浓度也较低，指示该地区的污染氮源主要来自土壤的矿化作用。龙子祠泉和郭庄泉的 $\delta^{15}N—NO_3^-$ 值和 $\delta^{18}O—NO_3^-$ 值落在动物粪便 $\delta^{15}N$、$\delta^{18}O$ 的典型值域（图 7.8），但 NO_3^- 浓度处于中等偏低水平，说明有明显的反硝化作用存在，指示这些地区周围的人畜活动已经严重地影响了该地区的地下水质。

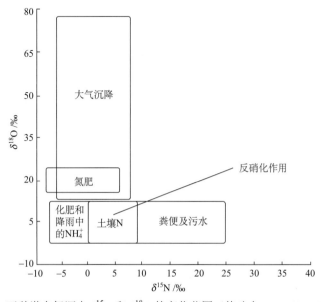

图 7.8 五种潜在氮源中 $\delta^{15}N$ 和 $\delta^{18}O$ 的变化范围（修改自 Kendall et al., 2007）

通常情况下，如果环境中无大量的氨氮，则矿化作用和硝化作用不明显，在这个过程中产生的 $\delta^{15}N$ 和 $\delta^{18}O$ 的同位素分馏效应较小，可认为与反应初始物中的 $\delta^{15}N$ 和 $\delta^{18}O$ 值一致（Kendall et al., 2007）。在所有地表水样品中，除浍河断面氨氮偏高外，其余样品中，氨氮值均较低，可认为样品中无明显的同位素分馏效应，$\delta^{15}N$ 和 $\delta^{18}O$ 值即可指示地表水中硝酸盐污染源来源。在反硝化作用过程中，厌氧微生物利用硝酸盐作为电子受体，将硝酸盐氧化脱氮，生成氨氮。该反应选择性地利用硝酸盐，较轻的 $^{14}NO_3^-$ 往往成为电子受体，从而使 $^{15}NO_3^-$ 富集，在该过程中，$\delta^{15}N$ 和 $\delta^{18}O$ 以接近 2:1 的比例同步变化。浍河断面 $\delta^{15}N—NO_3^-$ 值、$\delta^{18}O—NO_3^-$ 值和氨氮在所测样品中均最高，分别为+30.21‰、+46.51‰和 10.72 mg/L，而硝酸盐仅 9.27 mg/L，说明在该地区，由于位于城镇生活区，造成河水严重污染，同时水流缓慢，溶解氧偏低，反硝化作用明显。汾河义棠断面、霍州断面、柴庄断面和河津断面处于汾河中下游流域农业聚集区和工业聚集区，均呈现出 $\delta^{15}N—NO_3^-$ 值和 $\delta^{18}O—NO_3^-$ 值偏低，而 $NO_3^-—N$ 偏高的特征，指示这些地区的硝酸盐污染源来源于农业化肥的施用、废弃物和生活工业污水的共同污染。

7.3.6 水体污染过程的化学信号甄别

2011～2015 年沿汾河流向，分别于汾河干流、支流以及地下泉水出露点开展取样工作（图 7.9）。河水水样在河道中心 30 cm 深度处进行采样，地下水样取深井采样。采样过程中，水样均须过滤，滤膜采用 0.45 μm 孔径醋酸纤维滤膜；样品瓶为 1 L，须用水样清洗 5 次才能用于盛装样品。带回实验室的水样应该采用 parafilm 密封，并置于 4 ℃环境下保存。现场对 pH、溶解氧（DO）、化学需氧量（COD）、盐度使用 GDYS-201M 多参数水质分析仪进行测定。

1）水化学特征分析

由图 7.10 得知汾河流域的阴离子主要为 HCO_3^-，水体中 SO_4^{2-}、Cl^-的含量较低；阳离子中 Ca^{2+}含量较高，洪安涧河、浍河采样点 Mg^{2+}占有较大比重，Na^+、K^+含量总体较低。干流河水各数据点分布比较集中，差异较小；地下水的数据分布点较为集中，阴离子中 SO_4^{2-} 和 Cl^-的含量有所上升，阳离子的比例与干流河水的比例相似；支流河水的数据点与干流河水和地下水相比较为分散，阴离子 SO_4^{2-}、Cl^- 的平均含量最高，而 Ca^{2+}、Mg^{2+}所占阳离子的比重在三种水体中最高。

流经碳酸盐岩地区的河流 HCO_3^- 含量最高，因此汾河流域各采样点的阴离子分布都集中在 HCO_3^- 的高值处，表明该流域以 HCO_3^- 为主导，由于测得的 CO_3^{2-} 含量极少，所以忽略 CO_3^{2-} 所占比重，将 $HCO_3^-+CO_3^{2-}$ 一侧视为 HCO_3^-。汾河流域干流河水的阴离子集中分布在（$HCO_3^-+CO_3^{2-}$）-SO_4^{2-} 线上、靠近 $HCO_3^-+CO_3^{2-}$ 一端、远离 Cl^-，说明干流河水阴离子中 HCO_3^- 含量最高，各项数值按平均值计算，HCO_3^- 含量占阴离子总量的比重为 84.5%，其次为 SO_4^{2-} 占 9.2%，Cl^-占 6.1%。干流河水的阳离子分布较为分散，Ca^{2+}为主要离子。干流河水的数据点大多处于在 Ca^{2+}-Mg^{2+}线上，接近 Mg^{2+}一侧，说明 Na^++K^+

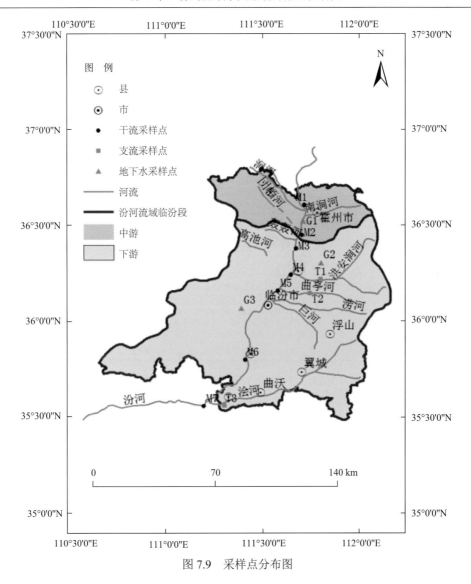

图 7.9　采样点分布图

含量低。数据点远离 Na⁺+K⁺线，说明 Ca²⁺含量高，为绝对优势阳离子。在阳离子总量中，Ca^{2+} 占 50.4%，Mg^{2+} 占 17.0%。干流的水化学类型为 HCO_3^--Ca^{2+}型。

　　洪安涧河、曲亭河、浍河三个支流河水的阴离子分布不集中，部分样点在 HCO_3^--SO_4^{2-} 线上靠近 HCO_3^- 的一端，但距 Cl^- 远近不同。部分样点处于靠近中间位置，说明 HCO_3^- 与 SO_4^{2-} 含量差值小，距 Cl^- 较远说明 HCO_3^- 的含量少；距 HCO_3^- 较近，说明 HCO_3^- 与 SO_4^{2-} 含量差值大，距 Cl^- 较近说明 HCO_3^- 含量高。绝对优势阴离子为 HCO_3^-，占阴离子总量的 66.3%，SO_4^{2-} 占 26.1%。图 7.10 显示洪安涧河、曲亭河、浍河阳离子差异明显：洪安涧河、浍河采样点位于（Na⁺+K⁺）-Mg^{2+}线上靠近 Mg^{2+} 的一端，说明 Ca^{2+} 含量高，距 Ca^{2+}线很远，说明 Mg^{2+}含量高，Na⁺+K⁺含量低；曲亭河位于（Na⁺+K⁺）-Mg^{2+}线上靠近 Mg^{2+} 的一端，距 Ca^{2+}线较近，说明 Ca^{2+} 含量高，Mg^{2+}含量较低，Na⁺+K⁺含量相对较高。支流河水中 Ca^{2+} 是绝对优势阳离子，占阳离子总量的 42.6%，其次为 Mg^{2+}，占 34.3%。由此可知每条河流的水化学类型不同：洪安涧河和浍河水均为 HCO_3^--SO_4^{2-}-Mg^{2+} 型，曲亭河水为 HCO_3^--Ca^{2+} 型。

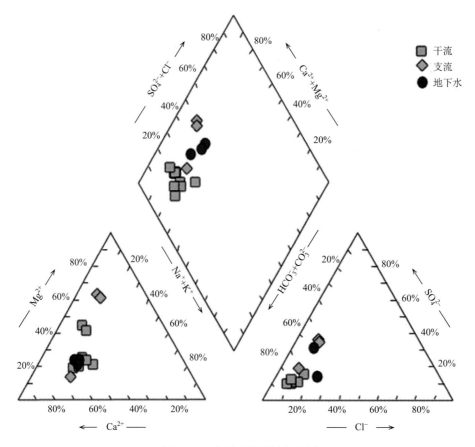

图 7.10　　水体水化学特征分析

地下水采样点的阴离子位置较为分散，但均分布在（HCO_3^-+CO_3^{2-}）-SO_4^{2-} 线上。数据点靠近 HCO_3^-+CO_3^{2-}，说明 Cl^- 的含量总体较低，所占比重的范围为 7.8%～14.3%；距 Cl^- 较远一端的数据点代表了该点 HCO_3^- 含量较低，相反则表明该数据点的 HCO_3^- 含量高。总体来说，HCO_3^- 仍为地下水样中的绝对优势阴离子，根据各项离子的平均数来算，HCO_3^- 占阴离子总量的 67.9%，SO_4^{2-} 占阴离子总量的 20.5%。郭庄泉、霍泉、龙祠泉水中阳离子比较集中，均位于（Na^++K^+）-Ca^{2+} 线上且距 Ca^{2+} 端近，表明所选取的地下水样中 Mg^{2+} 含量较少；数据点距 Mg^{2+} 一侧较近，说明 Na^++K^+ 含量低、Ca^{2+} 含量高。按各项平均值来算，Ca^{2+} 占阳离子总量的 57.7%，是绝对优势阳离子，其次为 Na^++K^+，Mg^{2+} 所占比值最少。由此得出地下水水化学类型均为 HCO_3^--Ca^{2+} 型。

由图 7.11（a）可知流域内数据点均分布于左中部的虚线框内，TDS 含量为 300～900 mg/L，$Cl^-/(Cl^-$+$HCO_3^-)$ 值为 0～0.2，说明流域内阴离子含量主要由岩石风化控制。

干流水样的数据点分布不集中，包括了 TDS 的最低值和较高值，但 $Cl^-/(Cl^-+HCO_3^-)$ 总体最低，说明 Cl^- 含量少、HCO_3^- 含量多；支流水样的数据点集中分布于 TDS 含量为 800 mg/L 左右、$Cl^-/(Cl^-+HCO_3^-)$ 在 0.1 左右的范围内；流域内地下水水样的数据点多在 TDS 含量为 1000 mg/L、$Cl^-/(Cl^-+HCO_3^-)$ 为 0.1~0.2 的范围内。由图 7.11(b)可知流域内采样点均位于中部偏左的虚线框内，TDS 含量为 300~900 mg/L，$Na^+/(Na^++Ca^{2+})$ 值为 0.1~0.4，说明水体阳离子含量主要受岩石风化的影响。干流水样的数据点在横轴上总体偏左，$Na^+/(Na^++Ca^{2+})$ 为 0~0.1，纵轴上跨度最大，TDS 含量的范围为 300~900 mg/L；支流水样的数据点位于虚线框中部，TDS 在 800 mg/L 上下，$Cl^-/(Cl^-+HCO_3^-)$ 在 0.3 左右；地下水水样的数据点分布集中，TDS 含量在 1000 mg/L 上下，$Cl^-/(Cl^-+HCO_3^-)$ 值为 0.2~0.3。

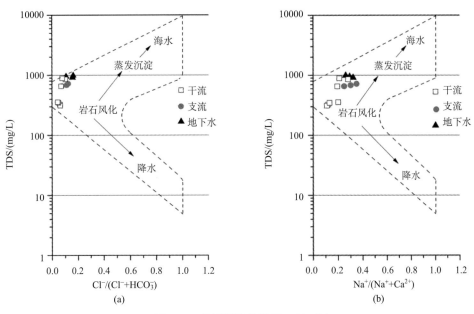

图 7.11　汾河流域临汾段 Gibbs 图

　　水体中 $2(Mg^{2+}+Ca^{2+})/(Na^++K^+)$ 浓度比值的平均值为 5.1，远高于世界河流的平均值，且所选取采样点皆高于 2.2，说明该流域主要受碳酸盐岩风化的影响；各采样点的比值在世界平均值上进行波动，没有较大的增长趋势，显示了流域内水体水化学离子的组成成分所受影响十分稳定，同时呈弱碱性的水体说明大量的 CO_3^{2-} 水解成 HCO_3^- 和 OH^-，揭示了水体中 CO_3^{2-} 少而 HCO_3^- 含量最多的原因。此外通过将研究区水样与三大岩类 $Mg^{2+}/Na^+-Ca^{2+}/Na^+$ 及 $HCO_3^-/Na^+-Ca^{2+}/Na^+$ 的关系比较(图 7.12)可看出，各数值点的分布比较接近碳酸盐岩，同时部分数据点阴离子距硅酸盐岩比较近，说明该段流域的水体主要受碳酸盐岩风化的影响，阴离子的分布则可能是由于人为因素的影响或硅酸盐岩对阴离子起到一定的作用而产生的。总之，这两种方式均证明了该区域风化的主要类型是碳酸盐岩风化。各支流水体、地下水均位于等值线上方，这些地区人类活动频繁，取样点周围的土地利用类型为工业用地，包括造纸、酿造、煤炭、化工等企业，可能存在废水排放不达标或偷排废水的情况；或为生活用地，而临汾市除了市区、侯马市的生活污水是经过处理达标后排放的之外，其余几个县市的生活用水均未经处理即排放到河流中，因此增加了水体中 Cl⁻ 的浓度。因此 Na⁺、K⁺、Cl⁻ 的其他来源可能为人类排放到河流中的废水，揭示了汾河干流受人类活动的影响较大，即汾河流域临汾段水体中 Na⁺、K⁺、Cl⁻ 主要来源于蒸发岩的风化作用与人类活动。

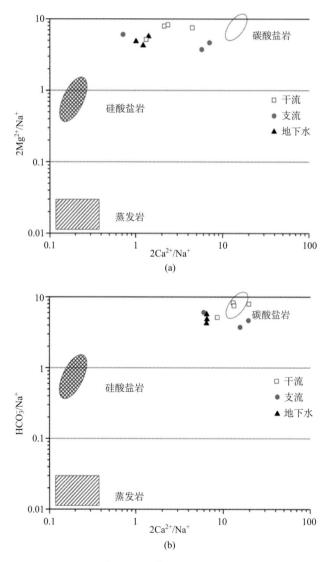

图 7.12　汾河流域临汾段 2Mg²⁺/Na⁺-2Ca²⁺/Na⁺ 及 HCO₃⁻/Na⁺-2Ca²⁺/Na⁺ 摩尔比关系图

2）空间变化分析

汾河流域干流河水整体呈弱碱性，pH 变化范围为 7.3～8.0；TDS 含量变化范围为 312.1～888.4 mg/L，平均值为 534.0 mg/L；溶解氧含量在 4.9～6.3 mg/L 范围内变化，平均值为 5.9 mg/L, 与支流水和地下水相比数值较大；COD 变化范围为 41.7～50.7 mg/L, 最大值在霍州桥下、郭庄泉附近采样点处测得；盐度变化范围为 0.22%～0.59%；

汾河流域支流河水整体呈弱碱性, pH 变化范围为 7.4～7.8；TDS 含量变化范围为 658.1～721.5 mg/L, 平均值为 688.0 mg/L；溶解氧含量在 0.038～5.7 mg/L 范围内变化, 平均值为 3.32 mg/L; COD 范围最大, 为 52.5～79.2 mg/L, 最大值位于曲亭河；盐度变化较小, 范围为 0.35%～0.39%。汾河流域地下水整体呈弱碱性, pH 变化范围为 7.3～7.6；TDS 含量变化范围为 912.1～987.2 mg/L, 平均值为 949.1 mg/L；溶解氧含量在 0.023～6.9 mg/L 范围内变化, 平均值为 2.3 mg/L；COD 的变化范围为 35.3～47.8 mg/L；盐度变化范围为 0.38%～0.59%。

该流域上游到下游, 干流水化学组分含量的变化反复, 但阴离子含量总体呈上升趋势, HCO_3^- 变化最为明显, 阳离子中 Na^+、K^+ 的变化趋势较为平缓, Mg^{2+} 变化范围最大, Ca^{2+} 上升趋势最为明显。支流阴离子的含量没有随着流程的增加而升高, 但不同地点变化明显、差异较大, 其中 SO_4^{2-} 变化最大, 范围为 81.1～249.2 mg/L；Ca^{2+} 变化范围较大, 最大值与最小值之差 102.7 mg/L。阳离子比阴离子变化小；Ca^{2+} 最大值与最小值之差为 138.6 mg/L, 变化范围最大；其次为 Mg^{2+}, 变化范围为 23.2～88.5 mg/L；Na^+ 与 K^+ 含量的变化相对较小。地下水中阴阳离子含量的空间变化不明显, 阴离子中变化最大的是 SO_4^{2-}, 变化范围为 81.1～249.2 mg/L；阳离子中 Ca^{2+} 含量为 57.1～195.1 mg/L, 变化最大；其他离子含量走势平稳, 说明汾河流域支流水质类似, 水化学组分的空间差异小。河水随着流程的增加, 水中的 NO_3^- 浓度上升, 污染累积加重。而河流流经地区多为工业用地、农业用地、生活用地, 人类活动频繁, 产生的污染较多, 因而对河流水化学组分的影响也大。该段 TDS 含量和 $Na^+/(Na^++Ca^{2+})$、$Cl^-/(Cl^-+HCO_3^-)$ 的值均有所上升, 总体呈现由左下到右上的布局, 说明该流域的上游水体中水化学组分除了受岩石风化的影响以外, 降雨对各离子的含量也产生影响；中间段河流的影响因素主要为岩石风化；下游河流受岩石风化的影响较大, 但同时蒸发沉淀作用所产生的影响也在加深。支流水体的布局集中分布在岩石风化控制区, 显示其主要影响因素为岩石风化, 同时降雨、蒸发沉淀作用对水体水化学组分的影响不明显。该段流域地下水的数据点分布在 TDS 为 1000 mg/L 的虚线框边缘地区, 处于岩石控制向蒸发沉淀作用的过渡地带, 说明地下水离子含量的影响因素为岩石风化, 但蒸发沉淀作用也不容忽视。

在碳酸盐岩风化为主的区域, 主要的阴阳离子分别为 HCO_3^-、SO_4^{2-}、Ca^{2+}、Mg^{2+}, 将阴阳离子分别相加后作比, 根据电子守恒原则, 其比值接近于 1。由于河流阳离子中 Ca^{2+}、Mg^{2+} 含量较多, 所携带的正电荷往往大于 HCO_3^- 所携带的负电荷, 因此 $2(Ca^{2+}+Mg^{2+})/HCO_3^-$ 的值大于 1, 除去含量较少的 Cl^- 和不稳定的 CO_3^{2-} 外, 需要水体中较为常见的 SO_4^{2-} 进行平衡。H_2CO_3 可以风化碳酸盐岩, H_2SO_4 也可以风化碳酸盐岩, 当风化碳酸盐岩的物质为 H_2SO_4 时, 水体中 SO_4^{2-} 的离子含量会增加, 来平衡比 HCO_3^- 多的正电荷, 因此风化碳酸盐岩会增加河流水体的 Ca^{2+}、Mg^{2+} 与 SO_4^{2-}。人类活动也会产生较多的 SO_4^{2-}, 如工业燃煤产生的废气、硫化物的氧化、矿山酸性废水、大气沉降、石膏溶解等。通过对测得数据分析可知，流经农业用地较多的干流水体中SO_4^{2-}含量较少，但随流程的增加数值变大；流经县市（多为生活用地）的支流水体中SO_4^{2-}含量较高；地下水的SO_4^{2-}含量最高。究其原因得知，地下水周围土地的利用类型或为工业用地，燃煤量较大，大气沉降产生了不容忽视的作用；或为商业用地、生活用地，人类日常生活产生的废水、废渣对地下水的水化学组分产生了影响。

7.4　结论

在水文地质和土地利用格局的基础上，结合水化学和氮氧同位素示踪分析技术，对汾河流域矿区水体污染过程进行研究，得出如下结论。

（1）综合水质指数呈现出从中游向下游增大的趋势，在义棠断面达到峰值17.3。洪山泉属Ⅱ类水质，文峪河水库、广胜寺泉、龙子祠泉、郭庄泉属Ⅲ类水质，占总样品数的33.3%。义棠断面、霍州断面、赵城断面、曲亭河、柴庄断面、浍河以及河津断面属于劣Ⅴ类、黑臭级别，占总样品数的46.7%，工农业生产活动以及居民生活污水的排放已经严重影响了汾河水质。在整个汾河流域矿区水体中，NO_3^-—N是无机氮的主要存在形式，NO_2^-—N的浓度变化不大，并保持在较低的范围内，整体也呈现出从中游向下游增大的趋势，且在DO值偏低的断面，均有高NH_4^+—N低NO_3^-—N的特点，说明由于水质污染严重，水中溶解氧降低，NO_3^-—N在厌氧微生物作用下，经反硝化作用转化为NH_4^+—N，该现象在浍河断面最为明显。汾河流域矿区地下水、地表水、雨水三水循环明显，在山前地下水和矿区地下水中，发生明显的硝化作用。

（2）样品的$\delta^{15}N$—NO_3^-值为+2.2‰～+30.2‰，均值为+9.21‰±6.58‰，$\delta^{18}O$—NO_3^-值为–25.92‰～+46.51‰，均值为–4.04‰±9.74‰，表现出由中游到下游沿河流方向增大、由农业用地向工业用地区、城镇居民有地区增大的趋势。地下水样品中，洪山泉主要氮源为土壤矿化和煤矿的开采污水，广胜寺泉主要氮源为山前岩石的矿化作用，龙子祠泉、郭庄泉主要氮源为动物粪便；中上游的潇河水库、昌源河水库和文峪河水库的氮源来自于土壤、岩石的矿化作用以及大气中的氮；下游义棠断面、霍州断面、柴庄断面、河津断面的氮源为农业化肥和粪肥的施用、废弃物以及生活工业污水的共同污染；浍河断面氮源主要是动物粪便和大气降雨中的硝酸盐，在该段河道中，有明显的反硝化作用发现，故$\delta^{15}N$和$\delta^{18}O$偏高。

7.5　本章小结

利用硝酸盐中N、O同位素的方法，揭示地下水中N循环过程，示踪硝酸盐的来源，具有广泛的应用前景，结合近年来的研究进展，未来的研究可以重视以下几个方面。

（1）对现有的研究成果加以整理分析，通过归纳全球范围内各种水文条件下的实验数据，并进行统计学处理，确定常见的硝酸盐污染源，并总结出行之有效的防治方法；

总结出普遍适用的地下水 N 循环过程的规律，以期更好地为生态环境的恢复治理服务。

（2）加强包气带中硝酸盐的迁移转化研究。包气带（vadosezone）是指位于地球表面以下，潜水面以上的地质介质，是大气水、地表水和地下水发生联系并进行水分交换的地带，它是岩土颗粒、水、空气三者同时存在的一个复杂系统。Barkle 等（2007）指出包气带作为广义的地下水系统的一部分，必须对其降解硝酸盐的能力进行研究。包气带是水循环的必经途径，氮源的一个重要的储备库，但目前有关氮同位素在其中的空间分布、迁移模式和转化方式的研究还比较鲜见。由于地下水超采，地下水水位下降导致大规模的次生包气带，如我国华北一些地方的次生包气带已经达到近百米，为污染物的积累提供了场所，势必改变了原有的硝酸盐迁移模式，这也是我们需要加强研究的方向。

（3）多同位素技术，除了同时使用 N、O 同位素外，联合使用其他的，如 C、S 等同位素，结合水化学方法的分析，更好地解释测试结果。

（4）水文地质-地球化学模型，在均一的土层或岩层中，地下水中硝酸盐的 N、O 同位素组成一般与多种因素有关，其地球化学演化程度是滞留时间的函数，即水文地质单元的地形和湿度的函数。通常，N 循环过程中，由于反硝化作用，会出现一些地球化学方面的特征，如水中的溶解氧消失，出现 Mn^{2+}、Fe^{2+}。通过建立并完善水文地质-地球化学模型，结合多同位素技术，得出更加准确的结论。

参 考 文 献

安乐生, 赵全升, 刘贯群. 2010. 代表性水质评价方法的比较研究. 中国环境监测, 26(5):47～51

蔡鹤生, 刘存富, 周爱国, 等. 2002. 饮用水 NO_3^- 污染与食管癌发病率及死亡率相关性探讨——以河南省林州安阳地区为例. 地质科技情报, 21(1): 91～94

曹亚澄, 孙国庆, 施书莲. 1993. 土壤中不同含氮组分的 $\delta^{15}N$ 质谱测定法. 土壤通报, (2):87～90

陈法锦, 李学辉, 贾国东. 2007. 氮氧同位素在河流硝酸盐研究中的应用. 地球科学进展, 22(12): 1251～1257

邓林, 曹玉清, 王文科. 2007. 地下水 NO_3^- 氮与氧同位素研究进展. 地球科学进展, 22(7): 716～724

董悦安, 沈照理, 钟佐. 1999. 菜田施肥(化肥)对地下水氮污染影响的实验研究. 地球科学——中国地质大学学报, 24(1): 101～104

范堆相. 2005. 以科技进步推动山西水利现代化建设. 山西水土保持科技, (1): 1

高月英, 靳伟林. 1991. 石家庄市地下水水质评价及保护研究报告. 石家庄: 河北省环境水文地质总站, 21～46

焦成鹏, 杨素更, 赵荣翠, 等. 1992. 地下水中氮同位素组成及其应用研究. 地质行业基金资助项目报告 (89018)

李东坡, 武志杰. 2008. 化学肥料的土壤生态环境效应. 应用生态学报, 19(5): 1158～1165

李思亮, 刘丛强, 肖化云, 等. 2005. $\delta^{15}N$ 在贵阳地下水氮污染来源和转化过程中的辨识应用. 地球化学, 34(3): 257～262

李彦茹, 刘玉兰. 1996. 东陵区地下水中三氮污染及原因分析. 环境保护科学, 8(1): 17～22

刘昌明, 何希吾. 1998. 中国 21 世纪水问题方略. 北京: 科学出版社, 1～213

刘昌明, 何希吾, 任鸿遵. 1996. 中国水问题研究. 北京: 气象出版社, 1～223

刘君, 陈宗宇. 2009. 利用稳定同位素追踪石家庄市地下水中的硝酸盐来源. 环境科学, 30(6): 1062～1067

吕忠贵, 杨圆. 1997. 浅析氮、磷化肥的使用及对农业生态环境的污染. 农业环境与发展, 14(3): 30～34

邱汉学, 刘贯群, 焦超颖. 1997. 三氮循环与地下水污染——以辛店地区为例. 青岛海洋大学报, 27(3): 533～538

邵益生, 纪杉. 1993. 水土环境中的氮同位素分馏机理. 中国同位素水文地质学之进展(1988-1993)第二届全国同位素水文地质方法学术讨论会论文集. 天津:天津大学出版社.

汪智军, 杨平恒. 2009. 基于 ^{15}N 同位素示踪技术的地下河硝态氮来源时空变化特征分析. 环境科学, 30(12): 3548～3553

王东升. 1997. 氮同位素比(^{15}N/^{14}N)在地下水氮污染研究中的应用基础. 地球学报, 18(2): 220～223

吴登定, 姜月华, 贾军远, 等. 2006. 运用氮、氧同位素技术判别常州地区地下水氮污染源. 水文地质工程地质, 3: 11～15

肖化云, 刘丛强. 2001. 水样氮同位素分析预处理方法的研究现状与进展. 岩矿测试, 20(2): 125～130

肖化云, 刘丛强. 2002. 水样硝酸盐氮同位素分析预处理方法探讨. 岩矿测试, 21(2): 105～108

邢萌, 刘卫国. 2008. 西安浐河、灞河硝酸盐氮同位素特征及污染源示踪探讨. 地球学报, 29(6): 783～788

徐春英, 李玉中, 郝卫平. 2012. 反硝化细菌法结合痕量气体分析仪/同位素比质谱仪分析水体硝酸盐氮同位素组成. 分析化学, 40(9): 1360～1365

徐海蓉, 徐耀初. 2002. 饮食因素与胃癌关系的流行病学研究近况. 中国肿瘤, 11(2): 81～83

徐文彬. 1999. 全球 N_2O 的氮氧同位素年释放量及各类源相对贡献率初步分析. 地质地球化学, 27(3):81～85

杨文献. 1999. 林州食管癌高发现场的防止战略与对策研究. 中国肿瘤, 8(9): 390～392

杨琰, 蔡鹤生, 刘存富, 周爱国. 2004. NO_3^- 中 ^{15}N 和 ^{18}O 同位素新技术在岩溶地区地下水氮污染研究中的应用——以河南林州食管癌高发区研究为例. 中国岩溶, 23(3): 206～212

叶本法, 徐耀初, 周敬澄, 等. 1996. 食管癌现场可疑病因和致病因素的预防研究. 南京医科大学学报, 16(3): 228～232

尹德忠, 肖应凯, 逯海. 2001. 正热电离质谱同时测定硝酸盐中氮和氧同位素组成. 盐湖研究, 9(3):17～22

袁利娟, 庞忠和. 2010. 地下水硝酸盐污染的同位素研究进展. 水文地质工程地质, 37(2): 108～112

张翠云, 郭秀红. 2005. 氮同位素技术的应用: 土壤有机氮作为地下水硝酸盐污染源的条件分析. 地球化学, 34(5): 533～539

张翠云, 王昭, 程旭学. 2004a. 张掖市地下水硝酸盐污染源的氮同位素研究. 干旱区资源与环境, 18(1): 79～84

张翠云, 张胜, 李政红, 等. 2004b. 利用氮同位素技术识别石家庄市地下水硝酸盐污染源. 地球科学进展, 19(2): 183～191

张东, 杨伟, 赵建立. 2012. 氮同位素控制下黄河及其主要支流硝酸盐来源分析. 生态与农村环境学报, 28(6): 622～627

张宗祜, 沈照理, 薛禹群, 等. 2000. 华北平原地下水环境演化. 北京: 地质出版社, 108～126

周爱国, 蔡鹤生, 刘存富. 2001. 硝酸盐中 δ^{15}N 和 δ^{18}O 的测试新技术及其在地下水氮污染防治研究中的进展. 地质科技情报, 20(4): 94～98

周爱国, 陈银琢, 蔡鹤生, 等. 2003. 水环境硝酸盐氮污染研究新方法——^{15}N 和 ^{18}O 相关法. 地球科学——中国地质大学学报, 28(2): 219～223

朱济成. 1995. 关于地下水硝酸盐污染原因的探讨. 北京地质, 2: 20～26

朱琳, 苏小四. 2003. 地下水硝酸盐中氮、氧同位素研究现状及展望. 世界地理, 22(4): 396～403

Angelika N, Michael B. 2011. Isotopes for improved management of nitrate pollution in aqueous resources: review of surface water field studies. Environmental Science and Pollution Research, 18(3): 519～533

Aravena R, Evans M L, Cherry J A. 1993. Stable isotopes of oxygen and nitrogen in source identification of nitrate from septic systems. Groundwater, 31(2): 180~186

Baijjali W, Clark I D, Fritz P. 1997. The artesian thermal groundwaters of northern Jordan: insights into their recharge history and age. Journal of Hydrology, 192(1-4):355~382

Barkle G, Clough T, Stenger R. 2007. Denitrification capacity in the vadose zone at three sites in the Lake Taupo cachment New Zealand. Australian Journal of Soil Research, 45(2): 91~99

Boettcher J, Strebe l O, Voerkelius S, et al. 1990. Using isotope fractionation of nitrate-nitrogen and nitrate-oxygen for evaluation of microbial identification in a sandy aquifer. Journal of Hydrology(Amsterdam), 114(3): 413~424

Chen J, Tang C Y, Sakura S, Shen Y J. 2003. Nitrate pollution in groundwater in the lower reach of the Yellow River case study in Shandong Province, China. Geo-Environment, 11(12): 281~289

Choi W J, Lee S M, Ro H M. 2003. Evaluation of contamination sources of groundwater NO_3^- using nitrogen isotope data: A review. Geosciences Journal, 7(1): 81~87

Deyon E N, Homles R M. 2001. A bacterial method for the nitrogen Isotopic analysis of nitrate in seawater and fresh water. Analytical Chemistry, 73(17): 4145~4153

Edwards A P. 1973. Isotopic tracer techniques for identification of sources of nitrate pollution. Journal of Environmental Quality, 2(3): 382~388

Freyer H D. 1991. Seasonal variation of $^{15}N/^{14}N$ rations in atmospheric nitrate species. Tellus, 43B: 30~44

Kamor S C, Anderson H W. 1993. Nitrogen isotopes as indicators of nitrate sources in minnesota sand-plain aquifers. Ground Water, 31(2): 260~270

Kendall C, Grim E. 1990. Combustion tube method for measurement of nitrogen isotope rations using calcium oxide for total removal of carbon dioxide and water. Analytica Chimica, Acta, 62: 526~529

Kendall C, Elliott E M, Wankel S D, 2007. Tracing anthropogenic inputs of nitrogen to ecosystems. Stable isotopes in ecology and environmental science, 2: 375~449

Kohl D H, Shearer G B. 1971. Fertilizer nitrogen: contribution to nitrate in surface water in a corn belt watershed. Science, 174: 1331~1334

Mariotti A, Landreau A, Simon B. 1988. ^{15}N isotope biogeochemistry and natural identification process in groundwater: application to the chalk aquifer of northern France. Geochem. Cosmochem. Acta, 52: 1869~1878

Mariotti A, Letolle R, 1977. Application de letude isotopique de lazote en hydrologie et en hydrogeology analyse de resultants obtenus surun exemple précis : Le Bassin de Melarchez(Seine-et-Marne , France). Journal of Hydrology, 33: 157~172(in France)

Mayer B, Wasseaar L. 2012. Isotopic characterization of nitrate sources and transformations in lake winnipeg and its contributing rivers, Manitoba, Canada. Journal of Great Lakes Research, 38(Supply): 135~146

Onsoy Y S, Harter T, Ginn T R, et al. 2005. Spatial variability and transport of nitrate in a deep alluvial vadose zone. Vadose Zone Journal, 4(1): 41~54

Ostrom N E, Knoke K E, Hedin L O, et al. 1998. Temporal trends in nitrogen isotope values of nitrate leaching from an agricultural soil. Chemical Geology, 146(2): 219~227

Pardo L H, Kendall C, Pett-Ridge J, Chang C Y. 2004. Evaluating the source of streamwater nitrate using $\delta^{15}N$ and $\delta^{18}O$ in nitrate in two watersheds in New Hampshire, USA. Hydrological Processes, 18(14): 2699~2712

Park J H, Mitchell M J, McHale P J, Christopher S F, Meyers T P. 2003. Impacts of changing climate and atmospheric deposition on N and S drainage losses from a forested watershed of the Adirondack Mountains, New York State. Global Change Biology, 10(2): 1602～1619

Showers W J, Genna B, Mcdade T, et al. 2008. Fountain nitrate contamination in groundwater on an urbanized dairy farm. Environmental Science & Technology, 42(13):4683～4688

Silva S R, Kendall C, Wilkison D H , et al. 2000. A new method for collection of nitrate from fresh water and the analysis of nitrogen and oxygen isotope rations. Journal of Hydrology, 228: 22～26

Urey H C. 1947. The thermodynamic properties of isotopic substances. Quarterly Journal of the Chemical Society of London, 562:562～81

Vengosh A, Barth S, Heumann K G, Eisenhut S. 1999. Boron isotopic composition of freshwater lakes from Central Europe and possible contamination sources. Acta Hydrochimica et Hydrobiologica, 27(6): 416～421

Vitousek P W, Aber J D, Howarth R W, et al. 1997. Human alteration of the global nitrogen cycle: sources and consequences. Ecological Applications, 7(3): 737～750

Wassenaar L I. 1995. Evaluation of the origin and fate of nitrate in the abbots ford aquifer using the isotopes of ^{15}N and ^{18}O in NO_3^-. Applied Geochemistry, 10(4): 391～405

第8章　汾河流域水资源承载力研究

随着社会的高速发展，人类对水资源的利用强度和需求量持续上升，在对各种淡水资源开发利用的同时，人们对水体也造成了相应的破坏，使得淡水资源的供应大大减少，水环境的恶化导致了严重的环境问题和生态灾难，使水资源供给与社会经济发展的矛盾日益激化，尤其是在干旱、半干旱地区，水资源已经成为生态环境与社会经济协调发展的主要限制因子，从而严重制约了区域经济的发展和社会稳定。水资源承载力研究的目的是解决水资源承载负荷或负荷期望值之间的矛盾，提出增强水资源承载力途径与措施。

全球气候变化、生态环境破坏、社会经济发展等全球性问题的不断凸显使得水资源相关方面的研究已经逐渐摆脱了单纯的水文研究，而是与生态环境问题、全球变化问题、可持续发展以及社会经济紧密结合，水资源问题的研究已成为一个涉及不同学科、交叉特征明显、综合性突出的研究热点。水资源承载力涉及了水资源、社会、经济、环境等因素，且满足区域可持续发展原则，因此，水资源承载力的研究有助于认清水资源数量、质量及其动态变化，对全面把握社会经济的规模、结构及发展态势，保障生态系统健康稳定发展意义重大。

汾河流域矿区水资源遭受着采矿活动影响破坏、过度开采及污染浪费等多重压力，打破了生态环境的良性循环，制约了社会经济的发展（孙英兰等，2008）。认清汾河流域矿区的水资源承载力，科学合理地利用有限水资源已迫在眉睫。水资源承载力涉及水资源、社会、经济、环境等许多因素，各个因素之间又存在着复杂的关系，是一个不断发展的多层次复杂巨系统（李靖、周考德，2009）。近年来，水资源问题越发受到社会的重视，许多学者对资源与环境承载力的概念进行扩展和完善后，提出了水资源承载力的概念（Small et al.，1998；Andrew，1999）。水资源承载力概念的提出，使承载力的研究更加注重生态系统的稳定性、完整性以及协调性（向芸芸、蒙吉军，2012）。干旱、半干旱地区经济发展的主要限制因素是水资源（Green and Hamilton，2000），对水资源承载力大小的研究，有助于正确认识研究区水资源数量、质量及其动态变化，对全面把握社会经济的规模、结构及发展态势，保障生态系统健康稳定发展意义重大（蒋晓辉、黄强，2001；陈乐天等，2009；付爱红等，2009）。

本章基于对汾河流域典型矿区古交市水文、生态、社会、经济的调查分析，构建水资源承载力量化模型，对研究区 2000 年、2010 年、2020 年和 2030 年的水资源承载力水平进行评价预测。研究以期对汾河流域类似地区的水资源管理与水效益提高提供科学依据与参考（Aryafar et al.，2013）。

8.1　研究动态

8.1.1　水资源承载力概述

水资源承载力（Water Resource Carrying Capacity，WRCC）是承载力概念与水资源领域的自然结合，是我国学者提出并较多使用的概念。自 20 世纪 80 年代末以来，许多学者开始对水资源承载力进行研究，但至今仍未形成系统、科学的理论体系对于水资源承载力概念的理解和表述，许多学者根据自己的研究和理解，给出了水资源承载力的定义。

20 世纪 80 年代初，联合国教科文组织（UNESCO）提出了"资源承载力"的概念："一个国家或地区的资源承载力是指在可以预见到的期间内，利用本地能源及其自然资源和智力、技术等条件，在保证符合其社会文化准则的物质生活水平条件下，该国家或地区能持续供养的人口数量。"1989 年新疆水资源软科学课题研究组在"新疆水资源及其承载能力和开发战略对策"一文中提出的水资源承载能力的基本依据是可开发利用水量，在生态环境用水满足的情况下，水资源所能支撑的工农业最大产值和人口规模。施雅风和曲耀光（1992）认为水资源承载能力是指在一定社会历史和科学技术发展阶段，在不破坏社会系统和生态系统的情况下，某一地区的水资源最大可承载（容纳）的农业、工业、城市规模和人口的能力，是一个随着社会、经济、科学技术发展而变化的综合目标。许有鹏（1993）提出：水资源承载能力一般是指在一定的技术经济水平和社会生产条件下，水资源可最大供给工农业生产、人民生活和生态环境保护等用水的能力，即水资源最大开发容量，在这个容量下水资源可以自然循环和更新，并不断地被人们利用，造福于人类，同时不会造成环境恶化。阮本清和沈晋（1998）对水资源承载力的定义为：在未来不同的时间尺度上，一定生产条件下，在保证正常的社会文化准则物质生活条件下，一定区域（自身水资源量）用直接或间接方式表现的资源所能持续供养的人口数量。冯尚友和傅春（1999）给出的水资源承载力的定义是：在一定区域内、在一定物质生活水平下，水资源所能够持续供给当代人和后代人需要的规模和能力。何希吾（2000）将水资源承载力定义为：一个流域、一个地区或一个国家，在不同阶段的社会经济和技术条件下，在水资源合理开发利用的前提下，当地天然水资源能够维系和支撑的人口、经济和环境规模总量。惠泱河等（2001）将水资源承载力理解为：某一地区的水资源在某一具体历史发展阶段下，以可预见的技术、经济和社会发展水平为依据，以可持续发展为原则，以维护生态环境良性循环发展为条件，经过合理优化配置，对该地区社会经济发展的最大支撑能力。冯耀龙等（2003）给出定义：一定时期，在某种环境状态下（现状的或拟定的），以可预见的技术、经济和社会发展水平为依据，以可持续发展为原则，以维护生态环境良性发展为条件，在水资源得到充分合理开发利用下，区域水资源对该区域人类社会经济活动支持能力的阈值。

国家"九五"科技攻关"西北地区水资源合理配置与承载能力研究"项目大纲定义水资源承载能力为"在某一具体的历史发展阶段下，以可以预见的技术、经济和社会发展水平为依据,以可持续发展为原则,以维护生态环境良性发展为条件,经过合理的优化配置,水资源对该地区社会经济发展的最大支撑能力。"有关水资源承载力的研究虽然已经取得了一定的成果,但水资源承载力尚未得出一个统一的、公认的定义。水资源承载力具有动态性和区域性两个属性,在满足生态系统的稳定和可持续发展的前提下,水资源承载力是主体(区域水资源)对客体(人类社会经济系统和生态环境系统)的支持规模,支持的规模越大,表示该区域的水资源承载力越大(曾晨等,2011)。

8.1.2　水资源承载力研究进展

20 世纪 70 年代后,随着社会经济的快速发展,人口、经济、资源与环境等全球性问题接连出现,国内外学者对其相关关系进行不断研究,在此基础上,水环境承载力、水资源承载力、水生态承载力的研究应运而生。水资源承载力的相关研究经历了从理论到实践的不断发展的过程,但迄今为止,水资源承载力的研究仍未形成科学的、系统的理论体系,甚至都没有一个明确的、统一的定义被学术界所公认。国内外许多学者根据自己的研究和理解,从不同角度对水资源承载力进行了阐述。

1. 国外研究进展

为分析某一历史发展情况下资源与环境对人类社会经济发展的可承载强度,国外学者结合可持续发展理论对人口、环境与资源的各个方面进行了研究,并采用相应的方法和模型对资源环境与社会经济协调发展问题进行了探讨。土地是水资源等大多数重要资源所依附的载体,而土地本身就是最基础的自然资源,因此,相当长一段时间内,国际上对资源承载力所开展的研究都集中于土地及重要自然资源方面。最早关于资源承载力的研究可追溯到 1921 年,帕克和伯吉斯在其研究中给出了承载力的概念,他们指出,可以将区域内的食物资源作为该地区人口承载力的判定依据。20 世纪 70 年代后,人口激增、资源短缺、环境污染等问题日益严重,在人口与资源的双重压力下,以促进人口与资源协调发展为目的而展开的研究逐渐兴起。Millington 和 Gifford(1973)考虑到资源对人口数量有一定的限制,选取土地、水、大气等资源作为约束条件,运用多目标决策分析方法对澳大利亚的土地资源承载力开展了相应的计算与讨论,在此基础上对几种社会发展策略及其相应发展前景进行了分析;随后,联合国粮农组织在探究发展中国家土地具有的潜在人口支持能力时也对承载力的相关方面进行了研究,其意义在于分析发展中国家的土地资源对其人口的承载能力,该研究率先提出了一种对农业规划与人口发展进行综合探究的方法,即农业生态区域法,对于研究土地承载力提供了一种新方法,研究综合利用气候和土地的生产潜力,得出土地实际可用于农业生产的潜力,并结合社会经济水平和对土地生产的投入来评价人口、资源及社会发展间的相互关系。随着资源承载力研究的继续深入,到 20 世纪 80 年代初,联合国教科文组织(UNESCO)出资设计并开发了 ECCO 模型,率先将承载力由静态研究转为动态预测。该模型是由英国学者所提出的估算承载力的综合资源计量法,综合考虑了人口、资源、生态环境和社会发展间的相互关系，可以对不同发展情况下人口波动与承载力间的动态关系进行模拟。ECCO模型将可持续发展和承载力相融合，对社会长期发展规划的制定提供了一种极为有效的方法，并成功地应用于一些发展中国家所面临的水资源承载力问题。随着计算机技术的发展和承载力研究的继续拓展，各种数理方法逐渐应用到了承载力研究中，极大提高了研究的精确度并促使研究向定量化方向发展。

　　资源承载力研究的核心问题就是使社会经济发展与自然资源消耗达到协调发展的状态，其关键在于如何科学合理地配置和使用现有的自然资源，将自然资源承载强度严格控制在其允许范围内。生态承载力扩展并融合了资源承载力、环境承载力，不仅将其研究对象从单要素分析转变为多要素综合分析，而且在研究方法上也有了很大的创新，通过结合数学方法和模型，利用 RS、GIS 等技术，使承载力的研究方法越来越偏于定量化，研究结果也越加精确。生态承载力是由学者 Holling 最早提出来的，他所定义的生态承载力为"生态系统在抵抗外部干扰时，维持其原有生态结构、生态功能和相对稳定性的能力"，为生态承载力的后续研究奠定了基础。国外对于生态承载力研究的方法及模型众多，不同方法和模型都具有其优缺点及适用性。Lieth 和 Whittaker（1975）提出的植被净第一性生产力模型可以对生态承载力大小进行间接度量，给生态承载力提供了一种新的研究方法。20 世纪 90 年代初，生态经济学家 William 及其研究生 Wackernagel 基于土地面积量化指标提出了"生态足迹"（ Ecological Footprint），结合可持续发展程度度量的方法，对全球生态承载力进行了研究，使得承载力的相关研究由通过单一要素对生态系统进行研究逐渐转变为对生态系统整体的研究，生态足迹法对于分析人类需求是否超出生态系统的可承载范围提供了一种简单但非常实用的算法。随着生态承载力研究的不断深入，早期的简单计算模型结合了计算机技术也逐渐变为更加精确且定量化的系统动力学、层次分析模型等方法。McLeod（1997）运用不同方法和模型对生态承载力进行分析后得出，这些研究方法和模型模拟无法避免环境特征的不确定性及复杂性，因此不可用于资源利用强度的动态变化，只能适用于特定的、变化较小的短期系统。

　　进入 20 世纪 90 年代以来，水环境恶化和水资源短缺已成为制约可持续发展的重要因素，作为可持续发展的基础性课题，水环境承载力、水资源承载力以及水生态承载力问题的研究受到学者的广泛关注，逐渐成为水资源研究领域的重点与热点问题。Catton（1986）对环境承载力进行了定义，随后许多学者在相关研究的基础上将其引申并提出了生态承载力的概念。

　　对于水资源承载力的研究，国际上大都将其与可持续发展理论结合，很少进行单独的研究，通常将其作为衡量可持续发展的标准。可持续发展的基本目标就是保护生态环境免遭破坏，实现社会经济与资源、环境承载力的协调发展。对于水资源承载力的研究主要包括城市水资源承载力和农业水资源承载力方面。Joardor（1998）从供水角度出发，分析研究了城市水资源承载力，并将其归入城市发展规划之中。Rijsberman 等（2000）在城市水资源评价与管理体系中将水资源承载力认为是衡量城市水资源安全保障的标准。Harris 和 Scott（1999）将农业生产区域的水资源农业承载力作为重点进行了研究，并将其认为是衡量区域发展潜力的一项指标,记入城市发展规划中。除此之外,Falkenmark 和 Lundqvist（1998）就发展中国家面临的水资源问题,运用数学计算的方法对水资源的可承载限度进行了研究。

水环境承载力和水资源承载力都认识到了要以可持续发展为基础,实现资源、环境与人类社会协调发展,但对整个生态系统及生态因子关注较少。水生态承载力有机结合了水资源承载力、水环境承载力及生态承载力,涉及水生态、水资源、社会、经济、环境等许多因素,是一个持续发展的多层次复杂系统。水生态承载力的研究综合体现了水体的资源属性和环境价值,同时也从水生态角度测度了自然生态系统对人类社会经济的承载能力。

2. 国内研究进展

国内对水资源承载力研究始于 20 世纪 80 年代。新疆水资源软科学课题组于 20 世纪 80 年代在新疆地区率先开展了水资源承载力研究并提出有效的开发利用对策,为随后国内水资源承载力的研究奠定了基础。研究指出判定水资源承载能力的基本依据是可利用水资源量,在优先保障生态用水的情况下,水资源所能支撑的最大限度的工农业生产规模和人口规模。20 世纪 90 年代末国内有关区域水资源承载力的相关研究不断开展,其侧重点主要是城市、区域及流域的水资源承载力,取得了丰硕的科研成果。之后,许多学者对水资源承载力与水环境承载力进行扩展和完善后,提出了水生态承载力的概念,不再是单纯地、静态地研究与水资源相关的单因素影响,而是从整个生态系统的角度对水生态承载力的情况进行研究。

城市人口集中、产业活动密集,属于高强度资源消耗及环境污染区域,其水资源承载力不同于区域及流域,城市中工业用水和生活用水比例较高,而农业用水相对较少。随着城市建设步伐的不断加快,大量农村人口涌入城市,导致城市水资源的供需关系越加紧张,严重阻碍了工业发展和城市化进程。面对急需解决的水资源承载力问题,国内学者综合了不同学科及研究领域的相关知识,并对现有理论方法予以改进创新提出了更加完善的模型和方法。冯耀龙等（2003）对水资源承载力的内涵进行了界定,提出"最大可承载人口"的综合指标,在此基础上利用系统优化法构建了水资源承载力模型,并利用该模型计算了天津市水资源可承载的人口规模及现状水资源承载状况。左其亭（2005）以水资源优化配置和水资源承载力概念为基础构建了三个层次的优化配置模型,对不同层次的模型给出了表达式并作了比较。依据计算得出的郑州市水资源承载力结果,结合构建的水资源优化配置模型给出该地区各年份的水资源优化配置结果。同年,他又提出了研究城市水环境承载力问题的模型:"控制目标反推模型"（COIM 模型）。余卫东等（2003）根据黄土高原地区的社会经济发展水平及河津市的实际情况,综合运用模糊综合评价法预测了不同方案下河津市今后 50 年的水资源供需量,并提出了加强水利工程建设、优化工农业发展结构、建造节水型城市等措施,此外,该研究还从水资源的各个方面计算和预测了河津市的生态环境需水量,对于水资源承载力的进一步研究意义重大。李艳红等（2008）从供水、需水和社会经济等影响水资源承载力的因素中选择了 7 个主要指标对新疆三个主要绿洲城市水资源承载力进行分析，发现这些地区存在水资源开发规模小、开发程度低、利用率不高等问题，并在法律法规、产业结构、环境意识等方面给出相应对策。城市水生态承载力评价研究对于城市的可持续发展和生态文明建设有重要的意义，其主要目的是保证城市经济的长期稳定发展，协调人口、资源与环境三者间的相互关系，为实现水资源的合理利用提供科学依据。

为提高城市特别是矿业城市的水资源利用率和承载力水平，运用合理的方法对矿区水质进行评价意义重大。由于煤炭资源大多与水资源处于同一地质体中，煤炭的开采必然对水资源产生破坏和污染作用，同时还会改变水资源在地表和地下的流场，从而引起矿业城市水资源短缺，造成经济发展严重受阻。曹永健（2010）运用模糊综合评价法对晋城矿区的水资源承载力做了研究，指出其处于中等，同时由于矿区诸多行业对于水质的要求不高，因而，通过废水回收对于提高水资源承载力有显著的效果。李建华等（2012）以东北某个资源枯竭矿区为研究对象，基于其自然、社会、经济等方面的资料并结合 GIS 软件，选用模糊综合评价法对矿区的生态环境质量进行分级，结果表明，其生态环境质量基本处于中等水平，结果与实际相符，表明该法的有效性和可行性。

根据国内学者研究可知，我国许多城市都存在水资源过量开采、水资源承载力下降的问题，尤其在干旱、半干旱地区，城市普遍存在水资源开发程度低、利用效率低、节水措施落后以及污水回用率低等问题，可见对于城市水资源承载力的研究不仅具有很强的理论意义，而且极具实际意义。为打造"蓝天碧水"型城市，在探究水生态承载力时，需充分考虑城市自然生态系统的生态需水量，实现生态环境与社会经济协调发展。

近年来，国家越来越重视流域水资源的开发、保护和管理。因此，在对城市水生态承载力进行研究的同时，不少学者开始转向基于流域水生态系统的水资源承载力研究。国内对于流域水资源承载力相关方面作了较多研究，施雅风和曲耀光（1992）在新疆乌鲁木齐河流域开展了研究，运用常规趋势法对该区域的水资源承载力进行了深入分析和研究，得出某一地区的水资源最大可承载的工农业生产和人口规模，是与该地区社会经济及科学技术水平息息相关的。夏军等（2004）依据可持续发展原则，在多因素关联分析的基础上，提出生态环境承载力量化模型，并用该模型分析了不同方案下海河流域环境承载力的动态变化。研究认为，海河流域水生态环境问题可通过提高流域可供水水平及用水效率来解决；段青春等（2010）从"社会经济-水资源-生态、环境"综合因素的角度分析了节水措施与水资源承载力的关系，并且提出了符合区域可持续发展原则，可实现生态、环境与经济社会的协调发展的水资源承载力的定义。得出在对水资源与社会经济协调发展中要对节水措施对水资源承载力的影响给予重视，并运用提出的水资源承载力的计算思路，对辽河流域的水资源承载力进行分析计算。同时，在流域水资源承载力研究过程中，评价指标体系的建立依然是目前急需解决的问题之一，惠泱河等（2001）在对水资源承载力及水资源承载力影响因素深入理解的基础上，建立水资源承载力相关评价指标体系，并给出指标体系的评价方法。运用该方法对国家重点经济开发区关中地区展开研究，分析提高水资源承载力不同方案的优缺点，得出促进关中地区可持续发展的水资源利用及配置的最优方案。城市及流域水资源承载能力的高低不仅仅与水资源量有关，更关键的决定因素来自社会经济方面，因此，借助经济技术水平的发展，提升水资源的利用效率、减少水源的污染、合理调控水资源等方法减少对其的依赖程度，减少因利用率不高、水污染等导致的过度用水和水质型缺水等问题。

3. 承载力研究方法进展

水资源承载力的研究方法大体可概括为定性和定量两种：定性评价法即定性评价区域水资源是否超出允许的开发利用量，定量评价法则通过建立适当的模型或方法，计算某一区域内水资源对于该地区人口和社会经济的可承载规模，开展水资源承载力研究的关键在于参照不同流域的水资源及社会经济状况并结合构建的评价指标体系来确定相应的研究方法。常用的方法及模型有多目标优化模型法、主成分分析法、系统动力学法。

中国水利水电科学研究院于 1997 年将多目标决策分析法用于华北地区水资源承载力评价中。之后，多目标方法逐渐成为探究水资源优化配置时的常用方法之一。徐中民和程国栋（2000）以黑河流域为研究区，借助多目标决策分析技术对其水资源承载力进行研究后指出在分析研究水资源承载力时要将生态环境用水放在首位进行考虑；马金珠等（2005）采用多目标层次分析模型法对西北干旱区民勤县的水资源承载力进行研究分析，预测 20 年内该地区的水资源承载力状况，并提出相应的改善措施及方案。2011 年李新等建立了洱海流域水环境承载力的多目标优化模型，选取多种承载力指标，并运用层次分析法分析不同指标对研究区水环境承载力权重。根据得出的水环境承载力结果给出该区域可持续发展的建议。在水生态承载力的相关研究中，许多学者对多目标决策分析法进行了相应的改进，在此基础上提出了新的计算方法，使该研究方法日臻完善。王顺久等（2003）综合目标满意度以及目标总体的协调度提出了多目标交互式决策方法，该方法可以有效避免传统方法的各评价因素权重人为确定的任意性，并且用多目标决策的实例分析对该方法的可行性进行了验证。孙月峰等（2009）从生态环境需水和水质方面进行考虑，基于可持续发展理论，提出了混合退火算法，为多目标分析提供了新的算法，同时为水资源优化配置提供了较好的解决方案。

通过借助数理统计方法和 SPSS 统计分析软件，主成分分析法也逐渐成为一种常用的水资源承载力的分析方法，它可以在保障数据信息最大保留的情况下，通过降维的方法，将多目标问题转化为单个的指标形式，极大程度地降低了人的主观随意性。傅湘和纪昌明（1999）对陕西平坝区水资源承载力展开研究，并将主成分分析法的研究结果与模糊综合评判法的研究结果进行比对分析，进一步论证了主成分分析法的客观性。许朗等（2011）基于主成分分析法，从时间和空间两方面对江苏省水资源承载力进行了研究，得出经济发展水平是影响该地区水资源承载力最主要的因子，需在满足区域可持续发展原则的前提下合理开发地下水资源，并通过提高水资源利用率的措施来最大限度地发挥水资源潜力。

随着计算机技术的不断发展，将计算机模拟作为主要技术手段来研究系统的动态复杂性的系统动力学模型法被许多学者用于水资源承载力的研究中。该方法将计算机模拟作为主要技术手段来研究系统的动态复杂性，更注重将系统结构作为一个整体来考虑，对所研究的系统中各组成要素间的相互关系进行解析和定量分析，通过计算机模拟系统的组成结构、变化等情况，进而表明系统的变化和整体动态原理的基本机制。其主旨是借助计算机进行真实系统模型的构建，并对系统结构及功能进行分析。高彦春和刘昌明（1996）基于系统动力学模型和多目标综合评价，筛选出陕西汉中平坝区水资源最佳开发方案及相应政策；陈冰等（2000）同样采用系统动力学模型对柴达木盆地的水资源承载力状况进行了分析，预测了该区域水资源可承载的人口规模，提出了水资源开发利用的不足之处并给出经济与环境协调发展的最佳方案；李靖和周孝德（2009）将系统动力学模型与隶属度相结合，综合运用构建的水生态承载力系统动力学模型，采用动态系统反馈模拟评价了叶尔羌河流域不同方案下的水生态承载力，结合最优方案给出提高该流域水生态承载力各项措施。系统动力学的优点在于它可以充分考虑系统相关因素间的关系，构造出系统相应的动态模型，根据目标区域的规划方案，并结合管理者及决策者的知识和经验，再辅以计算机模拟，以便可以从更高层次获取事物发展的趋势，适合对系统的结构及其动态行为进行分析。但系统动力学方法在模拟长期发展状况时的参变量难以掌握，容易产生谬误，因而系统动力学模型多用于模拟预测事件的中短期发展。

与水环境承载力和水资源承载力相比，水生态承载力更加重视了生态系统的生命性，它遵循可持续发展原则，从整个生态系统的角度出发来探究承载力状况，而不再是单纯地、静态地研究与水资源有关的单因素的影响。高吉喜（2001）在《可持续发展理论探索——生态承载力理论，方法与应用》一书中详细叙述了生态承载力与可持续发展之间的相互关系，在此基础上对生态承载力的内涵及其研究方法等进行了论述，他认为，资源承载力是生态承载力的基础条件，环境承载力是生态承载力的约束条件，生态弹性力则是生态承载力的支持条件；曾晨等（2011）在总结相关研究的基础上，对水资源承载力、水环境承载力、生态承载力和流域水生态承载力进行了综合分析，并对四者的区别和联系作了进一步探讨，分析得出目前流域水生态承载力研究尚处于初级阶段，在未来的理论发展和模型研究中必须以人类社会和生态环境的协调发展为目的。

8.1.3　水资源承载力的研究方向

目前，国内外应用于水资源承载力研究的方法较多。系统动力学法（Forrester，1961）由于参变量的控制问题更适用于短中期研究；主成分分析法适用于同一时间不同地区的研究；多目标决策或规划法只注重整体最优，且建模和求解较难；背景分析法和常规趋势法更多注重单因素的分析，忽略了各因子之间的联系（段春青等，2010）；多目标优化模型法能够充分考虑水资源与人口、社会和经济因素间的动态联系，多目标优化模型法最为符合水资源承载力的定义，对于水资源承载力能够给出直观量度，追求在环境影响最小的情况下产生的经济效益最大，符合区域可持续发展原则；模糊综合评价法是指通过模糊数学的方法对各主要影响因素进行单因子分析,再通过各因素的权重集和评判矩阵综合得出评价结果(孙英兰等,2008;段春青等,2010),该结果简单直观,能比较真实而全面地反映研究区长期的水资源承载力情况(Han et al.,2010)。该法在技术方法上主要结合 IAHP 法、AHP 法、Delphi 法、灰色关联分析法和 3S 技术等。在区域上主要涉及西北干旱地区的阿克苏河(张占江等,2008)和玛纳斯河(凌红波等,2010)等流域尺度;中国西北新青陕甘宁五省等大区域尺度(刘佳骏等,2011;惠泱河等,2001;朱一中等,2003,工学全等,2005);乌鲁木齐、石河子、克拉玛依(李艳红等,2008)、兰州市(Gong and Jin,2009)、河津市(闵庆文等,2004)和长武县(张青峰等,2010)等县市尺度。针对汾河流域矿区水资源承载力的研究较少,对矿区的水资源承载力水平的认识还很模糊。

水资源承载力的研究还没有统一的方法,不同的研究者对水资源承载力的认识不同、研究思路不同、采取的方法也各不相同,因而导致研究的结果可能存在一定的偏差。总体看来,承载力的研究方法已从过去的单一指标、静态分析发展到了系统多指标、动态综合分析,具体量化方法及其优缺点见表 8.1。

表 8.1　水资源承载力研究方法对比

	方法	含义	优点	缺点
经验估算法	背景分析法	在某一历史阶段内条件较为相似的两个或多个区域的实际情况,推算对比区域可能的水资源承载力	操作简单方便	割裂了资源、社会、经济和环境之间的联系
	趋势分析法	根据可利用水量,保证生态、生活、生产用水量的前提下,预测区域最大可支撑经济和人口的数量	运算简便显示直观	忽略了各承载因子之间的关系
指标体系评价法	综合指标法	采用统计方法,选择单项或多项指标反映水资源现状或阈值	直观简便	深度、精度不够具体
	模糊综合评价法	用模糊数学对多种因素制约的事物和现象做出总体评价	克服了评价指标间相互独立的局限性	评价因素越多,遗失的有用信息也越多
	主成分分析法	利用数理统计方法对系统中的各种因素进行相关性分析,转化为少数几个综合指标	避免了模糊评价方法中人为确定评价权重的主观因素	主成分是多维目标的单指标复合形式,物理意义不明确
复杂系统分析法	系统动力学法	把社会经济、资源环境在内的大量复杂因子作为一个整体进行动态计算	分析速度快、模型构造简单、可以使用非线性方程	描述系统内在关系方程参数的微小波动,可造成长期分析结果的荒谬
	多目标分析法	将研究区域作为一个整体系统,用数学约束进行描述,通过数学规划分析系统在追求目标最大情况下各要素的状态	追求整体最优	求解技术不成熟
	动态模拟递推法	借助计算机,通过计算水的动态供需平衡来反映水资源承载能力的状态和人口、经济发展最大支持规模	可对模拟参数或结构进行有目的的调整	尚无相关的实践及应用

　　综合所述的量化方法，可以看出目前水资源承载力的研究主要可以分为两类。一类是从分析水资源承载力系统中的现象入手构建指标体系，采用某种评价方法与评价标准比较，从而评价得出水资源的承载能力，即"最大支撑能力"，主要方法如模糊评价法、主成分分析法等，这一类方法往往局限于水资源承载力系统中各个因素的表象上，并没有深入研究彼此之间的关系，而且在指标体系、评价标准和评价方法的选择上主观性较大，评价结果因人而异，因此最终结果只能用于定性判断。

　　另一类从水资源承载力系统中各个因素的相互作用关系入手，构建数学方程模拟各个因素的发展，并通过不同变量将这些数学方程耦合成水资源承载力量化模型，计算得出水资源承载力，即"最大支撑规模"，主要的方法如常规趋势法、系统动力学法、多目标综合分析法等。这一类方法在探索各个因素的相互作用关系上有所突破，但并没有水循环理论作支撑，理论基础还有待进一步拓展。必须深入分析水资源在自然和社会中的循环转化规律，将水资源作为纽带贯穿整个水资源承载力的研究体系中，最终从本质上探明水资源承载力复杂系统中水资源、社会经济和生态与环境等各个因素之间的互动关系。

　　当前水资源承载力的计算方法很多，但大都存在不同程度的不足，由于水资源系统自身的复杂性、随机性和模糊性以及影响水资源承载力因素的多方面性、多层次性等，因此对水资源承载力的准确评价还有待进一步的研究。

　　通过分析国内外文献的研究，水资源承载力研究的趋势或方向主要包括以下几个方面。

　　（1）加强对水资源承载能力基础理论研究。

　　目前，虽然已经公认两者之间具有相互联结的关系，可持续发展是目标，资源、环境是可持续发展的支撑，这种描述过于宏观，不够具体。因此，仍需加强对水资源承载能力基础理论研究，深入剖析两者之间的关系，以给水资源承载能力研究寻找新思路、新方法，找出水资源的最大承载能力，为国家决策、规划、计划和社会协调发展提供科学依据。

　　（2）加强生态需水量的研究。

　　我国的降水资源总量为 60000 亿 m^3，其中相当大的一部分是用于植被（包括人工林）蒸腾，土壤、地表自由水面和地下水的蒸发，水体对污染物的自然净化，以及为维持水沙平衡及水盐平衡而必需的入海水量等，这部分生态需水量在水资源丰富的湿润地区并不构成问题，而在水资源短缺的干旱、半干旱地区及季节性干旱的亚湿润地区，生态环境需水量却意义重大，必须保证。因此，为了实现可持续发展的目标，水资源承载能力研究必须以"维护生态环境良性发展为条件"。

　　现阶段生态需水的概念还未得到统一，其研究主体不明确，在实际应用中存在不同的理解，诸多学者根据研究对象的具体情况，对其进行界定，出现不同的定义，如生态用水、生态耗水、生态缺水、生态储水、环境需水及生态环境需水等。这些概念与生态需水并不等同，属于不同层次上的概念。

（3）亟待建立与完善公认的、适合区域特点的承载能力指标体系。

目前国内外研究者根据各自对可持续发展内涵的理解以及各自研究区域的特点，建立了不少可持续发展的指标或指标体系和判据，但水资源承载能力指标体系较少，更谈不上公认的指标体系，在这些指标体系中，研究者为了尽可能地体现可持续发展思想，往往在承载能力指标体系中，设置大量的指标，这样既不能保证"以可持续发展为原则"，又模糊了水资源承载能力的概念。这样极大地限制了水资源承载能力研究的系统性和规范性，阻碍了水资源承载能力研究的深入开展，亟待建立与完善公认的、适合区域特点的体现可持续发展思想的承载能力指标体系。

（4）研究继续由静态分析向动态模拟化方向发展，并日趋模式化、模型化。

早期的承载能力研究主要采用静态的研究方法，以土地资源承载能力为例，静态研究方法主要是估算人口承载力的上限值，以大量的实际所获得的单因子数据为依据，把人口作为外生变量，不考虑人口对农业生产的反馈作用和集约化农业所要求的投入水平，所得结果有一定的参考价值，且所用资料少，计算方便易行。但静态研究方法无法反映承载力随时间的变动情况，极大限制了这些方法的运用。因此，为了加强水资源承载能力研究的科学性与实用性，必须加强水资源承载能力的动态模拟研究，必须建立一套能刻画问题本质、技术上可行、科学上有依据，而且能反映承载问题多元性、非线性、动态性、多重反馈等特征的模型，从而实现对水资源承载能力的估算和动态变化过程的预测。

（5）加强交叉综合研究，以系统的观点研究水资源与其他资源的综合承载能力。单纯研究水资源的承载能力，忽视其他资源对人类社会经济系统的支撑作用，对于某些地区，尤其是干旱地区，虽然抓住了问题的主要方面，但不可避免地有其局限性，介于各种资源之间的相互广义的替代性（指各资源之间可以通过一种资源的数量和质量优势在一定程度上弥补另一种资源在数量或质量上的劣势），以系统的观点，研究水资源与国土资源、矿藏资源、森林资源等的综合承载能力将是今后承载力研究的方向和趋势。

（6）急需引入新思路、新方法、新技术。

在计量分析手段上，动态模拟技术、系统动力学方法外，多因子分析、投入-产出分析、资金劳动力生产函数、人口迁移矩阵及马尔可夫过程都将成为主力军。现代技术，如遥感（RS）、地理信息系统（GIS）等都将应用到水资源承载能力研究中。遥感手段可以提供快速准确的信息，地理信息系统可以对空间进行分析，因此，成熟的模型分析和遥感、地理信息系统方法相结合的分析方法将对水资源承载能力研究提供更准确、更深入、更全面的定量的研究成果。

8.2　方法原理

研究区水资源作为水资源承载力的承载体，其承载对象是研究区与水相关联的自然环境和社会系统。研究区水资源承载力主要由以下三个因素决定的：研究区水资源的赋存状况、开发利用研究区水资源的能力和研究区的用水结构以及用水水平。

8.2.1　水资源赋存状况

水资源开发利用潜力 W_t：

$$W_t = (W_{t1}, W_{t2}, \cdots, W_{tn}) \tag{8.1}$$

式中，W_{ti} 为研究区 t 时期第 i（$i=1,2,\cdots,n$）种水资源总量，万 m^3；n 为研究区内水资源种类总数。

用开发利用率 α_t 表示研究区水资源的开发利用程度：

$$\alpha_t = (a_{t1}, a_{t2}, \cdots, a_m) \tag{8.2}$$

式中，α_{ti}（$i=1,2,\cdots,n$）为研究区水资源的开发利用度因子，表示研究区 t 时期对于第 i 种水资源的最大可开发利用水平。

8.2.2　用水结构和用水水平

研究区用水结构和用水水平主要体现在两个方面，一是水资源在生态环境和社会经济系统不同用水对象间的分配；二是不同用水对象对于所分配的水资源的利用水平。研究区用水对象主要考虑生态环境用水、生活用水、工业用水以及农业用水。用配水系数来表示不同水资源元素在四类用水中的分配比例：

$$\beta_t^k = \begin{bmatrix} \beta_{t11}^k & \beta_{t12}^k & \cdots & \beta_{t1m}^k \\ \beta_{k21}^k & \beta_{t22}^k & \cdots & \beta_{t2m}^k \\ \vdots & \vdots & & \vdots \\ \beta_{tn1}^k & \beta_{tn2}^k & \cdots & \beta_{tnm}^k \end{bmatrix} \tag{8.3}$$

式中，β_t^k 为 t 时期的配水系数矩阵，代表研究区的某种（k）配水方案；矩阵元素 β_{tij}^k 为研究区水资源的配水系数，即分配给第 j 个用水对象的水资源中，第 i 种水资源所占的比例。通过配水系数矩阵可以对不同承载对象所分配到的水资源进行量化。

研究区 t 时期社会经济系统中有 m 个用水对象与水资源相关联，则令 U_{Wt} 矩阵为研究区单位水资源量对各个用水对象的支持能力，即

$$U_{Wt} = \begin{bmatrix} U_{Wt11} & U_{Wt12} & \cdots & U_{Wt1m} \\ U_{Wt21} & U_{Wt22} & \cdots & U_{Wt2m} \\ \vdots & \vdots & & \vdots \\ U_{Wtn1} & U_{Wtn2} & \cdots & U_{Wtnm} \end{bmatrix} \tag{8.4}$$

式中，U_{Wt} 为研究区 t 时期的水资源功效矩阵；水资源功效因子，即上述矩阵元素 U_{Wtij}，表示对于第 j 个用水对象来说，第 i 种水资源所能提供的最大支持能力。

生活用水等同于研究区人均生活用水定额的倒数（人/ m^3）；对农业用水，即为单位水资源量的作物产量（kg/ m^3）；对工业生产用水，即为单方水资源量的工业产值（元/ m^3）。$U_{Wtij} \geqslant 0$，若研究区某种水资源不能支持某用水对象，则相应的 $U_{Wtij} = 0$。水资源承载力指水资源对社会经济系统发展所能提供的最大支持能力，故对某一时期的水资源承载力

进行分析时，U_{Wt}应表示为单位水资源量对研究区各用水对象所能提供的最大支持潜力，该支持潜力建立在充分考虑科学技术水平和节水的基础上，所以它通常应大于或等于现状实际的单位水资源量的支持能力。

根据研究区水资源的开发利用潜力和开发利用程度可得出研究区水资源的可利用量：

$$W_{st} = \sum W_{ti} * a_{ti} \tag{8.5}$$

现实生活中，研究区居民生活和社会经济活动是按特定的结构和比例进行的，所以可利用的水资源不可能全部分给某一个或几个用水对象，而是按照特定比例进行分配的。

分配给不同用水对象的各种水资源量：

$$W_{bt}^k = \begin{bmatrix} W_{bt11}^k & W_{bt12}^k & \cdots & W_{bt1m}^k \\ W_{bt21}^k & W_{bt22}^k & \cdots & W_{bt2m}^k \\ \vdots & \vdots & & \vdots \\ W_{btn1}^k & W_{btn2}^k & \cdots & W_{btnm}^k \end{bmatrix} \tag{8.6}$$

$$W_{bt}^k = \left(W_{bt1}^k, W_{bt2}^k, \cdots, W_{btm}^k \right) \tag{8.7}$$

式中，

$$W_{btij}^k = W_{Sti} * \beta_t^k \tag{8.8}$$

$$W_{bti}^k = \sum_{i=1}^n W_{btij}^k \tag{8.9}$$

那么，研究区各种水资源对所有不同用水对象的支持能力为

$$Z_{Wt}^k = \left(Z_{Wt1}^k, Z_{Wt2}^k, \cdots, Z_{Wtm}^k \right) \tag{8.10}$$

式中，

$$Z_{Wti}^k = \sum_{i=1}^n W_{btij}^k * U_{Wtij} \tag{8.11}$$

通常情况下，研究区某一时期水资源潜在可开发利用总量、开发利用状况及各个用水对象的用水结构和用水水平相对不变。因此，随着配水方案 β_t^k 的不同，研究区水资源对用水对象的支持能力也会发生变化，即不同的配水方案下水资源承载力的状况不同。在充分考虑节水和配水方案最优情况下，区域水资源承载力 C_{Wt} 可表示为

$$C_{Wt} = \underset{k,j}{Opt}\{Z_{Wtij}^k\} \tag{8.12}$$

8.2.3　水资源承载力计算

根据上述分析，C_{Wt} 是数组形式，表示在水资源配置最优情况下研究区水资源对各个用水对象的支持能力。由于研究区水资源对各个用水对象的支持能力不具有可比性，不利于直观判断，也不便对水资源进行优化配置，所以对研究区各种水资源所有不同用水对象的支持能力进行转换。

实际上，满足人类的需求是研究区各用水对象的最终目标，一切与水资源相关的活动都是以人的价值观为出发点来考虑的。人对水资源有各种各样的需求，因此，可以构建一个向量来反映不同方面的人均需求：

$$R = (R_{t1}, R_{t2}, \cdots, R_{tm}) \qquad (8.13)$$

式中，R_{tj} 为研究区 t 时期对 j 方面的人均需求的理想值，它反映了研究区居民的生活水平。

为了对研究区水资源承载力进行更加直观的判断，用水资源可承载的人口数量作为综合指标来反映水资源承载力，这样不仅能直观反映水资源承载力，而且便于对同一研究区不同时期不同阶段或者不同研究区之间的水资源承载力进行分析对比。根据上述分析，求解研究区水资源承载力的问题就可以转化为如何分配可用水资源才能达到可承载人口数量最大的优化问题。

根据上述分析可建立研究区水资源承载力计算模型：

$$\text{OB} \qquad P_{mt} = \max_k \min_j \left(\frac{Z_{Wtj}^k}{R_{tj}} \right)$$

$$\text{ST} \qquad \sum_{j=1}^m \beta_{Wij}^k \leqslant 1.0 \qquad (8.14)$$

$$0 \leqslant \beta_{tij}^i \leqslant 1.0$$

式中，P_{mt} 为 t 时期研究区水资源所能承载人口数量的最大值。

进一步分析可知，上述模型可等价为

$$\text{OB} \qquad P_{mt} = \max_k \min_j \left[\sum_{i=1}^n \frac{\left(W_{ti} a_{ti} \beta_{ti}^k\right) U_{Wtij}}{R_{ti}} \right]$$

$$\text{ST} \qquad \frac{\sum_{i=1}^n \left(W_{ti} a_{ti} \beta_{ti}^k\right) U_{Wtij}}{P_t^k} \geqslant R_{ij}, \ j=1,2,\cdots,m$$

$$\sum_{j=1}^m \left(\frac{P_t^k R_{tj}}{U_{Wti}} \right) \leqslant W_{Sti}, \ i=1,2,\cdots,n \qquad (8.15)$$

$$\sum_{j=1}^m \beta_{tij}^k \leqslant 1.0$$

$$0 \leqslant \beta_{tij}^k \leqslant 1.0$$

式中，P_t^k 为 t 时期相对于第 k 个配水方案对用水对象支持能力的最小值。

对于研究区某一时期来说，假设已经确定 W_t、a_t、U_{Wt}、R_t 这些值，求解 P_{mt} 的过程就是以 β_t^k 作为决策变量的一个线性优化问题。某一时期，当研究区水资源相对短缺时，若想让水资源能支持最大的人口数量，那么约束条件必须取等号。当供水只考虑研究区水资源总量的分配（$i=1$）而不考虑水资源类型的影响，且生态环境用水优先时，得出研究区水资源所能支撑的最大人口数量为

$$P_{mt} = \frac{W_{St} - W_{et}}{\sum\limits_{j=1}^m \dfrac{R_{tj}}{U_{Wtj}}} \qquad (8.16)$$

式中，W_{St} 为研究区水资源可供水量；W_{et} 为生态环境用水量。

8.2.4　水资源承载力评价指标体系

水资源承载力评价指标体系是区域水资源承载力研究的核心内容，建立起一套水资源承载力的评价指标体系，然后根据该指标体系对水资源承载力进行监测、评价和预测等研究。以水资源作为出发点，计算区域水资源所能持续支持的社会规模和经济规模。

水资源承载力评价指标体系可分为目标层、准则层和指标层 3 个层次。从水资源系统、社会系统、经济系统和生态环境系统 4 个目标层，生态需水、植被资源、土地资源、人口承载、水量和水质等 10 个准则层出发，选取单位面积水资源量、植被面积、植被种类和覆盖度、蒸腾蒸散量和生态需水量、土地的沙化率和复垦率、区域的蒸发量、人均GDP、工农业用水定额等 20 多个指标，构建水资源承载力评价指标体系，以实现对未来水资源承载力状况的预测。并以此提出水资源最优化配置方案，从而提高该地区水资源承载力，实现经济效益、社会效益与生态效益最大化。水资源承载力评价指标体系见表 8.2。

表 8.2　水资源承载力评价指标体系

目标层	准则层	指标层
水资源系统	水量	区域降水量
		单位面积水资源量
		水资源开发利用率
		水资源变差系数
	水质	水质达标率
		水污染综合指数
社会系统	人口承载	人口密度
		人口自然增长率
		城/农人口比例
	用水	生活用水定额
		水重复利用率
经济系统	GDP	人均 GDP
		GDP 增长率
	农业用水	农业面积
		农业用水定额
	工业用水	工业比例
		工业用水定额
生态环境系统	植被资源	面积、种类、覆盖度
	土地资源	面积、沙化率、复垦率
	生态需水	蒸发量、蒸腾蒸散量、生态需水量

1. 水资源承载力的三层次分析

根据水资源承载能力的基本概念、内涵和各要素之间的相互关系，提出水资源承载能力"三层次"分析的思想，即水资源承载主体分析、承载客体分析、承载主客体耦合分析三个层次。

第一层次侧重水资源系统的研究，分析评价当地水资源禀赋条件。在统筹考虑生活、生产和生态环境用水的基础上，通过经济合理、技术可行的措施，采用水资源总量中可利用的最大水量。包括地表水可利用量、地下水可开采量、外调水的可利用量和再生水可供水量。

第二层次水资源承载客体分析。水资源所承载的客体主要由社会系统、经济系统和生态环境系统组成，水资源对客体的承载水平包括对人口、经济发展和生态环境的承载水平。随着承载客体自身条件或需求的改变，将对承载主体提出更高的要求，从而使水资源承载能力发生相应的变化，使之相互协调和相互适应。

第三层次水资源承载主客体耦合——水资源合理配置。水资源配置是在确定了可利用水量和各类产业不同发展水平下的需水量后，以满足水资源配置基本原则和要求的方式实现从可利用水量到各类产业用水之间的分配，是连接水资源主体和客体的桥梁。不同的水资源配置结果将产生不同的水资源承载能力，合理的水资源配置结果将产生较高的水资源承载能力值。

1）水资源对人口的承载水平

从社会系统与水资源的宏观关系分析，社会系统中人对水资源的直接消耗和社会发展水平是影响承载能力的主要因素。水资源对人口的承载水平主要体现在生活消费水平上。人类消费水平（人类消费的物品）可概括为两个方面：一是为维持生命延续的食物，以农产品为主，国际上通用的指标是恩格尔系数；二是为维持正常生活的消费品，以工业为主，通常用人均 GDP 反映人民生活的富足程度。

2）水资源对经济发展的承载水平

经济发展水平由行业发展水平和水分生产效率水平构成。行业发展水平是国民经济发展的组成部分，包括工业、农业、建筑业与第三产业及其组成的产业结构水平等内容；水分生产效率指由工程、技术和管理水平决定的用水水平及用水效率，包括相应行业的用水定额与水利用系数等。

3）水资源对生态环境的承载水平

不同地区的生态环境对水资源需求不同。随着生活水平和质量的不断提高，人们所生存的生态环境也要不断地改善，生态环境需水量不断提高。

2. 水资源承载力指标体系建立

1）建立水资源承载力指标体系的原则

在研究和指定指标体系及其评价方法时，一般遵循以下几个原则。

（1）科学性：即指标体系既能反映水资源承载力的内涵，又能较好地度量水资源承载力；

（2）全面性：即指标体系既能全面反映系统的总体特征，又要避免指标之间的重叠；

（3）可操作性：即体系中的指标应具有可测性和可比性，并尽可能简化，数据易于获得；

（4）层次性：基于研究系统的层次性，指标体系应分为若干层次结构，使指标体系合理、清晰。

2）水资源承载力指标体系

要使水资源承载力理论得到更广泛的应用，必须对其进行量化研究。总结前人的研究成果，认为应该建立科学的指标体系，利用数学方法找出影响水资源承载力的因素之间的关系，来对某一段时间内的水资源承载力进行定量分析。发展变量是反映人类活动强度的量，也可以成为社会经济变量；限制变量是反映对人类活动起支持或限制作用的量，是反映水资源资源条件的量，也可以称为环境资源变量。

水资源承载力指标体系从系统上包括以下五部分:水资源系统、工业系统、农业系统、人口系统、水污染系统。由于河流水资源承载力是用以衡量河流流域人类活动、工业、农业与水环境条件协调适配程度的，因此，水资源承载力指标中的所有指标都必须是可以度量的。

由于水资源承载力是建立在河流生态系统完整、水资源持续供给和水环境长期有容纳量的基础上，因此必须考虑生态环境需水量。通过量化模型的求解得到不同策略下的流域的水资源承载力，运用适宜的水资源承载力评价模型评价不同策略下的水资源承载力。最后根据实际情况，研究不同发展策略对水资源承载力的影响，确定出水资源与社会经济协调发展的最佳方案。

8.3　水资源承载力研究

研究区古交市地处 $37°40'6''N \sim 38°8'9''N$，$111°43'8''E \sim 112°21'5''E$ 之间，属于北温带大陆性气候，夏季炎热多暴雨，冬季寒冷少雨，多年平均气温为 8.7 ℃，多年平均降水量为 473.2 mm，从东南向西北递减，时空分布不均，年蒸发量为年降水量的 4.1 倍。位于山西省太原市的西北部，汾河一库和汾河二库、兰村泉域及太原市之间，山地丘陵面积占全区总面积的95.8%,仅有4.2%属于河谷平川,平均海拔1607 km（王秀云,2005）。古交市国土面积为 1584 km^2，2000 年人口为 20.57 万，2010 年人口为 20.53 万。该区煤炭资源丰富，占全省煤炭储量的 5%，煤炭资源分布广泛，占全市面积的 47.6%，以能源、化工为主，经济发展迅速，由山西省统计年鉴，古交市 2000 年工业总产值为 369034 万元，2010 年工业总产值为 417465 万元。

8.3.1　数据来源

本章依据 2000～2010 年《山西省统计年鉴》《山西省水资源公报》《中国水资源供需预测分析》等相关资料，结合试验区野外调查，基于试验区实际情况，对所需数据进行收集整理和分析计算。

基于 30 m 空间分辨率的数字高程模型（DEM）图像，利用 ArcGIS 水文分析模块等功能，生成了流域盆地和集水范围（图 8.1）。汾河从西部的李八沟流入至东侧的一步岩流出进入太原市内，全长约 46 km，南北两侧的狮子河、屯兰川、原平川和大川河等支流呈扇形汇入其中，兼有山地型和夏雨型的特征，该区年平均水资源总量为 16373 万 m³，其中，地表水 9425 万 m³，地下水 8476 万 m³，重复计算量为 1528 万 m³（徐建斌，2004）。

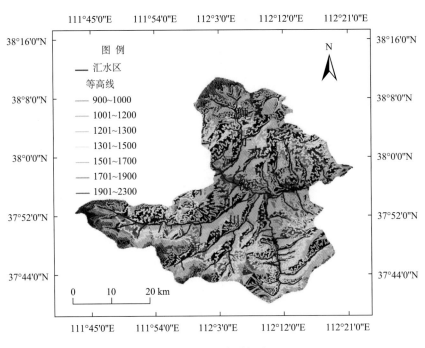

图 8.1　研究区水系与地形

目前，试验区主要有 11 座大煤矿：中央所属的原相矿和大川矿，西山煤电（集团）有限责任公司所属的西曲矿、镇城底矿、马兰矿、东曲矿和屯兰矿，年产过百万吨的嘉乐泉矿和炉峪口矿，以及古交市政府所属的矾石沟矿和石千峰矿等（图 8.2）。

汾河流域典型矿区——古交试验区的煤田主要是石炭、二叠纪煤层，即含煤层覆盖于寒武、奥陶纪的岩溶含水地层之上，因此，采矿活动会破坏地表水和地下水的水力联系导致水资源减少和地下水"矿坑水化"（中国地质科学院岩溶地质研究所），使得试验区面临着资源型缺水和水质型缺水的双重压力，生态不断恶化。研究区分为两大构造地貌单元：东部、北部（灰岩）和西南部（大理岩）以流水侵蚀为主的构造侵蚀类型，中南部以风力剥蚀为主的构造剥蚀类型，地质构造和岩性特征复杂（王秀云，2005），使得地表水和地下水的转化较强烈。据相关研究，目前，受采矿活动的影响，试验区的孔隙地下水开采已达到极限状态，裂隙水已接近枯竭，深层岩溶地下水的水量也出现了衰减，水质不断恶化。

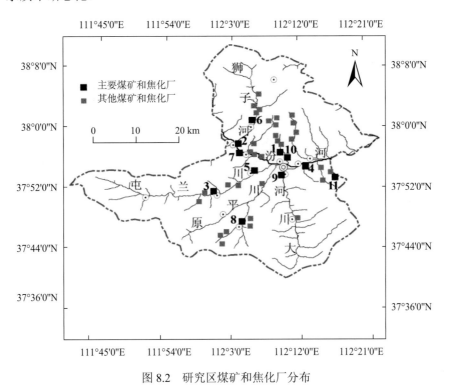

图 8.2　研究区煤矿和焦化厂分布

1. 西曲矿；2. 镇城底矿；3. 马兰矿；4. 东曲矿；5. 屯兰矿；6. 嘉乐泉矿；7. 炉峪口矿；8.原相矿；9. 大川矿；
10. 矾石沟矿；11. 石千峰矿

8.3.2　水资源承载力研究结果

1. 构建关系矩阵 R

设定两个有限集合 $U=\{U_1,U_2,\cdots,U_n\}$，$V=\{V_1,V_2,\cdots,V_n\}$，U 为评判因素集，V 为评语集，R 为模糊评判矩阵：

$$R=\begin{bmatrix} r_{11} & r_{12} & \cdots & r_{1n} \\ r_{21} & r_{22} & \cdots & r_{2n} \\ \cdots & \cdots & \cdots & \cdots \\ r_{m1} & r_{m2} & \cdots & r_{mn} \end{bmatrix} \tag{8.17}$$

式中，r_{ij} 为第 i 个因素对第 j 个等级的隶属度，矩阵中的第 i 行即代表第 i 个因素对应第 j 个等级的单因素评判结果。

2. AHP 法计算权重模糊矩阵 A

层次分析法是围绕决策问题建立一个多因素相互作用的大系统，利用评价因素构成一个多层次结构分析模型，通过确定判别矩阵，求出最大特征值，将特征向量归一化处理得到各因子权重的方法（凌红波等，2010）。首先，运用成对比较法构造判断矩阵 S，其中，x_{ij} 表示 x_i 对 x_j 的相对重要性程度：

$$S = \begin{bmatrix} x_{11} & x_{12} & \cdots & x_{1j} \\ x_{21} & x_{22} & \cdots & x_{2j} \\ \cdots & \cdots & \cdots & \cdots \\ x_{i1} & x_{i2} & \cdots & x_{ij} \end{bmatrix} \tag{8.18}$$

其次，通过 MATLAB 计算判断矩阵 S 的最大特征根值 λ_{max}，并将其对应的特征向量归一化处理后得到各指标的权重；最后，计算一致性指标 $CI=(\lambda_{max}-n)/(n-1)$ 和随机一致性比率 $CR=CI/RI$，检验权重系数分配的合理性，当 $CR<0.1$ 时，表明权重值有效，其中，n 为评价因素的个数，RI 为平均随机一致性指标，通常 1，2，3，4 阶判断矩阵对应的 RI 值分别为 0，0，0.58，0.9。

权重值通过检验后，得到 U 上的模糊子集 A，代表评判因素重要程度的权重系数：

$$A = \{a_1, a_2, \cdots a_n\}, \quad 0 \leqslant a_i \leqslant 1 \quad 且 a_1 + a_2 + \cdots a_m = 1 \tag{8.19}$$

式中，a_i 为第 i 个指标的权重，表示对 A 的隶属度，在一定程度上表示 U_i 评定等级的能力。

3. 综合评判模型

模糊评判公式为

$$B = A \cdot R, \quad B = \{b_1, b_2, \cdots, b_n\}, \quad 0 \leqslant b_j \leqslant 1 \tag{8.20}$$

式中，矩阵 B 是 V 上的模糊子集；b_j 是等级 V_j 对综合评判所得模糊子集 B 的隶属度，代表综合评判的结果。

4. 计算综合评分值

综合评定时，首先将评价因素划分为 j 个等级，同时对每个等级进行打分和赋值，评分值为 c_j，结合矩阵 B 中所得 b_j 的值，按照下面公式对水资源承载力进行综合评分。

$$\alpha = \frac{\sum\limits_{j=1}^{3} b_j^k \cdot c_j}{\sum\limits_{j=1}^{3} b_j^k} \tag{8.21}$$

式中，k 次幂是为突出优势等级的作用而设，通常在半湿润半干旱地区 k 值为 1，最后计算所得的 α 值越大，水资源承载力水平越高，潜力也越大（张占江等，2008；王学全等，2005；孙弘颜等，2007）。

　　水环境系统是一个复杂的大系统,其承载力水平的大小受水资源条件(数量和质量)、社会和经济发展水平(供应和需求)以及维持自然环境正常运转的生态需水量等多层次因素的制约(惠泱河等,2001)。因此,本书以 75%降水保证率(中等干旱年)和常规节水方案为前提,运用构建的水环境评价量化模型对试验区不同水平年(2000 年为基准年,2010 年为近期预测年,2020 年为中期预测年,2030 年为远期预测年)的水资源承载力状况进行评价分析。

1)矿区水文地质分析

　　研究区的煤田主要是石炭纪、二叠纪煤层,即含煤层覆盖于寒武纪、奥陶纪的岩溶含水地层之上,因此,采矿活动会破坏地表水和地下水的水力联系导致水资源减少和地下水"矿坑水化"使得试验区面临着资源型缺水和水质型缺水的双重压力,生态不断恶化。研究区分为两大构造地貌单元:东部、北部(灰岩)和西南部(大理岩)以流水侵蚀为主的构造侵蚀类型;中南部以风力剥蚀为主的构造剥蚀类型,地质构造和岩性特征复杂,使得地表水和地下水的转化较强烈。目前,受采矿活动的影响,试验区的孔隙地下水开采已达到极限状态,裂隙水已接近枯竭,深层岩溶地下水的水量也出现了衰减,水质不断恶化。

2)量化因子的选取计算

　　基于水资源系统的层次性,按照评价指标选取的科学性、可用性、可靠性、整体性(定性和定量)和典型性等原则(刘佳骏等,2011),结合水资源供需分析,考虑典型试验区水资源利用的具体情况,从其水资源条件、社会、经济和生态环境状况 4 个方面出发,选取 9 项评价指标(表 8.3)。其中,在供需水量指标的选取和计算中充分考虑了采矿活动对水环境的影响。主要指标的具体计算方法与过程体现在以下几个方面。

　　(1)人口增长预测:运用趋势外推法,即通过收集长系列的数据得出拟合模型计算。

　　(2)需水量的预测:包括生态需水、生活需水和生产(第一、二、三产业)需水。

　　生态需水量的计算具有实际和长远意义,主要包括河道内(维持河道系统正常运转的生态基流水量)和河道外(城镇河湖、绿地、环境卫生需水量、地下水超采回灌需水量及水土保持需水量等)的生态环境需水量,这里通过资料中不同水平年的合理规划面积和各类用地的生态需水定额计算得出。生活需水的预测通过城乡人口数量及对应的需水定额得出。第一产业(农林牧渔畜业)需水量通过各类用地面积和需水定额得出;第二产业(工业和建筑业)需水量的计算根据实际情况,以煤炭、火电工业的万元产值取水量为主,结合各类工业总产值分区分行业预测得出;第三产业需水量通过预测的产值和需水定额得出。

　　(3)供水量的预测:为保障汾河二库和深层岩溶地下水的水质安全(Cheng and Qian,2010),试验区工矿企业和居民生活所排放的污水必须经达标后再排放和回用,试验区近期和中期规划的地下水开采量将减少，中水利用工程将增多，2020 年之后将有引黄水作为外来水源供给本区，预测年份的供水量数据即根据这些资料综合计算得出。

表 8.3　研究区水资源承载力评价指标体系

评价因素及含义	2000 年	2010 年	2020 年	2030 年
U_1 水资源利用率（%）：可供水资源量/可利用的水资源总量	22.51	58.46	73.18	87.31
U_2 人均水资源可利用量（m^3/人）：可供水资源量/总人口	111.46	290.93	386.84	428.22
U_3 人均供水量（m^3/人）：实际供水量/总人口	85.83	226.93	283.63	267.02
U_4 生态需水率（%）：生态环境需水量/总需水量	4.68	4.44	4.17	4.12
U_5 生活需水定额[L/（人·日）]：生活需水总量/总人口	61.71	89.68	97.66	106.95
U_6 需水模数（$10^4 m^3$/km^2）：需水总量/土地面积	3.17	3.68	4.54	5.43
U_7 供水模数（$10^4 m^3$/km^2）：供水总量/土地面积	1.45	3.77	4.71	5.62
U_8 耕地灌溉率（%）：灌溉面积/耕地面积	4.24	5.15	5.55	5.55
U_9 万元工业产值需水量（m^3/万元）：工业需水量/工业总产值	101.9	100.1	98.33	96.59

3）评价等级的确定

各评价因子分级指标的确定借鉴了相关研究（王学全等，2005；张占江等，2008；张青峰等，2010）中用到的评价标准和一些专家的建议，结合试验区水资源现状，将评价因子的水资源承载力影响程度划分为三个等级（表 8.4）：V_1 属良好级别，代表研究区水资源承载力和开发潜力均较大，对社会经济发展的制约力较小；V_2 属中等级别，代表该区的水资源开发利用程度较大，水资源承载力水平较小，但在合理调控水资源的前提下仍具有一定的开发利用潜力；V_3 代表水资源承载力水平已达到极限，开发利用潜力较小，如果不采取节水、调水、污水回用和转变产业结构等相关措施，区域的发展将受到严重的制约。

表 8.4　各评价因子的分级指标

评价因素	V_1	V_2	V_3
U_1 水资源利用率/%	<30	30~80	>80
U_2 人均水资源可利用量/（m^3/人）	>550	400~550	<400
U_3 人均供水量/（m^3/人）	>400	200~400	<200
U_4 生态需水率/%	>5	2~5	<2
U_5 生活需水定额/[L/（人·日）]	<70	70~130	>130
U_6 需水量模数/（$10^4 m^3$/km^2）	<1.5	1.5~4.7	>4.7
U_7 供水量模数/（$10^4 m^3$/km^2）	<1.5	1.5~3.9	>3.9
U_8 耕地灌溉率/%	<20	20~30	>30
U_9 万元工业产值需水量/（m^3/万元）	<20	20~100	>100
评分值 c_j	0.95	0.5	0.05

为更好地反映和定量分析不同水平年试验区水环境的承载力水平，参考全国水资源供需分析和相关研究中的有关标准，按照每个级别的大小分别赋予 0.95、0.5 和 0.05 的评分值（闵庆文等，2004；孙弘颜等，2007），数值越高，水资源承载力水平越高，开发潜力越大。表 8.4 中，评价因素 U_2、U_3 和 U_4 与水资源承载力水平呈负相关，其余因素与水资源承载力呈正相关。

4）评判矩阵 R 的计算——相对隶属函数

根据以上分析可知：评判因素集 $U=\{U_1,U_2,\cdots U_9\}$，评语集 $V=\{V_1,V_2,V_3\}$，评判矩阵中的 r_{ij} 可以通过评价因素的实际值和分级指标临界值进行计算。由表 8.3 可以看出，各等级之间数值是平滑过渡的，但评语等级存在相差一级的跳跃现象，对于中间区间 V_2，令其落在区间中点时的隶属度为 1，落在两侧边缘点的隶属度为 0.5，中点向两侧则按线性递减处理（凌红波等，2010）；对于两侧区间 V_1 和 V_3 则相反，令其距临界值越远属于两侧区间的隶属度就越大，位于临界值上属两侧等级的隶属度各为 0.5（Gong and Jin，2009）（图 8.3、图 8.4）。按照上述方法和相对隶属函数的含义，构造了各评价等级的相对隶属函数：

$$\mu_{V_1}=\begin{cases} 0.5\left(1+\dfrac{K_1-U_i}{K_2-U_i}\right) & U_i<K_1 \\[2mm] 0.5\left(1-\dfrac{U_i-K_1}{K_2-K_1}\right) & K_1\leqslant U_i<K_2 \\[2mm] 0 & U_i\geqslant K_2 \end{cases} \tag{8.22}$$

$$\mu_{V_2}=\begin{cases} 0.5\left(1-\dfrac{K_1-U_i}{K_2-U_i}\right) & U_i<K_1 \\[2mm] 0.5\left(1+\dfrac{U_i-K_1}{K_2-K_1}\right) & K_1\leqslant U_i<K_2 \\[2mm] 0.5\left(1+\dfrac{K_3-U_i}{K_3-K_2}\right) & K_2\leqslant U_i<K_3 \\[2mm] 0.5\left(1-\dfrac{K_3-U_i}{K_2-U_i}\right) & U_i\geqslant K_3 \end{cases} \tag{8.23}$$

$$\mu_{V_3}=\begin{cases} 0.5\left(1+\dfrac{K_3-U_i}{K_2-U_i}\right) & U_i\geqslant K_3 \\[2mm] 0.5\left(1-\dfrac{U_i-K_3}{K_2-K_3}\right) & K_2\leqslant U_i<K_3 \\[2mm] 0 & U_i<K_2 \end{cases} \tag{8.24}$$

式中，K_1、K_3 分别为 V_1 和 V_2、V_2 和 V_3 等级的临界值；K_2 为中间等级 V_2 的区间中点值，$K_2=（K_1+K_3）/2$。根据所选因素与水资源承载力的正负相关关系知，对于正相关因素 U_1 和 $U_5\sim U_9$ 选取式（8.22）～式（8.24）进行计算，对于负相关因素 U_2、U_3 和 U_4 只需要将式（8.22）～式（8.24）中的"≤"改为"≥"、"<"改为">"用原公式计算即可。
图 8.3 和图 8.4 分别为正负相关性评价因子的相对隶属函数图解。

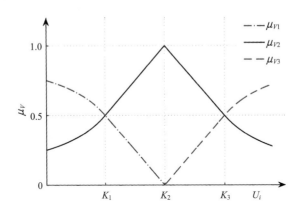

图 8.3　正相关评价因子隶属函数

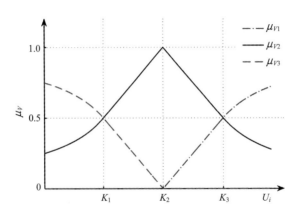

图 8.4　负相关评价因子隶属函数

通过式（8.22）～式（8.24），可以得出各因素对应于各等级的隶属度 r_{ij}，其中，$r_{i1} = \mu_{V_1}(U_i)$，$r_{i2} = \mu_{V_2}(U_i)$，$r_{i3} = \mu_{V_3}(U_i)$（$i=1,2,\cdots,9$），经计算分别得到 2000 年、2010 年、2020 年、2030 年四个水平年的评判矩阵 R_1、R_2、R_3、R_4：

$$R_1 = \begin{bmatrix} 0.6153 & 0.3847 & 0 \\ 0 & 0.1032 & 0.8969 \\ 0 & 0.2335 & 0.7665 \\ 0.3933 & 0.6067 & 0 \\ 0.6083 & 0.3918 & 0 \\ 0 & 0.9781 & 0.0219 \\ 0.5200 & 0.4800 & 0 \\ 0.8796 & 0.1204 & 0 \\ 0 & 0.4773 & 0.5227 \end{bmatrix} \quad R_2 = \begin{bmatrix} 0 & 0.9308 & 0.0692 \\ 0 & 0.2037 & 0.7963 \\ 0 & 0.6347 & 0.3654 \\ 0.3133 & 0.6867 & 0 \\ 0.1720 & 0.8280 & 0 \\ 0 & 0.8188 & 0.1813 \\ 0 & 0.5542 & 0.4458 \\ 0.8741 & 0.1259 & 0 \\ 0 & 0.4988 & 0.5013 \end{bmatrix}$$

$$R_3 = \begin{bmatrix} 0 & 0.6364 & 0.3636 \\ 0 & 0.4254 & 0.5746 \\ 0 & 0.9182 & 0.0819 \\ 0.2233 & 0.7767 & 0 \\ 0.0390 & 0.9610 & 0 \\ 0 & 0.5500 & 0.4500 \\ 0 & 0.2985 & 0.7015 \\ 0.8715 & 0.1285 & 0 \\ 0 & 0.5209 & 0.4791 \end{bmatrix} \qquad R_4 = \begin{bmatrix} 0 & 0.3869 & 0.6131 \\ 0 & 0.6881 & 0.3119 \\ 0 & 0.8351 & 0.1649 \\ 0.2067 & 0.7933 & 0 \\ 0 & 0.8842 & 0.1158 \\ 0 & 0.3434 & 0.6567 \\ 0 & 0.2055 & 0.7945 \\ 0.8715 & 0.1285 & 0 \\ 0 & 0.5426 & 0.4574 \end{bmatrix}$$

5）权重矩阵 A 的确定

利用层次分析法（AHP 法）首先确定目标层为水资源承载力综合评价指数，准则层为水资源量指数（U_2）、供水状况指数（U_1，U_3，U_7）、需水状况指数（U_5，U_6，U_8，U_9）和生态安全指数（U_4），指标层为 $U_1 \sim U_9$ 各评价因素。其中，各层评价因素满足 CR<0.01 的一致性检验，权重值合理有效（表 8.5）。通过归一化处理和加权平均，确定 $U_1 \sim U_9$ 的权重矩阵为（0.1434，0.1294，0.1236，0.1585，0.0805，0.1029，0.0890，0.0805，0.0921）。

表 8.5　研究区评价因子权重值与一致性检验

目标层	准则层	权重	一致性（CR）	指标层	权重	一致性（CR）
研究区水资源承载力综合评价指数	水资源量指数	0.1294		U_2	0.1294	
	供水状况指数	0.3561		U_1	0.4028	
				U_3	0.3472	0.0086
				U_7	0.2501	
	需水状况指数	0.3561	0.0081	U_5	0.2262	
				U_6	0.2889	0.0021
				U_8	0.2262	
				U_9	0.2588	
	生态安全指数	0.1585		U_4	0.1585	

根据各评价因子对试验区水资源承载力影响程度的大小，参照全国水资源评价标准和山西省水资源承载力的相关研究成果，结合试验区水资源状况对各因素进行分析。水资源利用率最能反映出水资源供需状况和可持续利用的程度，人均水资源可利用量和人均供水量能很好地反映出人口对区域水资源的需求状况，同时，考虑到试验区采矿活动导致生态环境破坏的事实，生态环境需水将对未来生态环境的保护和水资源可持续利用具有较大影响，所以，分别赋予 0.13、0.12、0.12、0.13 的权重值，其余因素均为 0.1，得到权重矩阵（0.13，0.12，0.12，0.13，0.10，0.10，0.10，0.10，0.10）。

为保障权重值选取的科学性和典型性，将两种结果求平均值后得到权重矩阵 A=（0.14，0.12，0.12，0.14，0.09，0.10，0.10，0.09，0.10）

6）综合评分值的计算与分析

结合评判矩阵 R 和权重矩阵 A 的计算结果，对水资源承载力进行模糊综合评判。如 2000 年（现状年）水资源承载力的多因素评判矩阵为

$$B_1=A\times R_1=\begin{bmatrix} 0.14 & 0.12 & 0.12 & 0.14 & 0.09 & 0.10 & 0.10 & 0.09 & 0.10 \end{bmatrix}$$

$$\times\begin{bmatrix} 0.6153 & 0.3847 & 0 \\ 0 & 0.1032 & 0.8969 \\ 0 & 0.2335 & 0.7665 \\ 0.3933 & 0.6067 & 0 \\ 0.6083 & 0.3918 & 0 \\ 0 & 0.9781 & 0.0219 \\ 0.5200 & 0.4800 & 0 \\ 0.8796 & 0.1204 & 0 \\ 0 & 0.4773 & 0.5227 \end{bmatrix}=\begin{bmatrix} 0.3271 & 0.4188 & 0.2541 \end{bmatrix}$$

这样，结合表 8.4 中评价因素三个等级的评分值 c_j 可以求出 2000 年试验区水资源承载力的综合评分值 α_1：

$$\alpha_1=\frac{\sum\limits_{j=1}^{3} b_j^k \cdot c_j}{\sum\limits_{j=1}^{3} b_j^k}=\begin{pmatrix} 0.95 & 0.5 & 0.05 \end{pmatrix}\times\begin{pmatrix} 0.3271 & 0.4188 & 0.2541 \end{pmatrix}=0.5329$$

按照相同的方法和步骤，分别得出 2010 年、2020 年和 2030 年不同等级的多因素综合评价隶属度 B 的评判结果及综合评分值 α_i（表 8.6）。

表 8.6 研究区水资源承载力综合评估预测

年份	V_1	V_2	V_3	评分值 α_i
2000	0.3271	0.4188	0.2541	0.5329
2010	0.1380	0.6001	0.2619	0.4442
2020	0.1132	0.5940	0.2927	0.4192
2030	0.1074	0.5483	0.3443	0.3934

综合评判结果 b_j 对中高评价等级的隶属度越大，评分值 α_i 越高，表明水资源的开采程度越低，水资源承载力水平越高，反之，则水资源的开采程度越高，水资源承载力水平越低。

（1）综合评判结果 b_j 对 V_1 隶属度最大（0.3271）且评分值 α_i 最高（0.5329）的年份是现状水平年，这与 2000 年试验区的社会发展水平较低，水资源开采技术不高，且用水量较少的现状相符；同时，评分值 α_i 最高值小于 0.55，说明试验区水资源虽仍具备一定的开采潜力，但水资源承载力水平已较小，水资源供需矛盾较突出。

（2）从 2000~2030 年，综合评判结果 b_j 对 V_1 的隶属度和评分值 α_i 均逐渐减小但幅度变缓，说明随着试验区人口的增加和社会经济的发展，对地表水和地下水的开采力度不断加大，水资源承载力水平不断下降，但由于后期规划供水工程和引黄水量的增加，水资源承载力的下降幅度减缓，这说明试验区存在工程型缺水的现状。

（3）各年综合评判结果 b_j 对于中等级别 V_2 和最低级别 V_3 的隶属度较大，表明试验区的水资源承载力属于中等偏低的不安全水平；煤炭等主要工业需水量占总需水量的比例较大，生态需水量所占比例较小，节水工程和引水工程建设不足，使得试验区陷入资源型缺水、水质型缺水和工程型缺水的局面。

8.4　结论

水是支撑社会经济系统和自然生态系统健康发展的不可替代的重要资源，水资源量的大小、水环境质量、水生态系统的健康程度是制约人类社会经济可持续发展的制约因素。随着科学技术的进步和社会生产力的飞速发展，人类在创造物质财富的同时，也出现了水资源过度消耗、生态环境质量严重下降等一系列问题。水资源、生态环境与社会经济的协调发展是解决生态环境问题的根本途径，因此水资源承载力可以作为生态环境与区域经济发展是否协调的判断依据和研究综合协调对策的理论基础。

研究区现状人口数量已经超过了水资源所能支撑的最大人口数，工农业发展规模也远远超过了水资源承载力，所以在目前的水资源和人口数量条件下，水资源承载力基本处于超标状态，不能满足本区域可持续发展，需从外界补给水量，方可解决供需矛盾。根据得出的水资源承载力状况，用人工植被恢复、调控技术和优化配置技术等，提高植被盖度，建立生态防护屏障，有效遏制沙化土地的沙化和盐碱化，形成植被修复技术体系与模式，为改善晋西北沙化区生态环境、促进区域协调发展提供坚实的技术支撑和示范样板。

8.4.1　水资源开发利用对策

目前汾河流域的人口数量和工农业发展水平已经超过水资源承载力可承载范围，而且生活水平越高的地区超载的人口越多。在某种程度上来说，研究区水资源的开发利用已经处于非良性状态。因此，必须借助科学技术、挖掘潜力、节约用水，多方提高用水效率，增强水资源承载能力，否则，研究区将不能实现长期的可持续发展，最后仍将重新回到解决缺水问题的道路上。

为实现水资源的合理开发利用需从以下几个方面着手。

（1）使水资源开发利用与研究区经济社会发展相协调。一方面要考虑水资源开发利用与经济社会发展目标、规模、水平和速度相适应，最大限度地满足经济社会发展对水的需求；另一方面要考虑经济社会的发展要与水资源的承载能力及水环境承载能力相适应。

（2）要注重全面规划和统筹兼顾，要妥善处理好上下游、左右岸、干支流、城市与农村、流域与区域、开发与保护、建设与管理、近期与远期等各方面的关系。统筹协调生活、生产和生态用水，合理配置地表水与地下水、常规水源与非常规水源等多种水源，对需水要求与供水可能进行合理安排。

（3）力争通过有效的水源工程建设，使全市的水资源配置和供水保障能力得到较大提高，加快建设新水源工程，缓解水资源压力。

（4）加大水污染治理，严格执行《水法》及国务院《关于环境保护若干问题的决定》，加强对水库及河道水质污染的治理，严格执行工业企业污水的排放标准和减污措施。坚决关停严重污染环境的企业，加快推进城市污水集中处理设施的建设，提高污水回用率，减少污染源。

（5）加大水源保护力度。采取措施加强对未污染的地表水、地下水的保护，严格审批制度，坚决杜绝在未污染的水资源区域兴建高污染、高耗水的工矿企业。

（6）严格控制地下水的超量开采，开展地下水回灌，逐步实现地下水采补平衡的良性循环。

建设节水型社会，要建立起以水权、水市场整顿为基础的水资源统一管理体制，要以节水为主线，建立一整套管理制度，形成促进节水的机制，同时因地制宜采取行政、工程、经济、技术等多种措施，全面提高各行各业节水水平。

根据实际情况主要采取以下节水措施：

（1）农业节水。农业节水途径包括内部用水结构调整，提高渠系利用系数，降低单位灌溉用水，选用抗旱节水高产品种，实施作物节水、高产、低耗栽培技术方式。同时要适当发展集雨灌溉，充分利用雨水资源。

（2）工业节水。工业节水途径包括工业结构调整，先进用水设施的更新，新生产工艺的采用及节水器具的推广等。要逐步调整工业结构，发展低耗水工业，逐步减少高耗水工业或实施丰水区迁入；采用新的生产工艺，提倡循环用水，大幅度提高水的重复利用率，降低单位产值耗水量，减少污水排放量等，使得总体用水效率提高，达到水资源承载能力提高的目的。

（3）生活节水。对生活节水包括家庭生活节水和公共用水节水。目前，生活用水的主要漏洞在于公共用水，一方面是城镇供水管网跑冒滴漏现象的大量存在，另一方面是公共用水的大量浪费，主要原因是没有对其负责的单位和个人。因此，解决的办法是在减少公共用水的同时，能够在公共场合定量供水的单位一定要做到定量供水、超额加价、节约奖励。

以城乡地表和地下水源保护为重点，结合国家和省的造林绿化、退耕还林还草和21世纪首都水资源保护等重点工程建设，逐步推进水源涵养林草、水土保持林草、防风固沙林草、农田防护林等生态工程建设，提高水资源涵养能力。加快地表水源保护区的小流域综合治理，健全蓄水、节水灌溉、保水等水源涵养工程体系，提高水土保持能力。加强对河流、湖泊、库塘等湿地调节含蓄水源的能力。搞好小流域治理、荒山绿化、退耕还林还草、植树造林等工作，涵养水源，有效控制水土流失，保护生态环境。

总之，研究区水资源承载力处于低水平，水资源供需矛盾比较突出，在今后水资源开发利用中应更加注重开源节流，除上述措施外，还可以从以下几个方面来节约水资源：①巩固和完善基础工作；②合理开发利用与跨区域调水相结合，增加水资源供应量；③调整产业结构与废污水回用相结合，提高水资源利用率，在水源区或生态脆弱区禁止开矿，以减少污染源；④生产生活目标与生态目标相结合，实现可持续发展。

8.4.2　水资源承载力研究中存在的问题

水资源承载力研究作为水资源评价中的一个重要内容，已经引起了人们的注意，并成为制定区域发展规划的重要依据，但在研究中仍然存在着一些问题（余卫东等，2003）：

（1）水资源承载力的概念与内涵界定仍不是很清楚。从当前研究成果来看，水资源承载力还没有形成一个完整的理论体系，缺乏公认的理论基础和统一的研究方法，对水资源承载力本身的认识和研究还欠深入，无法全面准确地定义水资源承载力的概念，界定其内涵以及它的影响因素。水资源及水环境承载能力理论体系的深化、评价和指标体系、定量分析问题，以及如何客观评估人类活动对水资源及水环境承载能力的影响、水资源及水环境承载能力统一考虑等问题，都需进一步的深入研究。

（2）方法论上的研究明显不足。目前的水资源承载力研究方法中，多以社会为承载目标（人口、经济），而对水资源维持自身更新和维护生态环境不再进一步恶化并逐渐改善所需要消耗的水资源研究较少。特别是用于维持生态环境稳定以及进行生态恢复的生态用水量研究较少。

（3）缺乏有效的研究方法。缺乏能够同时描述承载力模型的复杂性、随机性和模糊性的综合模型，对水资源承载力模型指标体系中定性指标的研究不够充分，缺乏系统的有效的定性指标化的方法，这限制了水资源承载力研究的规范性与系统性，阻碍了研究的深入开展，当前急需提出一套科学系统的水资源承载力指标体系。

矿区生态承载力研究尚处于起步阶段，没有形成完整的理论体系。其研究经历了从一般定性描述到定量和机制的探讨，各种定量研究的成熟推动着矿区承载力研究日趋完善，并呈现以下特点（程水英，2009）。

（1）研究对象趋向多元化。研究领域呈现交叉综合趋势，单要素承载力研究已很难适应生态系统资源开发与发展的要求，以系统的观点，从综合多要素角度研究矿区生态承载力是今后矿区生态承载力研究的方向和趋势，而且随着研究的深入，生态系统资源之间的相互广义替代性研究将越来越受到重视，这就客观上要求加强交叉综合研究，从系统的角度研究生态承载力问题。因此，矿区生态承载力必将从单学科、单因子研究趋向多学科合作，开展人口、资源、环境、发展多因素、多层次的交叉综合研究。

（2）生态脆弱带将继续成为生态承载力研究的热点地区。随着人类活动的增强，特殊的自然与生态环境使得生态脆弱带面临着比其他地区更为严峻的资源与环境问题。虽然许多学者在不同领域从理论及研究方法等方面做了一些研究，生态脆弱带矿区生态承载力研究日益得到重视和加强，丰富和发展了矿区生态承载力理论，但在矿区生态承载力层次性上的分析与评价，承载力阈值估算、动态变化过程的预测以及指标的定量化筛选等方面仍需进一步完善。

（3）研究重点将继续向动态模拟化方向发展。目前应用于承载力的模型方法不是很多，特别是对于承载力研究具有普遍意义的模型方法还处于探索阶段。为了提高矿区生态承载力研究的科学性与应用水平，必须加强矿区生态承载力的动态模拟研究，建立一整套能反映生态承载力本质的模型体系，实现对矿区生态承载力的估算与动态变化过程的预测。

（4）新方法、新技术手段将不断应用于生态承载力研究。生态系统的复杂性决定了其承载力研究方法和手段的复杂性，在计量分析手段上，系统动力学、多因子分析、投入产出分析、资金劳动力生产函数、人口迁移矩阵及马尔可夫过程等都将成为主力军，遥感手段可以提供快速、准确的信息，地理信息系统可以对承载力进行空间分析。因此，成熟的模型和遥感、地理信息系统技术相结合的方法将为承载力研究提供更精确、更全面的研究结果。

8.5　本章小结

随着我国经济社会的不断发展，水资源短缺和水环境恶化等问题表现得越来越突出，已成为我国经济社会发展的严重制约因素。我国水资源管理部门和科技界对这一问题的重视。根据水资源承载力研究的进展以及发展的要求，今后的研究将具有以下特征（余卫东等，2003）。

（1）更加强调水资源系统的综合研究。以区域可持续发展为目标，以水资源的可持续利用为中心，研究影响区域水资源承载力的各因素及其相互关系（牟海省、刘昌明，1994；乔西现等，2000；钱正英，2001；刘昌明，2002），在深入研究水资源承载力的自然因素的同时，还需要研究并客观评价人类活动对水资源承载力的影响等问题。

（2）特别重视生态环境需水的研究。在传统的水资源承载力的基础上，引入水生态承载力和水资源承载力的内容，不仅要考虑人类活动影响下的水资源演变和相关的生态环境演变，生态用水量的动态变化以及区域经济结构的变化，还要考虑在市场经济条件下由产品交换导致的水资源调出调入量。研究水资源合理配置模式，协调好水资源的开发利用与人口、经济、资源和环境的关系。

（3）分析方法继续向模式化和模式的动态化方向发展。随着水资源承载力研究的不断深入，在计算机的支持下，各种数理方法进入水承载力研究领域，模式趋向日益普遍。另外，水资源承载力本身具有动态特性，必须加强动态模拟研究，建立一套能反映水资源承载力本质的模拟体系，实现水资源承载力的估算与动态变化过程的预测。

（4）新方法、新技术将应用于水资源承载力研究。在水资源承载力定量化分析方法中除了上述研究方法外，充分运用现代计算机技术、网络技术、微电子技术、现代通信技术、遥感技术、地理信息系统、全球定位系统及自动化等。这些新方法和新技术可以提供快速准确的信息，为水资源承载力研究提供更准确、更深入、更全面的定量研究结果。

参 考 文 献

蔡剑, 周孝德, 李靖. 2011. 水生态承载力研究进展. 西南给排水, 33(6): 24～27

曹永健. 2010. 煤炭矿区水资源承载力研究——以晋城矿区为例. 科技情报开发与经济, 20(27): 189～191, 204

陈冰, 李丽娟, 郭怀成, 等. 2000. 柴达木盆地水资源承载方案系统分析. 环境科学, 21(3): 17～21

陈乐天, 王开运, 邹春静, 等. 2009. 上海市崇明岛区生态承载力的空间分异. 生态学杂志, 28(4): 734～739

程国栋. 2002. 承载力概念的演变及西北水资源承载力的应用框架. 冰川冻土, 24(4): 361～367

程水英. 2009. 矿区生态承载力研究进展. 矿业研究与开发, 29(3): 89～92

段春青, 刘昌明, 陈晓楠, 等. 2010. 区域水资源承载力概念及研究方法的探讨. 地理学报, 65(1): 82～90

冯尚友, 傅春. 1999. 我国未来可利用在水资源量的估测. 武汉水利电力大学学报, 32(6): 6～9.

冯耀龙, 韩文秀, 王宏江, 等. 2003. 区域水资源承载力研究. 水科学进展, 14(1): 109～113

付爱红, 陈亚宁, 李卫红. 2009. 塔里木河流域生态系统健康评价. 生态学报, 29(5): 2418～2426

傅湘, 纪昌明. 1999. 区域水资源承载能力综合评价——主成分分析法的应用. 长江流域资源与环境, 8(2): 168～173

高吉喜. 2001. 可持续发展理论探索——生态承载力理论、方法与应用. 北京: 中国环境科学出版社

高彦春, 刘昌明. 1996. 区域水资源系统仿真预测及优化决策研究——以汉中盆地平坝区为例. 自然资源学报, 11(1): 23～32

何希吾. 2000. 水资源承载力//孙鸿烈. 中国资源百科全书. 北京: 中国大百科全书出版社

惠泱河, 蒋晓辉, 黄强, 等. 2001. 水资源承载力评价指标体系研究. 水土保持通报, 21(1): 30～34

贾宝全, 慈龙骏. 2000. 新疆生态用水量的初步估算. 生态学报, 20(2): 243～250

贾宝全, 许英勤. 1998. 干旱区生态用水的概念和分类. 干旱区地理, 21(2): 8～12

贾嵘, 薛惠峰, 解建仓, 等. 1998. 区域水资源承载力研究. 西安理工大学学报, 14(4): 382～387

蒋晓辉, 黄强. 2001. 陕西关中地区水资源承载力研究. 环境科学学报, 21(3): 312～317

李建华, 胡振琪, 夏清, 等. 2012. 基于模糊综合评价的资源枯竭矿区生态环境质量分析. 贵州农业科学, 40(11): 213～217

李靖, 周孝德. 2009. 叶尔羌河流域水生态承载力研究. 西安理工大学学报, 25(3): 249～255

李丽娟, 郭怀成. 2000. 柴达木盆地水资源承载力研究. 环境科学, 21(2): 20～23

李艳红, 楚新正, 王丽, 等. 2008. 新疆天山北麓典型绿洲城市的水资源模糊综合评价研究. 干旱区资源与环境, 22(3): 86～90

凌红波, 徐海量, 乔木, 等. 2010. 基于 AHP 和模糊综合评判的玛纳斯河流域水资源安全评价. 中国沙漠, 30(4): 989～994

刘昌明. 2002. 二十一世纪中国水资源若干问题. 水利水电技术, 33(1): 15～19

刘佳骏, 董锁成, 李泽红. 2011. 中国水资源承载力综合评价研究. 自然资源学报, 26(2): 258～269

马金珠, 李相虎, 贾新颜. 2005. 干旱区水资源承载力多目标层次评价. 干旱区研究, 22(1): 11～16

闵庆文, 余卫东, 张建新. 2004. 区域水资源承载力的模糊综合评价分析方法及应用. 水土保持研究, 11(3): 14～16

牟海省, 刘昌明. 1994. 我国城市设置与区域水资源承载力协调研究刍议. 地理学报, 49(1): 338～344

钱正英. 2001. 中国水资源战略研究中几个问题的认识. 河海大学学报, 29(3): 1～7

乔西现, 何宏谋, 张美丽. 2000. 西北地区水资源配置与管理的思考. 西北水资源与水工程, 11(4): 51～56

阮本青, 沈晋. 1998. 区域水资源适度承载能力计算研究. 土壤侵蚀与水土保持学报, 4(3): 57～61

施雅风, 曲耀光. 1992. 乌鲁木齐河流域水资源承载力及其合理利用. 北京: 科学出版社

苏志勇, 徐中民, 张志强, 等. 2002. 黑河流域水资源承载力的生态经济研究. 冰川冻土, 24(4): 40～406

孙弘颜, 汤洁, 刘亚修. 2007. 基于模糊评价方法的中国水资源承载力研究. 东北师大学报(自然科学版), 39(1): 131～135

孙英兰, 宋荣兴, 孙海涛. 2008. 城市水资源系统模糊综合评价. 中国海洋大学学报(自然科学版), 38(2): 232～236

孙月峰, 张胜红, 王晓玲, 等. 2009. 基于混合遗传算法的区域大系统多目标水资源优化配置模型. 系统工程理论与实践, 29(1): 139～144

王顺久, 侯玉, 丁晶, 等. 2003. 交互式多目标决策新方法及其在水资源系统规划中的应用. 水科学进展, 14(4): 476～479

王秀云. 2005. 古交市河川径流特性分析. 科技情报开发与经济, 15(13): 174～175

王学全, 卢琦, 李保国. 2005. 应用模糊综合评判方法对青海省水资源承载力评价研究. 中国沙漠, 25(6): 944～949

翁文斌, 蔡喜明, 王浩, 等. 1995. 宏观经济水资源规划多目标决策分析方法研究及应用. 水利学报, (2): 1～11

夏军, 王中根, 左其亭. 2004. 生态环境承载力的一种量化方法研究——以海河流域为例. 自然资源学报, 19(6): 786～794

向芸芸, 蒙吉军. 2012. 生态承载力研究和应用进展. 生态学杂志, 31(11): 2958～2965

徐建斌. 2004. 古交市水资源开发利用现状及对策. 山西水利, 20(3): 42～43

徐中民, 程国栋. 2000. 运用多目标分析技术分析黑河流域中游水资源承载力. 兰州大学学报(自然科学版), 36(2): 122～132

许朗, 黄莺, 刘爱军, 等. 2011 基于主成分分析的江苏省水资源承载力研究. 长江流域资源与环境, 20(12): 1468～1474

许有鹏. 1993. 干旱区水资源承载能力综合评价研究. 自然资源学报, 8(3): 229～237

余卫东, 闵庆文, 李湘阁. 2003. 水资源承载力研究的进展与展望. 干旱区研究, 20(1): 60～66

曾晨, 刘艳芳, 张万顺, 等. 2011. 流域水生态承载力研究的起源和发展. 长江流域资源与环境, 20(2): 203～210

张青峰, 王力, 李燐楷, 等. 2010. 长武县水资源承载力的模糊评价. 西北农林科技大学学报(自然科学版), 38(5): 161～166

张占江, 李吉玫, 石书兵. 2008. 阿克苏河流域水资源承载力模糊综合评价. 干旱区资源与环境, 22(7): 138～143

中国地质科学院岩溶地质研究所. 2008. 山西省岩溶泉域水资源保护. 北京: 中国水利水电出版社

朱一中, 夏军, 谈戈. 2003. 西北地区水资源承载力分析预测与评价. 资源科学, 25(4): 43～48

朱永华, 任立良, 夏军, 等. 2011. 缺水流域生态承载力研究进展. 干旱区研究, 28(6): 990～997

左其亭. 2005. 论水资源承载能力与水资源优化配置之间的关系. 水利学报, 36(11): 17～22

Andrew H T. 1999. Rangeland mismanagement in South Africa: failure to apply ecological knowledge. Human Ecology, 27(1): 55～78

Aryafar A, Yousefi S, Doulati Ardejani F．2013. The weight of interaction of mining activities: groundwater in environmental impact assessment using fuzzy analytical hierarchy process(FAHP). Environmental Earth Sciences, 68(8): 2313~2324

Catton W R. 1986. Homo Colossus and the Technological Turn-around. Sociological Spectrum , 6(2): 121~147

Cheng C Y, Qian X. 2010. Evaluation of emergency planning for water pollution incidents in reservoir based on fuzzy comprehensive assessment. Procedia Environmental Sciences, 2: 566~570

Falkenmark M, Lundqvist J. 1998. Towards water security: Political determination and human adaptation crucial. Natural Resources Forum, 21(1): 37~51

Forrester J W. 1961. Industry Dynamic. Cambridge: MIT Press

Gong L, Jin C L. 2009. Fuzzy comprehensive evaluation for carrying capacity of regional water resources. Water Resources Management, 23(12): 2505~2513

Green G P, Hamilton J R. 2000. Water allocation, transfers and conservation: links between policy and hydrology. Water Resources Development, 16: 197~208

Han M, Liu Y, Du H, et al. 2010. Advances in study on water resources carrying capacity in China. Procedia Environmental Sciences, 1894~1903

Harris J M, Scott K. 1999. Carrying capacity in agriculture: global and regional issues. Ecological Economies, 129(3): 443~461

Joardar S D. 1998. Carrying capacities and standards as bases towards urban infrastructure planing in India: a case of urban water supply and sanitation. Urban Infrastructure Planning in India, 22(3): 327~337

Lieth H, Whittaker R H. 1975. Primary productivity of the biosphere New York: Springer

McLeod S R. 1997. Is the concept of carrying capacity useful in variable environments. OIKOS, 79: 529~542

Millington R, Gifford R. 1973. Energy and how we live. Australian UNESCO Seminar, Committee for Man and Biosphere

Rijsberman M A, Frans H M, Van de V. 2000. Different approaches to assessment to of design and management of sustainable urban water system. Environment Impact Assessment Review, 129(3): 333~345

Smaal A C, Prins T C, Bankers N. 1998. Minimum requirements for modeling bivalve carrying capacity. Aquatic Ecology, 31: 423~428

第9章　汾河流域水资源联合调控研究

水是生命之源、生产之要、生态之基。2011 年中央"1 号文件"把水利提升到关系经济安全、生态安全、国家安全的战略高度，对加快水利发展作出了新的部署。汾河作为山西省重要的生态功能区、人口密集区、粮棉主产区和经济发达区，水资源短缺一直是制约汾河流域经济社会发展的主要问题。为缓解水资源供需矛盾，汾河流域各级政府和人民群众为之付出了艰辛的努力。近年来，山西省委省政府、汾河流域各级政府坚持把改善水生态环境摆在突出位置，持续加大对水生态建设的投入，汾河流域的水生态环境得到明显改善。

9.1　汾河流域水资源联合调控的总体思路

9.1.1　联合调控思路

1. 指导思想

全面落实党中央、国务院关于水利改革发展的一系列重大战略部署，以"六大发展"为主题，以水资源优化配置为主线，以"开源""节流"为抓手，把水利作为建设"国家资源型经济转型综合配套改革试验区"的优先领域，把严格水资源管理作为加快转变流域水环境的战略举措，注重科学治水、依法治水，突出加强薄弱环节建设，大力发展民生水利，不断深化水利改革，加快建设节水型社会，着力提高水旱灾害综合防御能力、水资源合理配置和高效利用能力、水资源保护和水体健康保障能力、水利社会管理和公共服务能力，实现汾河流域水资源丰枯调剂、多源互补、合理开发、优化配置、协调管理，促进汾河流域水资源的持续健康利用，为实现汾河流域经济长期平稳较快发展和全面建设小康社会提供坚实的水利保障。

2. 总体思路

根据汾河流域的水资源现状和发展需要，"开发地表水、保护地下水""本地水优先本地用""高水高用"，通过对流域生态环境的治理修复与保护，充分挖掘、发挥现有大中型水库的骨干作用，扩大万家寨引黄调水工程南干线供水范围，以及库群联合调控、库泉联合调控、地表水与地下水联合调控，发挥、提高现有工程的供水能力和水资源的利用率，向优化配置要潜力、向现代化管理要潜力，确保汾河干流河道常年至少保持最低生态流量及部分工农业用水，恢复汾河自然流水；通过种树、种草和有效管护，大幅提高流域内植被绿化面积和水土保持水平，涵养水源，形成自然生态的良性循环；通过对流域内各种资源的合理开发和有效保护，以及对传统产业的提升改造，实现绿色转型，壮大经济实力，增加农民收入，进一步提高人民生活水平；通过建立健全规章制度和生态环境执法体系，推动优化调整产业结构，维护汾河流域生产和经济发展秩序，确保人与自然的和谐发展。最终将汾河流域打造成为山西省最重要的水源涵养带、生态效益带、休闲景观带和富民工程带，成为带动山西经济增长、社会发展及生态建设的核心区域和全国资源型地区实行可持续发展及黄土高原生态综合治理的示范区域。

3. 调控目标

水资源联合调控是按照自然规律和经济规律，对区域经济、社会、生态环境以及水资源利用等各项指标实施多维整体调控，实现水资源可持续利用和经济社会发展与生态环境保护的协调（王建华、王浩，2014）。

水资源调控的根本目标是使潜在的水资源最大限度地转化为现实的水资源，途径是试图将潜在水资源的时空变异性最大限度地缩小，同时，维护好水环境。要达到这样一个目标，必须在不破坏生态系统的前提下，综合应用地表水库调节、地下水库调节、流域间调水及环境污染控制等手段，通过保护生态系统，实现潜在水资源的最大转化（周国逸、黄志宏，2002）。

9.1.2 联合调控原则

（1）坚持以人为本，促进人水和谐。把保障和改善民生作为汾河流域水资源联合调控的根本出发点和落脚点，尊重规律，尊重科学，着力解决群众最关心、最直接、最现实的水量水质问题。汾河流域水资源开发利用要充分考虑水资源承载能力和水环境承载能力，科学处理"三生"的用水关系，优先保障基本生活用水，满足生产需水，科学保留生态水。通过汾河流域水资源联合调控，实现优水优用、一水多用，提高用水效率，着力改善汾河水环境，实现河畅其流、水复其清，使水资源联合调控成果更好地惠及全民。

（2）坚持制度创新，建设节水型社会。加快汾河流域水务一体化改革，提升管理水平，探索构建法制完备、体制健全、机制合理的水管理体系。通过创新汾河流域水资源管理体制、水利投融资体制、农村水利发展机制、水价形成机制、水利工程产权管理体制等，不断破除制约水资源健康发展的各种障碍，实现地表水与地下水、工程建设与调度运行管理相统一，促进汾河流域节水型社会建设的良性发展，为水资源综合调控创造条件。

（3）坚持政府主导，促进公众参与。把水利工作摆在社会经济发展更加突出的位置，发挥汾河流域各级政府的宏观调控和引导作用，加强组织领导，落实工作责任，加大资金投入，完善政策措施，严格监督管理。充分发挥汾河流域公共财政对水资源发展的保障作用，鼓励引导和广泛动员各方面力量参与水资源保护与管理，形成政府社会协同治水兴水合力。

（4）坚持统筹协调，促进优化配置。围绕汾河流域人与自然协调发展，着力提高水资源对经济社会的保障能力，统筹考虑供水、用水、排水与治污，统筹考虑城乡用水、部门用水，把水资源综合调控与水资源优化配置、经济结构战略性调整和经济增长方式转变有机结合起来，充分发挥水资源的多种功能，促进流域与区域、城市与农村的水资源协调发展，通过水量水质共管、水体水域兼顾、开源节流保护并举、建设管理改革齐抓，实现汾河流域经济效益、社会效益、生态效益有机统一。

（5）坚持节约保护，转变发展方式。强化汾河流域水资源需求管理，量水而行、因水制宜，全面加强水资源的合理开发、高效利用和有效保护，规范水资源开发利用秩序，促进经济发展方式转变。加大汾河流域水生态保护和水环境治理力度，加强水污染防治。既要满足人类的合理需求，也要满足维护河湖健康的基本需求；既要加强对重点流域的水土流失综合治理，又要注重发挥大自然的自我修复能力。

（6）坚持改革创新，推进科技进步。用现代的治水理念、先进的科学技术、完善的基础设施、科学的管理制度，改造汾河流域水资源的传统利用方式。坚持自主创新、重点跨越、支撑发展、引领未来的科技方针，全面推进汾河流域水资源科技创新体系建设，不断提升水资源科技支撑能力。积极构建与现代水资源相适应的水体信息化综合保障体系，以水体信息化带动水体现代化。

9.2　汾河流域水资源联合调控的体系构建

9.2.1　联合调控分区

汾河流域水资源联合调控遵循高效、公平和可持续的原则，综合考虑市场经济规律和资源调控准则，通过对需求的合理抑制，有效增加供给、积极保护生态环境等多种工程与非工程措施，在不同区域间对多种可以利用的水资源（主要是地表水）进行合理调控。汾河流域水资源联合调控以工农业、城市发展所需的需水、节水、供水、水源保护为基础，确立人水和谐共存的方针，遵循公平、系统、协调、经济、高效等原则，树立全面、协调、可持续的发展观，按照"五个统筹"要求，认真研究汾河流域及不同区域水资源调控的格局、模式和方案，推进水资源的合理开发、优化配置、高效利用、全面节约、有效保护和科学管理，提高水的利用效率和效益，促进节水型社会的建立，以水资源的可持续利用支持经济社会的可持续发展。同时，考虑到未来的一些不确定因素以及自然环境对气候变化的敏感性，在调控水资源时，留有适当的余地，确保水资源的可持续利用，以满足人口、资源、环境与经济协调发展对水资源在时间、空间、数量和质量上的要求，使有限的水资源获得最大的利用效益。

为了将汾河水资源量与行政区的社会经济发展指标结合起来进行综合考虑和研究，以市级行政区为基础，将汾河流域水资源联合调控划分为 6 个分区：忻州区、太原区、吕梁区、晋中区、临汾区和运城区（表 9.1）。对于较小的面积没有单独进行划分。

表 9.1　汾河流域水资源联合调控分区表

分区	总面积/km²	计算面积/km²	盆地区面积/km²	山丘区面积/km²	备注
忻州	3441	3441		3441	宁武、静乐
太原	6253	6253	1143	5110	娄烦、古交市、太原市区、阳曲、清徐
吕梁	7228	7228	1379	5849	岚县、交城、文水、汾阳市、孝义市、交口
晋中	9172	9172	2219	6953	榆次区、寿阳、太谷、祁县、平遥、介休市、灵石
临汾	11430	10209	4650.2	7378.5	汾西、霍州市、洪洞、尧都、襄汾、翼城、侯马市、曲沃、古县、乡宁、浮山、汾西
运城	12833	11612	6909.2	6349.5	绛县、闻喜、新绛、稷山、河津、万荣
其他	505	505		505	
合计	50862	48420	16300.4	35586	

9.2.2　联合调控体系

1. 联合调控目标路线

2011 年中央"1 号文件"明确了我国新形势下水利的战略地位，指出要把水利作为国家基础设施建设的优先领域，把严格水资源管理作为加快转变经济发展的战略举措，要加快建设节水型社会，建成水资源合理配置和高效利用体系，建立最严格的水资源管理制度；要建立用水总量控制制度、用水效率控制制度、水功能区限制纳污制度、水资源管理责任和考核制度。在"1 号文件"总体框架的指引下，汾河流域水资源联合调控的目标路线是：以节水、增水、饮用水安全、重点地区及城郊区环境治理、水生态保育、应对气候变化、统筹协调的水管理为重点，全面深化水资源开发利用管理体制，实现传统水资源向可持续发展水资源转变，全面促进人与自然和谐发展（图 9.1）。

2. 联合调控体系构建

遵循汾河流域水资源联合调控的原则、目标、路线，以及水资源时空分布特征、水资源利用现状、经济社会产业布局等，构建汾河流域水资源联合调控框架体系（图 9.2）。

1）工程调控措施方面

调控内容：蓄引提调工程、水库水资源综合调控、地下水开发利用调控、非常规水源调控、实施节水型社会建设五个方面。

调控途径：在综合分析的基础上，通过蓄引提调工程措施，将丰水地区多余水量调入贫水地区，实现水资源空间再分配，满足贫水地区经济社会发展；水库下游和与其紧邻的周边缺水地区，将水库发电水量自流或抽提，解决下游地区供水不足问题，实现一水多用，或者直接抽提水电站蓄水量向周边地区供水，实现水资源空间再分配；缺水地区辅以非常规水源，解决公共绿化等用水问题。

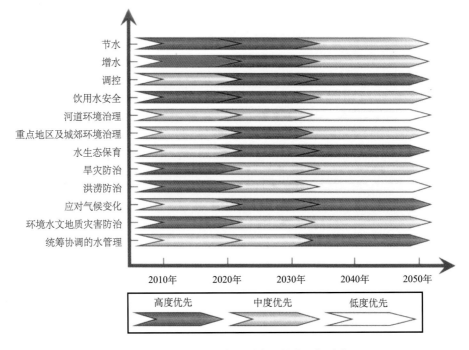

图 9.1　汾河流域水资源联合调控的目标路线

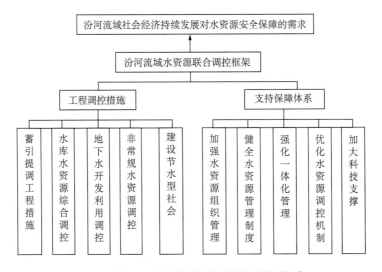

图 9.2　汾河流域水资源联合调控体系

2）支撑保障体系方面

保障内容：加强水资源组织管理、实施最严格水资源管理制度、强化地表水与地下水统一管理及水务一体化管理、建立健全水资源调控机制和政策措施、加大水利投入并强化科技支撑五个方面。

保障途径：加强以提高用水效率为核心的水资源需求管理。建立健全用水、节水的考核制和责任制，严格监督管理。建立严格的水资源论证和取水许可管理制度。加强地下水与地表水统一管理与调度。遵循地下水管理保护优先、统一规划、合理开发、厉行节约、严格管理的原则，优先使用地表水，合理开发地下水资源，协调地表水与地下水开发利用的关系，完善地下水资源论证制度，科学有效地配置水资源，杜绝地下水过度开采的现象发生，维护良好的生态环境，强化科技支撑完善监控体系。通过全面建设节水型社会、合理配置和有效保护水资源、实行最严格的水资源管理制度，保障饮水安全、供水安全和生态安全，为经济社会可持续发展提供重要支撑。

9.3　汾河流域水资源联合调控的水源分析

9.3.1　地表水源分析

1. 用地表水资源开发利用率分析开发利用潜力

从水资源利用角度来说，水资源开发利用率是指供水能力（或保证率）为 75%时可供水量与多年平均水资源总量的比值，是表征水资源开发利用程度的一项指标。

根据山西省河川径流的时空分布特点，除了一部分用于保持河道内一定的生态环境外，主要供水目标为河道外用水。地表水资源开发利用按地表水开发利用率指标可以分为以下三类：

高开发利用区：地表水资源开发利用率大于 40%；

中开发利用区：地表水资源开发利用率为 20%～40%；

低开发利用区：地表水资源开发利用率小于 20%。

据山西省第二次水资源评价，汾河中上游区 1956～2000 年多年平均地表水资源量为 13.2650 亿 m³，现状年地表水取水量为 5.2341 亿 m³（扣除太原引黄供水量 0.4433 万 m³），地表水开发利用率为 39.5%，属于中开发利用区。汾河下游区现状地表水资源量开发利用已属于高开发利用区，开发率为 62.3%。其中，临汾分区地表水开发利用率为 60%，运城分区地表水开发利用率为 81.4%（表 9.2）。

表 9.2　汾河流域地表水资源开发利用率分析表

分区		多年平均地表水资源量 /亿 m³	现状地表水利用量 /亿 m³	地表水开发利用率 /%	备注
汾河中上游	忻州	2.6652	0.0347	1.3	忻州和太原合并利用率 39.5%
	太原	1.6762	1.6801	100.2	
	吕梁	3.0036	1.4434	48.1	
	晋中	3.1625	1.7763	56.2	
	临汾	2.5637	0.2996	11.7	
	其他	0.1938			
	合计	13.265	5.2341	39.5	

分区		多年平均地表水资源量 /亿 m³	现状地表水利用量 /亿 m³	地表水开发利用率 /%	备注
汾河下游	临汾	5.233	3.1387	60	
	运城	0.6401	0.5209	81.4	
	合计	5.8731	3.6596	62.3	

2. 用地表水资源利用程度分析开发利用潜力

地表水利用程度指地表水供水量占地表水可利用量的百分比,通过对地表水开发利用率的分析,反映各水资源利用分区地表水资源开发利用的可能性。

在考虑水资源利用分区入境的地表水资源量和扣除提引黄河水量的基础上,根据山西省地表水资源开发利用实际情况,将汾河流域地表水资源利用按照地表水利用程度划分为以下三类:

高度开发利用区:地表水资源利用程度大于 60%的地区;

中度开发利用区:地表水资源利用程度为 20%~60%的地区;

低度开发利用区:地表水资源利用程度小于 20%的地区。

综观汾河流域现状地表水为高度利用区,潜力分析情况与开发利用率分析一致,但是在局部河段和支流仍有一定的开发潜力,汾河流域平均地表水开发利用潜力已不大。

3. 分区地表水开发利用潜力分析

1)汾河上游区

流域面积 7705 km²,上游为山丘区,建有两座大型水库(汾河一库、汾河二库),1956~2000 年多年平均河川径流量 38308 万 m³,1980~2000 年多年平均河川径流量 28791 万 m³,2004 年地表水利用量 16048 万 m³(包括汾河水库供水量 14967 万 m³,扣除太原引黄供水量 4433 万 m³),按全区平均可利用系数 66.6%计算,地表水可利用量 25513 万 m³,全区地表水开发利用系数 41.9%,开发利用程度 62.9%,属于高度开发利用区,还有开发利用潜力 9465 万 m³。

由于汾河水库泥沙淤积导致供水能力严重衰减,已从设计供水能力 23171 万 m³ 减少到现状供水能力 13030 万 m³,减少了 10141 万 m³,因此非常有必要修建新的水库替代工程,以便充分利用有效的水资源。

2)文峪河区

文峪河水文站以上流域面积 1876 km²,建有文峪河水库 1 座。1956~2000 年多年平均河川径流量 17234 万 m³,1980~2000 年多年平均河川径流量 12701 万 m³,2004 年地表水利用量 3187 万 m³(包括文峪河水库供水量 2545 万 m³),按全区平均可利用系数

66.6%计算，地表水可利用量 11478 万 m^3，全区地表水开发利用系数 18.5%，开发利用程度 27.8%，属于中度开发利用区，还有开发利用潜力 8291 万 m^3。

由于文峪河水库供水能力严重衰减，已从设计供水能力 17428 万 m^3 减少到现状供水能力 11333 万 m^3，减少了 6095 万 m^3，并且存在其他危及水库的安全问题，造成有水不敢蓄。因此，非常有必要修建柏叶口水库与文峪河水库联合调度，使有效的水资源得以充分利用。

3）潇河区

没有大中型水库控制工程，出山口没有水文站，按晋中市第二次水资源评价成果，评价面积 3781 km^2，1956～2000 年多年平均河川径流量 14100 万 m^3，1980～2000 年多年平均河川径流量 9430 万 m^3，2004 年地表水利用量 3591 万 m^3，按全区平均可利用系数 66.6%计算，地表水可利用量 9391 万 m^3，全区地表水开发利用系数 25.5%，开发利用程度 38.2%，属于中度开发利用区，还有开发利用潜力 5800 万 m^3。

由于潇河没有控制性工程，造成地表水资源利用程度不高，因此非常有必要修建松塔等水库，使有效的水资源得以充分利用。

4）兰村-义棠区

兰村-义棠区指兰村-义棠区扣除文峪河区和潇河区，面积10583 km^2，包括太原盆地（面积4741 km^2），是汾河上中游工农业集中用水区，水资源供需矛盾突出。1956～2000年多年平均河川径流量32388万m^3，1980～2000年多年平均河川径流量30570万m^3，2004年地表水利用量25925万m^3，按全区平均可利用系数66.6%计算，地表水可利用量21570万m^3，全区地表水开发利用系数80.0%，开发利用程度120.2%，属于高开发利用区，由于用水量含有入境水量，造成本区开发利用程度大于100%。其中，太原与吕梁已没有开发利用潜力，晋中有一定开发利用潜力，约为1716万m^3。

总体上看，本区地表水除晋中有一定潜力外，已基本上没有建设水利工程的水源条件。

5）义棠-石滩区

面积 4269 km^2，为石灰岩山区，有岩溶大泉郭庄泉出露，2001～2003 年平均泉水流量 2.12 m^3/s。1956～2000 年多年平均河川径流量 30620 万 m^3，1980～2000 年多年平均河川径流量 28356 万 m^3，2004 年地表水利用量 3590 万 m^3，按全区平均可利用系数 66.6%计算，地表水可利用量 20939 万 m^3，全区地表水开发利用系数 11.7%，开发利用程度 17.6%，本区属于低开发利用区，由于本区出境为汾河下游区，下游汾西灌区及沿汾提水灌站均引提该区出境水量，因此，本区综合考虑实际上已为高度开发利用区，已无潜力可言。

综上分区地表水潜力分析，除上游区、文峪河区、潇河区有潜力，可开发利用潜力

2.257 2 亿 m^3，具备修建水利工程的水源条件外，其他地区基本上没有潜力，不具备修建水利工程的水源条件（表 9.3）。

表 9.3　地表水资源开发利用潜力分析表

分区		多年平均地表水资源量/万 m^3	地表水可利用量/万 m^3	现状实际利用量/万 m^3	地表水开发利用潜力	
					开发利用率/%	开发利用程度/%
汾河上游区		38308	25513	16048	41.9	62.9
文峪河区		17234	11478	3187	18.5	27.8
潇河区		14100	9391	3591	25.5	38.2
兰村-义棠区	太原	9594	6390	10083	105.1	157.8
	吕梁	6238	4154	6532	104.7	157.2
	晋中	16556	11026	9310	56.2	84.4
	小计	32388	21570	25925	80.0	120.2
义棠-石滩区		30620	20393	3590	11.7	17.6
合计		132650	88345	52341	39.5	59.2

4. 引提水工程

汾河上中游引提水工程共有 1619 处，现状供水能力 52462 万 m^3；建议万家寨引黄工程南干线加大供水、赵家庄引水工程等提引水工程（表 9.4），2015 年引黄工程达到 32000 万 m^3 的一期引水规模，新增供水 28767 万 m^3。

表 9.4　汾河流域引提水工程现状供水能力表

项目		名称	供水量/万 m^3	城市生活和工业/万 m^3	农业/万 m^3
汾河上游	引水工程	汾河灌区（太原）	958		958
		边山	2105	85	2020
		晋祠	26	8	18
		汾河灌区（吕梁）	822		822
		文峪河	3074		3074
		峪道河	480	70	410
		向阳河	70		70
		岚城	200		200
		孝河	263		263
		汾河灌区（晋中）	958		958
		潇河灌区	3246		3246
		郭堡	106		106

续表

项目		名称	供水量/万 m³	城市生活和工业/万 m³	农业/万 m³
汾河上游	引水工程	庞庄	196		196
		昌源河	1029	150	879
		惠柳缨	564		564
		洪山	339	337	2
		城郊	500		500
		七里峪	610	10	600
	提水工程	万家寨引黄工程南干线	4433	4433	0
		敦化	1267		1267
		东山	15		15
		西温庄	202		202
		郜村	200		200
		上兰	53		53
		固碾	26		26
		大留	58		58
		泗河	90		90
		十里铺	12		12
合计			21902	5093	16809
汾河下游	引水工程	汾西灌区	958	4194	8133
		浍河灌区	2105		242
		霍泉	26	2684	3456
		南垣	822		3960
		五一	3074		675
		涝河	480		
		洰河	70		
		温泉灌区	200		
		沸泉灌区	263		
		利民灌区	958	37	114
		小河口水库	3246		773
		续鲁灌区	106	180	238
		槐泉灌区	196	90	1064
		三峪灌区	1029		502
		古水灌区	564		617
	提水工程	神刘	4433		73
		伊村	1267		0
		韩村	15		10

续表

项目		名称	供水量/万 m³	城市生活和工业/万 m³	农业/万 m³
汾河下游	提水工程	平乐	202		9
		渠首	200		22
		赵庄	53		30
		北庄	26		0
		东刘	58		55
		赵曲	90		70
		东邓	12		46
		文敬	5093		
		汾南灌区			225
		小梁灌区			25
		万安灌区			76
		木赞灌区			204
		古交灌区			81
合计			30104	7185	20703

现有蓄水工程的可供水量是根据不同设计水平年的库容淤积情况，按水库现状特征指标进行径流调节计算，计算出不同保证率的工业、农业可供水量。汾河流域地表水水源工程由蓄水、引水、提水工程组成（表 9.5）。

表 9.5 汾河流域现有大中型水库可供水量表

	水库名称	行政区	河流水系	总库容/万 m³	兴利库容/万 m³	年供水能力/万 m³	兴建日期
汾河上游	汾河水库	太原	汾河	72100	25200	13030	1958
	蔡庄水库	晋中	白马河	2070	80	240	
	郭堡水库		象峪河	2927	1192	2557	
	庞庄水库		乌马河	1520	1050	2730	
	尹回水库		惠济河	2630	790	1025	
	子洪水库		昌源河	1660	1206	5201	
	文峪河水库	吕梁	文峪河	10750	6700	11333	1958
	张家庄水库		孝河	3751		1896	
汾河下游	涝河水库	尧都	涝河	5960	1890	1000	1984.01
	汜河水库	尧都	汜河	4867	390	300	1962.11
	曲亭水库	洪洞	曲亭河	3440	2130	2000	1960.06
	小河口水库	翼城	浍河	4430	740	900	1959.12
	浍河水库	曲沃	浍河	9960	3200	3000	1959.12
	浍河二库	侯马	浍河	2856	374	1200	1976.07
	七一水库	襄汾	万东毛沟	5578	5073	1000	1981.11

因此，要保持良好的生态环境，实现水资源的可持续利用，必须通过其他节水措施和从外流域调水才能解决。

9.3.2 地下水源分析

地下水是主要供水源之一。汾河流域地下水开发利用程度普遍较高，主要集中在中部盆地区和岩溶泉域，其次为一般山丘区山间小盆地及河谷地带。

地下水开发利用程度具体评判指标是在地下水开采系数（K）的基础上，并结合多年地下水水位动态观测资料和地面沉降观测资料进行评判。其中地下水资源开发利用程度评判指标 K 值评判标准为：地下水严重超采区（$K>1.2$）、一般超采区（$1<K\leq1.2$）、地下水采补平衡区（$0.8<K\leq1$）和地下水开发尚有潜力区（$K\leq0.8$）。

由于山丘区地下水或侧向排入盆地被开发利用，或出露于地表成为河川基流，因此在山丘区进行地下水的开采，必定会减少河川基流以及泉水，实际上等于对水源进行了搬动，并且开采条件不佳，除非特殊情况，一般不宜增加开采。为此，仅对盆地平原区地下水开发利用潜力和岩溶大泉开发利用潜力进行分析。

1. 盆地平原区地下水开发利用潜力分析

太原盆地评价面积 4741 km^2，多年平均地下水资源量 7.5722 亿 m^3，地下水可开采量 6.3204 亿 m^3，现状地下水实际开采量 7.3974 亿 m^3，地下水开发利用率 100.5%，地下水开采系数 1.17，全盆地处于一般超采区（表 9.6）。其中，晋中为严重超采区，太原由于关井压采，由 2000 年的严重超采区转化为一般超采区。总体上太原盆地已无开采潜力，今后应局部压采限采，合理调整机井布局，使水文地质环境向良性方向发展。

表 9.6 汾河上游地下水资源开发利用程度分析表

分区	多年平均地下水资源量/亿 m^3	地下水可开采量/亿 m^3	现状地下水实际开采量/亿 m^3	开发利用率/%	开采系数（K）
太原	2.3999	1.9339	1.9612	81.7	1.01
吕梁	2.2491	1.8168	1.8799	83.6	1.03
晋中	2.7082	2.5697	3.5563	131.3	1.38
合计	7.3572	6.3204	7.3974	100.5	1.17

汾河下游区地下水资源开发利用率为 117.9%，其中临汾分区的开发率已达到了 154.7%，运城分区的开发率已达到了 97%，地下水已经严重超采，局部地区已形成强的地下水漏斗区，已不具备开发的潜力（表 9.7）。因此，在本区内除个别岩溶水外其他地下水资源已不具备开发潜力。

表 9.7 汾河下游地下水资源开发利用程度分析表

分区	开采量/万 m³	水资源量/万 m³	开采率/%
临汾	30798	31745	97
运城	27934	18058	154.7
合计	58732	49803	117.9

2. 岩溶大泉开发利用潜力分析

汾河上中游共有 4 个岩溶大泉,限于 2004 年泉水利用量资料短缺,采用 2000 年调查统计资料分析(表 9.8)。

综观各岩溶大泉开发利用程度,兰村泉和晋祠泉处于严重超采状态,已无潜力可言;洪山泉处于利用平衡状态,已基本上无潜力;郭庄泉尚有一定的潜力,但也接近利用平衡状态,开发利用潜力不大。

表 9.8 岩溶水资源开发利用程度分析表

泉域名称	可开采量/亿 m³	开发利用量/亿 m³			开发利用程度/%
		水井	提引水	合计	
兰村泉	0.9745	1.4759		1.4759	151.5
晋祠泉	0.1955	0.4666		0.4666	238.7
洪山泉	0.2460	0.0881	0.1522	0.2403	97.7
郭庄泉	1.8007	0.4286	0.8917	1.3203	73.3

9.3.3 生活节水分析

1. 农业灌溉节水潜力

农业灌溉节水从田间灌水技术改进和渠系防渗来考虑,田间节水在于改善灌溉水量向根系层以下深层渗漏的状况以及对水利用系数的提高,渠系节水在于尽可能降低渠系系统的渗漏损失。

2. 工业节水潜力

由于工业用水相对较集中,而且要求保证率高,这就会对局部地区特别是城区范围的水资源开发利用造成很大压力,从而会使区域水资源供需矛盾不断加剧。同时,工业排放的污废水若不经处理会对环境造成严重污染,而工业废污水的排放量一般同工业用水量成正比,因此加强工业节水意义重大。通过对水的重复利用率进行提高和减少跑、冒、滴、漏等,是工业节水的根本所在。工业用水主要可以从工艺水和冷却水达到节约用水的目的。

1）工业用水中的冷却水

提高冷却水循环率、实行间接冷却水循环利用是节约工业用水的主要努力方向。但目前存在的主要问题有：①对冷却水循环系统缺乏统一科学的管理。许多企业的冷却水循环系统没有水质稳定处理，管理员甚至不懂冷却水稳定处理技术。为了腐蚀和结垢，便采取多补新水或合循环水溢流，造成冷却水浓缩倍数在 1.4 以下，相应循环率在 90%以下。②目前有些企业由于工艺要求及设备原因，冷却效果不理想，对冷却水进行全部循环使用确有难度。③部分企业循环水设施设计、配置不合理，造成大量冷却水溢流和浪费。④许多地区水的硬度较大，没有进行前处理，导致设备结垢严重，造成循环水大量补水；一些小型设备所需的冷却水水量不多，上循环水设施需要进行较大的投资，效益不明显。因此冷却水选择直接排放。与 96%～98%循环率相比，目前间接冷却水循环率还有一定的差距。

2）工业用水中的工艺水

工艺水处理回用，既能有效地节约水资源，又可以减少对环境污染，在工业节水中应该大力提倡，目前很多企业的设备过于陈旧、工艺技术比较落后，造成了工艺水的利用量比较大。

3. 城镇生活节水

通过减少供水管网的漏失率和推广生活节水器具等方面来挖掘城镇生活的节水潜力。城市居民用户用水设施存在着严重老化和质量低劣问题,不符合节水型器具要求的管道、管件和器具仍占多数,存在十分严重的跑、冒、滴、漏现象。据城建部门统计,节水型生活用水器具普及率较低。在集中用水的居民区或楼层,节水龙头的普及率更低,自来水成为"常流水",对水资源造成了很大浪费。城市中水处理回用刚刚起步,城市水价改革任务还很重。随着管网漏失率的降低和节水器具普及率提高,城镇生活用水节水潜力较大。

城镇生活用水的节水主要分为以下几个方面。

（1）提高城镇生活公共用水中对空调冷却水的循环利用率。

（2）安装节水型设备，对公共卫生用水设备进行改造和控制自来水管网漏失率，从技术措施上直接控制用水浪费。

（3）对学校的学生宿舍楼和职工集体宿舍、机关办公楼、商场、饭店、影剧院等大型建筑物的集中用水系统除安装节水型设备外，提倡一水多用及推广中水利用。

（4）今后节水的目标就是改造卫生洁具，提高节水器具的普及率。

9.3.4 中水回用分析

根据国务院办公厅[2000]36 号"关于加强城市供水节水和水污染防治工作的通知"

精神，山西省城镇建设要求遵循以下原则：城镇在新建供水设施的同时，要规划建设相应的污水处理设施；缺水地区在规划建设城镇污水处理设施时，还要同时安排污水回用设施的建设；城镇大型公共建筑和公共供水管网覆盖范围外的自备水源单位，都应当建立中水系统，并在试点的基础上逐步扩大居住小区中水系统建设。要加强对城镇污水处理设施和回用设施运营的监督管理。

目前，汾河上中游区废污水排放量 3.0877 亿 m^3，现状利用率 40%（包括污水灌溉用水量），到 2015 年利用率提高到 60%，则按现状污水量计算污水回用潜力 0.6175 亿 m^3。

汾河下游区没有中水回用设施，因此随着经济的发展、人民生活水平的提高，水资源紧张趋势越来越严峻，加之中水回用技术的成熟，应加大汾河下游区的中水回用力度，以缓解汾河下游水资源紧张局面。

9.3.5　非传统水源分析

非传统水源开发利用潜力以雨水集蓄利用为例进行分析。雨水集蓄利用是把汛期多余的雨水集蓄起来，这是一项古老的实用技术，解决干旱期人畜饮水和补充灌溉用水的有效途径就是实行丰蓄枯用。雨水利用在山西许多地区的发展历史悠久，对山西农业发展及人类文明进步发挥过重要作用。

20 世纪 90 年代后，随着汾河流域人民生产生活观念的改变，节水灌溉技术的提高及科学技术的不断普及，区域产业结构调整、生态与生存环境改善的要求，以及国家对农田水利基本建设工作力度的加大，雨水集蓄利用工程建设进入一个快速发展阶段，通过典型示范、效益辐射和利益驱动，充分调动广大干部群众兴建雨水集蓄利用工程的积极性，不仅极大地解决了山区人畜吃水困难问题，而且将原始古老的集雨工程与新型工程相结合，将喷灌、滴灌等技术应用于果园、经济作物进行补充灌溉，显示出较好的经济效益，为促进当地农业发展、改善农村经济条件和农民生活水平起到了极大的促进作用，产生了明显的经济效益、社会效益和生态效益。

据可供水量预测，2015 年汾河上中游区雨水集蓄潜力达 0.3985 亿 m^3。

汾河下游区雨水集蓄工程形式有旱井、水窖、旱池等，单井蓄水量一般为 20～50m^3，主要用于补充灌溉和部分人畜饮水。本区 1996 年以后掀起雨水集蓄利用建设高潮，据调查，2004 年实际工程数量达到 11963 处，年利用水量 36 万 m^3，其中，临汾分区为 9489 处，年利用水量 28 万 m^3；运城分区为 2474 处，年利用水量 8 万 m^3。"十一五"末新建雨水集蓄工程 8347 处，其中临汾分区 4325 处，运城分区 4022 处。

9.4　汾河流域水资源联合调控的路径选择

9.4.1　联合调控层次

根据汾河流域水资源联合调控的目标和手段，联合调控可分为以下三个层次。

（1）第一层次为产业和经济调控（王煜等，2014）。以汾河流域宏观经济为基础，分析汾河水资源与国民经济协调互动关系，调整流域经济规模、优化产业结构，控制流域总需水量，达到总体和谐，实现汾河流域经济效益、生态效益、社会效益协调优化。

（2）第二层次为供水和用水调控。以系统优化理论为基础，分析汾河流域水资源系统的和谐性，调节各种水源供水量，控制各行业配置水资源量，达到水资源可持续利用以及生活、工业、农业灌溉、生态环境（林草地）用水的和谐，实现汾河流域经济上的有效性以及对坏境的影响最小。

（3）第三层次为时间和空间调控（王煜等，2014）。通过工程和技术手段调控汾河流域水资源时空分布及配置格局，优化不同地区水资源开发利用，实现流域均衡发展。

9.4.2　联合调控路径

1. 产业调控

水资源对汾河流域经济的支撑和制约，通常是通过经济和产业来体现，经济规模和产业结构又反馈于对水资源的需求。过去几十年来，汾河流域经济以资源开采、输出和简单加工为主，属外延式增长，经济增长快速，水资源压力大。汾河流域产业调控是以水资源承载能力为约束，以国家发展的总体战略和全流域发展需求为背景，通过分析水资源与国民经济的支撑和制约关系，提出与水资源承载能力相适应的经济规模和产业结构，引导流域经济集约发展、结构转型，提高经济增长的质量。

根据汾河流域的生产总值、水资源可利用总量，控制适宜的经济规模和结构，优化提出未来十几年经济规模年均增长率控制在 9.0% 以内。产业结构优化以提高第三产业比重为主，重点发展服务业、旅游业和环保型产业，种植结构向绿色农业和节水型农业倾斜。

2. 水源调控

汾河流域水源调控的关键是合理调配各种水资源，建立以地表水和地下水为中心、加大劣质水利用力度的多水源联合调控框架体系（图9.3）。

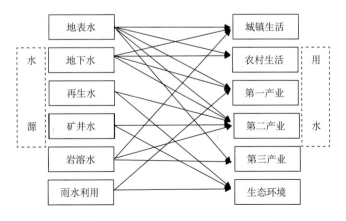

图 9.3　汾河流域水资源联合调控体系

1）地表水调控

当前汾河流域社会经济发展面临的主要问题是供水不足和水环境恶化。

（1）根据汾河流域水资源的可再生能力和自然环境的可承受能力，科学合理地开发利用地表水资源，并留有余地，保护当代和后代赖以生存的水资源和水生态。

（2）尽快制定汾河、文峪河等水库饮用水源保护区的保护方案，防止出现水源枯竭和水体污染，保证城乡居民饮水安全。

（3）按照以水资源的可持续利用支持经济社会可持续发展的原则和保护优先的原则，对于在现状水质较好的区域严格限制大规模、重污染的开发项目建设。

（4）推行污染物排放总量控制和取排水许可制度，加大工业废水处理，提高工业用水重复率，坚决淘汰落后的生产工艺、产品。

（5）加强城市污水处理设施建设，包括城市集中污水处理厂、居民小区污水处理设施、排污管网改造、入河排污口整治和严格控制设置排污口等。

（6）运用退耕还林还草措施、湿地恢复与保护措施等，对已经破坏的生态环境进行修复。

2）地下水调控

地下水是脆弱的系统，一旦遭到破坏，很难修复。因此，汾河流域地下水必须以保护为主，从严制定控制目标，保障地下水各种功能的正常发挥。原则上，对汾河流域目前实际情况好于其功能标准要求的，其保护目标标准不低于现状；对于目前已经处于临界边缘的，要加大保护力度，防止出现影响其功能发挥的恶化趋势；对于目前由于超采和污染等原因导致地下水功能不能正常发挥的地区，考虑需要与可能，分别提出修复治理目标（表9.9）。

表9.9　地下水功能区保护目标

地下水功能区	保护目标		
	水质	水量	水位
集中式供水水源区	不低于Ⅲ类水标准值，现状水质优于Ⅲ类水质时，以现状水质为控制目标；工业供水功能的集中式供水水源区，以现状水质为控制目标	年均开采量不大于可开采量	开采地下水期间，不造成地下水水位持续下降，不引起地下水系统和地面生态系统退化，不诱发环境地质灾害
分散式供水水源区	不低于Ⅲ类水标准值，现状水质优于Ⅲ类水质时，以现状水质为控制目标；工业、农业供水功能的区域，分别以Ⅳ类、Ⅴ类水标准进行控制，现状水质较优时，以现状水质为保护目标	年均开采量不大于可开采量	开采地下水期间，不造成地下水水位持续下降

续表

地下水功能区	保护目标		
	水质	水量	水位
生态脆弱区	水质良好的地区，维持现有水质状况，受到污染的地区，原则上以污染前该区域天然水质作为保护目标	控制开发利用期间的开采强度，始终保持地下水水位变幅在合理的范围内，不引发湿地退化或地面生态系统退化；严格控制开采量，开采量不应大于补给量的10%	维持合理生态水位，不引发湿地退化和地面生态系统退化
地质灾害易发区	水质良好的地区，维持现有水质状况，受到污染的地区，原则上以污染前该区域天然水质作为保护目标	控制开发利用期间的开采强度，始终保持地下水水位不低于引发滑坡、地面塌陷、地下水污染等灾害	维持合理生态水位，不引发滑坡、地面塌陷、地下水污染等灾害
地下水水源涵养区	现状水质良好的地区，维持现有水质状况；受到污染的地区，原则上以污染前该区域天然水质作为保护目标	限制地下水开采，始终保持泉水出露区一定的喷涌流量或维持河流的生态基流	维持较高的地下水水位
不宜开采区	基本维持地下水现状，使水质得到修复	禁止开采	使水位得到修复
储备区	维持地下水现状	平时不实施开采	维持较高的地下水水位
应急水源区	严格保护	一般情况下严禁开采	维持较高的地下水水位

注：水质标准执行《地下水质量标准》（GB/T 14848—1993）

3）水质调控

在汾河流域的盆地平原区、工矿企业密集的城市、岩溶大泉排泄区，近20年来，由于人类活动和自然条件的影响，对水体造成了不同程度的污染。在污染治理方面，各级部门做了大量的工作，虽然取得了一定的成效，但是由于多种原因，部分地区水质仍存在继续下降的趋势。从保护水环境和水资源的角度出发，建议全社会和有关部门应对水污染及防治问题给予足够的重视，采取强有力措施，保护水环境，保护水资源，减缓地下水污染。

（1）加强水质监测工作，逐步建立和完善水质监测体系，特别应该重点监测比较集中的城市供水水源地，了解和掌握水质动态。

（2）把预防水污染列入重要的议事日程，经济开发、规划、布局要把水体保护作为一个重要的环节和基本立足点，对水体有污染的企业项目坚决不上马。

（3）加大保护岩溶大泉的力度，制定科学的保护措施和规定保证未受到污染的岩溶大泉避免受到污染，确实做到防患于未然。

4）超采区调控

坚持因地制宜，突出重点，采取建立机制、合理配置、强化管理、有效保护和涵养水源等措施，对地下水超采区进行生态调控治理。通过实施保护地下水行动，努力争取全面实现采补平衡，消除地下水超采现象，进一步采取强化管理和涵养水源等调控措施，使地下水水位逐渐回升，生态环境明显改善。

（1）划定地下水超采区。

（2）编制完成地下水超采区治理规划。

（3）以地下水严重超采区为重点，启动地下水保护行动计划，组织开展地下水超采区专项治理，使主要地下水超采区的生态状况得到改善。

（4）严格地下水超采区取水许可管理。

（5）开展地下水补源工程建设。

5）非常规水调控

非常规水源回用是实现水资源可持续利用的有效途径。为提高用水效率，有效缓解汾河流域水资源供需矛盾，满足经济社会发展不断增长的合理用水需求，必须从管理模式、制度层面、投入机制等方面推进非常规水源调控。

（1）将非常规水源与地表水、地下水、外调水共同纳入汾河流域水资源系统进行统一配置管理。在水资源综合规划和水资源供需平衡分析时，应将非常规水源纳入当地水资源综合规划和城市总体规划中统筹考虑、统一管理，并将非常规水源工程建设体系纳入水资源配置体系；在建设项目水资源论证和取水许可审批时，要优先考虑非常规水源。

（2）建立非常规水源开发利用优惠政策和补偿机制。根据非常规水源设施的性质，制定相应的政府投资补助标准，同时，扩大非常规水源设施建设资金来源，建立市场准入制度，通过特许经营权、税收优惠、提高回报率、放宽社会资金参与条件等措施，引导社会资金投入非常规水源设施建设。

（3）鼓励非常规水源的技术创新和科技进步，推动非常规水源的基础和应用研究、技术研发、技术设备集成和工程示范。在建设试点城市和示范区的基础上，探索非常规水源利用的工作经验，以点带面，推动非常规水源工作的全面开展。

（4）充分利用网络等各种新闻媒体，加大宣传力度，让公众更多地了解和认识非常规水源在缓解水资源短缺中的重要作用，引导人们树立正确的用水观念，增强非常规水源资源化意识，在全社会逐步形成节约用水、合理用水、科学用水的良好氛围。

6）污水回用调控

汾河流域现状污水处理回用量较小，但随着国民经济和社会发展，用水量将继续加大，排污量也将加大。从规划的大型用水企业规模和数量来分析，未来汾河流域内污水处理回用是缓解水资源供需矛盾的有效途径。近年来，建设城市污水处理厂速度不断加快，经过处理的城市工业及生活污水已经成为一种稳定的水源，所以回用城市污水处理厂出水，是汾河流域污水资源化的主要方向。山西省作为煤炭大省，挖煤的过程中会有大量的矿井废水排出，加大煤矿矿井废水的利用是汾河流域污水回用主要潜力之一。在达标排放的基础上，提高工业污水的重复利用率，尽量利用城镇污水处理厂出水，减少使用新鲜水。

7）雨水集蓄利用

就汾河流域而言，降雨收集宜从实际出发，选择适宜的调控利用途径。汾河流域大部分地区雨水调控利用应以补充生态环境用水和地下水，控制地表径流为主要目的。

（1）构建城市立体人工湿地。"城市立体人工湿地系统"可以与城市周边河流和水库建立联动机制，在水义站网信息支持下，通过现代化的数据采集和处理信息系统，建立科学的雨水资源调控利用联合调度系统。

（2）建立雨水回用生态小区。在汾河流域城市区的住宅小区建立屋顶雨水收集系统，对含污染物和杂质较多的雨水进行一定量的弃流后进行收集处理回用。此外，屋顶雨水回收处理系统还可以结合屋顶绿化加以实施，它在雨水收集时改善屋面径流水质，简化雨水处理流程，节约处理成本。处理后的雨水用于对水质要求不高的生活杂用水和城市景观用水等。

（3）构建雨洪蓄滞带。在学校、小区、大型公共场所和道路两侧兴建滞洪和储蓄雨水的蓄洪池，减少地面积水总量，并将积蓄的雨水用作喷洒路面、灌溉绿地、消防、水景景观用水等城市杂用水。

（4）建设以城市绿地为主的下渗系统。改变绿化带的模式，使其具备蓄水功能，推广下凹式绿地建设，提高绿地草坪的雨水入渗能力。在城市休闲地、停车场、人行道、步行街尽可能使用渗水材料铺装地面，使雨水尽可能下渗回补地下水。

（5）修建各种雨水入渗设施，包括渗井、渗沟、渗池等，这些设施占地面积小，可因地制宜地修建在楼前屋后。在新建、改建、扩建的道路中，铺设雨水管道一律采用下渗管道，道路雨水通过下水道排入沿途大型蓄水池或通过渗透补充地下水。

3. 用水调控

用水调控通过研究汾河流域用水部门用水的优先次序，实现水资源对经济发展的引导和用水效率的改善。结合汾河流域水资源开发利用的现状和历史等因素，提出用水调控的原则和规则为：①公平效率规则。按照汾河流域民生优先和尊重现状用水权的原则，优先满足的是生活需水和已取得用水权的高优先级用户。新增需求按照单位用水量效益从高到低的次序进行供水，同时考虑供水的公平性。②均衡供水规则。汾河流域水资源调配应在部门之间尽量比较均匀地分配缺水量，避免在个别地区、个别部门形成深度的破坏，不利于均衡发展（王煜等，2014）。

汾河流域通过调配优质地下水源满足生活用水；适度控制农业用水量，发展田间节水技术，提高农业灌溉水综合利用系数；多水源保障支撑工业重点项目发展，大幅提高工业用水的重复利用率（王煜等，2014）。

4. 时空调控

汾河流域水资源时空调控是通过工程措施和技术手段调节改变水资源的时间波动性，

将水资源适时、适量地分配给各个地区和用水户，以满足不同时期的用水需求；通过技术和经济手段改变汾河流域水资源的天然条件和分布格局，促进水资源的地域转移，解决水土资源不匹配的问题，使生产力布局更趋合理（王煜等，2014）。

汾河流域水资源时空分配不均特征明显，年际变化大，年内高度集中，东南部多西北部少，调控在枯水期弹性利用地下水、增加非常规水源的利用量，稳定多水源的供水量，全面满足生活用水需求、保证工业对供水保证率的要求、稳定农业生产。通过合理布局引黄入晋工程、增加调蓄工程，解决流域内水资源分布不均的问题。

9.5　汾河流域水资源联合调控的对策分析

9.5.1　发挥政府职能

各级政府既是汾河流域水资源保护制度的供给者和需求者，也是制度的实施者和监督者。在中国特殊的国情中，政府部门和政府官员的重视和关注程度，往往决定着一项工作能否顺利开展、成败与否。在汾河流域水资源联合调控过程中，必然会出现发展经济与生态保护、近期与长远、局部与整体、个人与他人等多种矛盾和冲突，这些矛盾和冲突能否得到缓和或解决，取决于汾河流域各级政府能否发挥组织策划、监督评判的作用，能否从大局出发，维护长远利益和整体利益。因此，政府应当扮演水资源联合调控的"主角"，充分发挥主导作用。

（1）充当创新调控制度的策划者。按照国家有关法律法规的要求和精神，山西省、汾河流域市（县区）制订了保护生态环境、保护水资源等规定、制度、细则。在新的历史时期，这些规定、制度和细则有些内容陈旧、过时甚至不完善。对这些整治制度何时更新、如何创新，需要汾河流域的政府部门组织多领域的专家、学者、官员进行调研和论证，组织策划出符合实际、操作性强的水资源调控规划、模式、制度等。

（2）担当创新调控制度的裁判员。经多方调研和论证制订出来的水资源调控规定、制度或细则等，在实际操作中，效果如何？需要汾河流域政府部门多听听基层的意见、群众的呼声，进行综合评判，该修改的修改，该完善的完善。上级部门多加指导下级部门，下级部门要对上级部门负责。当不同群体的利益发生冲突时，政府部门应进行协调、裁决，顾全大局，维护整体利益，保证水资源调控和保护工作的顺利开展。

（3）承当实施调控制度的监督者。对国家颁布的《环境保护法》《森林法》《草原法》《水资源法》《水土保持法》等，对地方制订的相关实施细则，在不同区域落实是否到位？执行是否严格？需要汾河流域的政府部门加以监督。此外，水资源调控实施、资金使用管理、项目工程管理等均需要汾河流域政府部门发挥监督作用，防止有法不依、执法不严，杜绝腐败现象的发生。

同时，提高各级领导的认识程度和重视程度。按照可持续发展观的要求，使汾河流域各级领导认识到改善环境、保护水资源就是保护生产力和发展生产力。将改善环境、水源保护列入工作评价、政绩考核的一项重要内容，实行目标责任制、目标管理制、包点示范制和责任追究制。

9.5.2 建设节水型社会

"十二五"时期,汾河流域的经济社会发展面临着严峻的水资源环境约束,建设节水型社会机遇与挑战并存。解决汾河流域水资源短缺,发展需求与水资源条件之间的突出矛盾,最大潜力和根本性出路在于节水。汾河流域用水水平和水资源利用效率低于全国平均水平,节水潜力十分巨大。但节水工作还存在节水管理体制机制不健全,节水管理工作滞后;节水措施资金投入不足,节水技术产业发展薄弱等诸多制约因素。因此,必须加快建立最严格水资源管理制度,从制度层面、管理模式、投入机制等方面全面推进汾河流域建设节水型社会。

(1)健全水资源管理体系。建立完善用水总量控制制度,制订汾河水量分配方案,建立取用水总量控制指标体系,严格实施取水许可和水资源论证制度,严格控制地下水开采;建立和完善用水效率控制制度,加快制定区域、行业和用水产品的用水效率指标体系,加强用水定额和计划用水管理,完善水价形式机制,完善节奖超罚的节水财税政策,推进节水标准体系及节水技术创新机制建设。通过总量控制和定额管理相结合的制度层面促进节水型社会建设。

(2)推进用水方式转变。优化调控水资源,最大限度地把有限的水资源配置到合适的区域和行业,宏观上提高水资源配置效率,微观上提高水资源利用效率。加快转变用水方式,优化用水结构,形成节约用水的倒逼机制,大力推进经济结构和布局的战略性调整,以水定产业,以水定发展,严格控制水资源短缺和生态脆弱地区高耗水高污染行业发展规模。合理调整和控制城镇发展布局和规模;合理调整农业布局和种植业结构,因地制宜优化确定农、林、牧、渔业比例,妥善安排农作物的种植结构及灌溉规模;合理调整工业布局和结构,大力发展优质、低耗、高附加值产业。通过用水方式和用水结构的转变,逐步完善与水资源承载力相适应的节水型社会建设。

(3)推进发展节水设施。因地制宜建设一批农业节水、工业节水、生活节水等示范工程和非常规水源利用示范工程及其能力建设示范工程。大力推广管灌、喷灌和微灌等先进的节水灌溉技术,加强节水灌溉技术的综合集成与示范,推进节水灌溉规模化发展的农业节水示范工程。工业节水示范以火力发电、化工、造纸、冶金、食品加工等高耗水行业及工业园区为主,示范工程包括节水改造、内部污水处理回用、工业园区内企业间串联用水、闭路循环用水、再生水利用和用水"零排放"等。生活节水示范工程包括推广节水器具及创建节水型生活社区、节水型学校、节水型服务业单位等。非常规水源利用示范工程包括再生水利用、城市雨水利用、矿井水利用等。同时,要加大能力建设示范工程力度,包括计量监测、监控设施及水资源管理信息系统建设。强化科技支撑,推进农业高效输配水技术、工业用水重复利用技术、城市供水管网的检漏和防渗技术、雨水集蓄利用和废污水资源化技术的示范推广。

(4)加强节水宣传教育。充分利用各种媒体开展汾河流域节水示范工程的宣传和教育，强化公众水忧患意识，培育节水文化，将节水行动渗透到日常的生活、工作和生产中，加深公众对节水减排的认识，提高公众节水自觉性和节水技能。完善公众参与机制，积极构建公众参与平台，倡导节水的生产和消费方式，形成自觉节水的社会风尚。在水资源管理的各个层面和环节引入民主管理，鼓励公众广泛参与，充分调动公众参与节水的积极性，推动节水型社会的建设。

9.5.3　加强水源保护

进一步加大汾河流域地下水超采区关井压采力度，压缩地下水开采量，实现地下水采补平衡。在地表水供水覆盖区，除城乡饮水外，严禁开采地下水。按照《全国城市饮水安全保障规划》，实施保护城市饮用水水源调配和水源建设工程、水源地保护工程、泥沙和面污染控制工程、饮用水水源地监控体系建设。加强汾河流域岩溶大泉全面保护，实行水量指标分配，建立岩溶泉水开发利用总量控制制度；建立健全泉水流量、水质监测信息网络系统；建设一批人工补充地下水工程。建立水功能区水质达标评价体系，实行河流水功能区达标考核制度；建立水资源保护和水污染防治协调机制；加强水源地保护，依法划定饮用水水源保护区，强化饮用水水源应急管理。

9.5.4　实施"红线"管理

实施严格的水资源管理制度，建立汾河流域用水总量控制红线、用水效率控制红线和水功能区限制纳污红线，加强水资源节约保护，是解决汾河流域水问题和生态安全问题的有效途径。

（1）用水总量控制。建立汾河流域用水总量控制方案、取水许可总量控制指标体系。按照国家的用水总量分配方案，科学分析确定汾河流域地表水、地下水水资源开发利用限度，统筹规划"三生"用水，强化水资源统一管理，完善水资源配置、调度方案。严格取水许可审批，加强取水计量监督管理力度。严格规划管理、水资源论证、水量分配、取水许可和水资源有偿使用制度，为汾河流域水资源合理开发、综合调控、有效利用提供有力支撑。

（2）用水效率控制。建立汾河流域用水效率考核指标体系，科学核定用水定额，强化节水管理，推行用水产品用水效率标识管理，建立节水产品认证和市场准入制度；进行节水技术改造，建设节水示范工程；加大农业高效节水灌溉技术、节水器具的推广应用，提升用水效率和用水水平。

（3）纳污总量控制。加强汾河流域排污口管理，新建、改扩排污口要进行排污口设置论证，已经设置的排污口要加强监督检查。核定各水功能区纳污能力，严格控制入河湖污染物总量。强化汾河水质监测，完善监测预警监督管理制度。

9.5.5　加强一体化管理

加快汾河流域水务一体化管理体制建设，完善水资源管理体制，实现由农村水利管理向统筹城乡水务管理转变，由工程水利管理向资源水利管理转变，建立水资源的优化配置、高效利用和有效保护一体化管理的模式，实现地表水、地下水、空中水以及城市非常规水资源统一管理，加快汾河流域供水、排水、节水、治污等方面的全面管理。对城乡供水、水资源综合利用、水环境治理及防洪排涝等实行统筹规划、协调实施，促进汾河流域水资源优化配置。加强流域管理的理念，完善汾河流域水资源保护与水污染防治相协调的水资源管理体制。从而实现汾河流域地表水、地下水、城市再生水、雨水等各类水资源综合调控、合理利用的目标。严格控制地下水超采、强化监控管理。在汾河流域地下水超采区域，除生活应急用水外，不得审批新的取用水；在地下水限采区，严格审批新的取用水，合理配置水资源，逐步削减开采量。对含水层地下水开采量及地下水水位进行长期观测，及时采取相应保护措施。在汾河流域地下水开采过程中，要始终遵循择地、限量、有序、安全的原则。

9.5.6　完善管理机制

建立汾河流域水源工程综合调控、协调管理的机制。加强大中小、蓄引提等水源工程的调度运行管理，构建丰枯调剂、多源互补的水资源优化调控体系，以及水库水资源综合调控利用机制；结合工业化、城镇化和产业化等发展规划，构建流域与重点区域水资源联合调控体系。健全汾河流域突发水污染事件供水安全、旱灾应急响应等预测预警机制，建立统一调控、协调管理的水资源调度管理体系，提高汾河流域水资源综合调控能力。

逐步建立非常规水源回用的相关政策体系和完善投入机制；完善中水回用及雨水集蓄利用的政策法规体系，保证非常规水源回用的推广实施；加快建立汾河流域非常规水源回用的标准技术与规范化评价体系。同时加强管网配套建设投入，做到管网配套、功能配套。汾河流域污水处理建设要坚持"管网优先"的原则，推行雨污分流，提高城市污水收集的能力和效率。

建立节约用水的标准技术与规范化评价体系，修订完善节水强制性标准，为规范汾河流域的节约用水行为，促进节水管理的规范化、标准化提供有力的法制保障和技术支撑。科学制订汾河流域水资源调度方案计划和应急调度预案，着力加强水利工程、水资源配置工程体系联合调度，充分发挥汾河流域水利工程的综合调控作用，保障汾河流域水资源的优化配置、高效利用。

9.5.7　强化科技支撑

围绕当前汾河流域水利重点任务的科技需求，以支撑水利可持续发展为主线，注重科学治水、科技创新、成果应用，加快建立科技创新体系，推进水利科技创新与探索；积极探索符合水利行业发展需求、不断促进科技与实践紧密结合的体系。积极实施汾河流域水利科技投入引导机制，着力拓展科技投入渠道，对水利重大科技问题和工程技术难题给予纳入各级相关科技计划的重点支持，促进以工程技术、节水技术为重点的水利科技成果的转化，加强水利先进实用技术的引进与推广应用。

解决制约汾河流域水利发展的重大科技问题，围绕水资源问题、水利规划及工程建设和管理中的热点、难点问题，加强水利前瞻性、战略性的技术研究，开展水利重大科技项目和关键技术研究。加强汾河水资源对流域经济、社会及环境的承载能力及其水安全保障研究。加大数字模型在水库水量预测中的应用研究，为提高水库的调度能力和优化调度提供科学依据。开展汾河流域地下水回灌机理和影响研究，从而趋利避害，定期、定量地对特定区域实施地下水回灌工程，调节地下水资源可利用量。加强汾河流域中水回用和雨水积蓄利用技术研究，开展雨水综合利用集成与示范研究；开展节水机制、节水模式、节水灌溉技术推广应用研究及节水器具的示范研究。开展汾河流域水资源调控的工程配置体系管理、调控机制及运行模式等相关重大问题及关键技术研究。

<h1 style="text-align:center">参 考 文 献</h1>

王建华, 王浩. 2014. 社会水循环原理与调控. 北京：科学出版社
王煜, 彭少明, 张新海, 等. 2014. 缺水地区水资源可持续利用的综合调控模式. 人民黄河, (9): 54～56
周国逸, 黄志宏. 2002. 中国大陆面向生态的水资源管理与调控战略. 地球科学进展, 17(3)：435～440